机械测量与测绘技术
（第3版）

主　编　缪朝东　陈莉娟
参　编　胥　徐　孙　挥
　　　　蒋碧亚　范　华
　　　　诸文超　刘广忠（企业）

北京理工大学出版社
BEIJING INSTITUTE OF TECHNOLOGY PRESS

内 容 简 介

本书共 4 个模块，分别为机械零部件测绘基础、典型零件的测绘、机械部件——台虎钳的测绘、液压管道连接件的三坐标精密检测。每个模块下分多个课题，课题又由若干个任务组成。

本书可供高等院校和高职院校机械类专业学生学习使用，也可供相关技术人员参考。

图书在版编目（CIP）数据

机械测量与测绘技术 / 缪朝东，陈莉娟主编. -- 3 版. -- 北京：北京理工大学出版社，2024.3
ISBN 978 - 7 - 5763 - 3693 - 1

Ⅰ. ①机… Ⅱ. ①缪… ②陈… Ⅲ. ①技术测量 - 高等学校 - 教材 Ⅳ. ①TG801

中国国家版本馆 CIP 数据核字（2024）第 056426 号

责任编辑：高雪梅		文案编辑：孙富国	
责任校对：周瑞红		责任印制：李志强	

出版发行 / 北京理工大学出版社有限责任公司
社　　址 / 北京市丰台区四合庄路 6 号
邮　　编 / 100070
电　　话 / （010）68914026（教材售后服务热线）
　　　　　　（010）63726648（课件资源服务热线）
网　　址 / http://www.bitpress.com.cn

版 印 次 / 2024 年 3 月第 3 版第 1 次印刷
印　　刷 / 涿州市新华印刷有限公司
开　　本 / 787 mm × 1092 mm　1/16
印　　张 / 19.5
字　　数 / 452 千字
定　　价 / 89.80 元

图书出现印装质量问题，请拨打售后服务热线，负责调换

出 版 说 明

五年制高等职业教育（简称五年制高职）是指以初中毕业生为招生对象，融中高职于一体，实施五年贯通培养的专科层次职业教育，是现代职业教育体系的重要组成部分。

江苏是最早探索五年制高职教育的省份之一，江苏联合职业技术学院作为江苏五年制高职教育的办学主体，经过 20 年的探索与实践，在培养大批高素质技术技能人才的同时，在五年制高职教学标准体系建设及教材开发等方面积累了丰富的经验。"十三五"期间，江苏联合职业技术学院组织开发了 600 多种五年制高职专用教材，覆盖了 16 个专业大类，其中 178 种被认定为"十三五"国家规划教材，学院教材工作得到国家教材委员会办公室认可并以"江苏联合职业技术学院探索创新五年制高等职业教育教材建设"为题编发了《教材建设信息通报》（2021 年第 13 期）。

"十四五"期间，江苏联合职业技术学院将依据"十四五"教材建设规划进一步提升教材建设与管理的专业化、规范化和科学化水平。一方面将与全国五年制高职发展联盟成员单位共建共享教学资源，另一方面将与高等教育出版社、凤凰职业图书有限公司等多家出版社联合共建五年制高职教育教材研发基地，共同开发五年制高职专用教材。

本套"五年制高职专用教材"以习近平新时代中国特色社会主义思想为指导，落实立德树人的根本任务，坚持正确的政治方向和价值导向，弘扬社会主义核心价值观。教材依据教育部《职业院校教材管理办法》和江苏省教育厅《江苏省职业院校教材管理实施细则》等要求，注重系统性、科学性和先进性，突出实践性和适用性，体现职业教育类型特色。教材遵循长学制贯通培养的教育教学规律，坚持一体化设计，契合学生知识获得、技能习得的累积效应，结构严谨，内容科学，适合五年制高职学生使用。教材遵循五年制高职学生生理成长、心理成长、思想成长跨度大的特征，体例编排得当，针对性强，是为五年制高职教育量身打造的"五年制高职专用教材"。

江苏联合职业技术学院
教材建设与管理工作领导小组

前　　言

本书贯彻落实《习近平新时代中国特色社会主义思想进课程教材指南》文件要求和党的二十大精神，作为高等院校机电一体化专业课程改革创新成果之一，根据最新编制的"机械测量与测绘技术"课程标准，在企业技术专家指导下，按照德育为先、能力为本、终身发展的教育新理念编写而成，体现了课程标准和职业岗位对接、课程内容与职业标准对接、教学过程与生产过程对接的要求。

本书以培育学生的职业素养为前提，以培养学生的机械测量能力和机械测绘技术为目标，基于技能积累、技术迁移的技能人才培养路径出发，以问题导向、层次递进的模块结构编排，每个模块按课题—任务编写，便于教师任务驱动教学的展开。教材结构更符合学生的认知规律和技能形成规律，本书特点如下。

1. 体现高等教育新理念。按照问题导向、以学习者为中心的理念组织教学，创新技能培养方式。

2. 突出应用能力培养。本书把机械测量与 AutoCAD 软件有机结合，符合企业岗位能力要求，并兼顾综合性、先进性、实用性和通用性，突出对学生职业能力的培养。

3. 具备较好的普适性。内容安排上由浅入深、层层递进，符合技能培养规律，选择案例具有典型性和普适性，师生在使用过程中可选择性强，便于自主学习。

本书由宜兴高等职业技术学校缪朝东、陈莉娟主编，主要负责教材的总体规划、绪论、附录及全书的审核、校对工作，宜兴高等职业技术学校诸文超、胥徐、孙挥、蒋碧亚、范华以及江苏中超控股股份有限公司刘广忠担任参编。参与编写人员及分工为：缪朝东编写模块一机械零部件测绘基础，诸文超和刘广忠编写模块二中课题一轴类零件的测绘、课题二轮盘类零件的测绘以及模块四液压管道连接件的三坐标精密检测，胥徐、孙挥编写模块二中课题三圆柱齿轮与蜗杆的测绘、课题四支架类零件的测绘，陈莉娟编写课题五箱体类零件的测绘，蒋碧亚、范华编写模块三机械部件——台虎钳的测绘。

本书在编写过程中参考了相关著作，在此对原作者表示感谢！同时，本书也得到了程黎、鲁小芳、朱仁盛等老师的大力支持，在此表示衷心感谢！

由于编者水平有限，书中难免存在疏漏和不当之处，敬请读者批评指正。

"机械测量与测绘技术"
课程思政教学设计方案

"机械测量与测绘技术"作为机械类专业人才培育的重要课程，课时长、影响大，对学生的职业生涯规划、机械工业的发展体现在测量技术的现代化、互换性生产原则的贯彻能力等方面，也就是机械零件的几何量、公差配合、机械测量等，这些都直接反映产品质量以及企业的竞争力。

机械测量在机械制造中具有重要的地位，是保证产品质量和生产效率的关键因素。测量技术的高低决定机械制造行业水平的高低，测量技术的重要性主要体现在以下几个方面。

1. 控制生产过程。测量技术为机械制造提供了控制方法，使机械制造更加精准，进而提高机械制造的质量。

2. 提高产品质量。测量技术可以准确测量出产品材料的适用性以及机械制造技术的完善性，从而使产品质量得到提升。

3. 提升企业竞争力。先进的测量技术可以提高生产效率，降低成本，进而提高企业的竞争力。

4. 实现智能制造。随着科学技术的不断发展，测量技术得到提升的同时，测量范围也得到扩大。如今小到纳米，大到几百米的范围都可以进行测量。

5. 提高工艺水平。测量技术可以检测加工零部件是否符合设计尺寸，组装精度是否符合目标值等，从而保证生产工艺的稳定性和可靠性。

在机械制造业中，为保证产品质量，确保零部件的互换性，不仅要分析零部件加工工艺，采取预防性措施，防止废品的产生，还必须对毛坯及零部件的尺寸、角度、几何形状、几何要素间的相对位置、表面粗糙度以及其他技术条件进行测量和检验。

一、课程思政建设重点关注学生职业素养的培养

首先，在本课程中引入思政教育可以增强学生的社会责任感。

机械工程师在工作中需要考虑产品的安全性、环保性、可靠性等多个方面，而这些因素都与社会责任紧密相关。因此，本课程引导学生关注社会问题，提高学生的公民意识，培养学生的社会责任感，有助于学生将来成为有担当的机械工程师。

其次，在本课程中引入思政教育能够增强学生的创新意识。机械工程师需要不断探索新的工艺、新的材料、新的设计方法等，以不断提高产品的质量和性能。因此，本课程注重引导学生关注科技创新，增强创新意识，有助于学生在工作中不断创新，为企业、为社会创造更大的价值。

最后，在本课程中引入思政教育还能够提高学生的人文素养。机械工程师不仅需要掌握技术知识，还需要具备较高的人文素养，包括语言表达能力、跨文化交流能力、文化修养等。因此，在本课程中增加了引导学生了解文化常识的内容，以提高跨文化交流能力，帮助学生成为综合素质较高的机械工程师。

总之，课程思政的引入不仅能够提高学生的思想道德水平，还能够为他们的职业生涯奠定良好的基础。希望通过机械课程的思政教育，培养出更多高素质的机械工程师，为我国的科技创新和经济发展作出更大的贡献。

二、融入课程思政教学内容

为丰富任务实施的教学形式，确保实践教学与思政育人目标相得益彰。本课程以"提问题""讲案例""短视频"等形式来促进与学生的深度互动以及课堂趣味性的提升。

表1 "工匠精神系列微课"视频资源列表

序号	"工匠精神系列微课"视频资源	二维码
1	"工匠精神系列微课"第一课	
2	"工匠精神系列微课"第二课	
3	"工匠精神系列微课"第三课	
4	"工匠精神系列微课"第四课	
5	"工匠精神系列微课"第五课	
6	"工匠精神系列微课"第六课	

续表

序号	"工匠精神系列微课"视频资源	二维码
7	"工匠精神系列微课"第七课	
8	"工匠精神系列微课"第八课	
9	"工匠精神系列微课"第九课	
10	"工匠精神系列微课"第十一课	
11	"工匠精神系列微课"第十二课	
12	"工匠精神系列微课"第十三课	
13	"工匠精神系列微课"第十四课	
14	"工匠精神系列微课"第十五课	

续表

序号	"工匠精神系列微课"视频资源	二维码
15	"工匠精神系列微课"第十六课	
16	"工匠精神系列微课"第十七课	
17	"工匠精神系列微课"第二十二课	
18	"工匠精神系列微课"第二十八课	

表2 工匠精神案例列表

序号	工匠精神案例	二维码
1	以卓越技艺尽显匠心本色	
2	30年默默坚守的电力人	
3	20余载以工匠精神筑梦，精益求精为中国制造赋能	
4	学习劳模	

序号	工匠精神案例	二维码
5	精益求精就是工匠精神	

1. "工匠精神系列微课"案例引入工匠精神

工匠精神是一种热爱工作的职业精神。与普通工人不一样的是，工匠的工作不单是为了谋生，也是为了从中获得快乐。

工匠精神是一种精益求精的工作态度。能够被称为工匠，其手艺自然得到社会公认。但工匠对于自己制造的产品，却永远不会满足。因此，"大国工匠"诠释出的工匠精神应该成为中国制造的内在支撑，这样才能让我们国家制造的产品释放出更加夺目的光彩。

劳模工匠故事——马允郑，"专注做好一件事，就是成功"，敢想、敢闯、敢试，在技术岗位上克服了一个个困难，完成了一个个任务，成为知识型、技术创新型人才杰出代表；精益求精就是工匠精神！电子技术世界冠军梁攀选择继续站在讲台上，和更多"小匠"们一起成长，他把世赛赛场上的经验和收获融入日常教学，坚定着学生们走技能成才之路的信心，让他们的人生"不认输"；全国劳动模范、长安汽车高级技师刘源，是一名普通工人，也是顶尖技术高手，他从一名中专生，逆袭揽获"中华技能大奖"，以匠人之心，琢精工之技；20 余载以工匠精神筑梦，精益求精为中国制造赋能，2022 年"大国工匠年度人物"——孟维；30 年默默坚守的电力人——国家劳模周子奇。

教师可以根据教学引入环节找到合适的案例，重在入脑入心，落到行动上，通过案例激发学生的学习积极性、主动性、培育工匠精神。

2. 传统文化融入工匠精神，建立文化自信

党的二十大报告指出，推进文化自信自强，铸就社会主义文化新辉煌。全面建设社会主义现代化国家，必须坚持中国特色社会主义文化发展道路，增强文化自信，围绕举旗帜、聚民心、育新人、兴文化、展形象建设社会主义文化强国，发展面向现代化、面向世界、面向未来的，民族的科学的大众的社会主义文化，激发全民族文化创新创造活力，增强实现中华民族伟大复兴的精神力量。

（1）以文化引领工匠精神。通过中华传统文化的引领，可以让工匠精神更好地落地，更好地融入现代生产、制造和工艺实践中。

（2）以文化提高产品质量。通过学习传统文化中追求精湛技艺和品质卓越的理念和思想，可以传承和发扬优秀技艺，提高产品质量和竞争力。

（3）以文化推进社会发展。传统文化中讲求仁义礼智信，注重诚信，这是工匠精神倡导的创新、责任、品质、服务等方面的素养，在促进社会发展过程中非常重要。

目　　录

绪　　论

零件是机械制造过程中的基本单元，其制造过程不需要装配工序。部件由若干装配在一起的零件组成。在工程上，零部件测绘在设计、仿制和机械设备修配等方面都具有重要的作用。

本书结合科学技术发展的需求，通过整合机械制图、零部件测量、零部件绘制、AutoCAD 软件应用等内容，打破了传统机械制图课程的理论体系。本书以典型机械零部件的测绘为载体，以 AutoCAD 2021 版本为工具，依据认知规律、借鉴零件成组分类法设计若干模块，每个模块又包含若干实际案例，每个案例都是一个比较完整的工作过程。学生通过完成一个个具体工作任务，熟悉工作对象、工作方法、工作要求及工具使用，实现掌握制图知识、具备 AutoCAD 软件应用技能、提高绘制和阅读零件图和装配图能力的目标。本书立足课程标准，根据工作过程对全书内容进行了重新序化，将陈述性知识与过程性知识整合、理论知识与实践技能训练整合、专业能力培养与职业素质培养整合、工作过程与学生认知心理过程整合，重构了体现机械零部件的图样识读、产品测绘、产品造型等工作过程知识与技能体系的学习，实现了理论与实践的一体化以及教、学、做的一体化。

一、零部件测绘的定义

借助测量工具或仪器对机械零件或部件进行测量，并绘出其工作图的全过程称为零部件测绘。零部件测绘的对象通常是单个或多个机械零件、机器或部件。根据测绘对象不同，零部件测绘可分为零件测绘与部件测绘。零部件测绘也可简称"测绘"。

零件测绘是指借助测量工具或仪器对已有机械零件进行分析，确定表达方案，绘制零件草图，测量尺寸并整理出零件工作图（简称零件图）的过程。部件测绘是指对已有的机器或部件进行拆卸与分析，绘制出机器或部件的装配示意图并对其所属零件进行零件测绘，确定装配图的表达方案，最终整理出机器或部件的装配图及其所属零件的零件图的过程。

二、零部件测绘的应用

1. 修复零件与改造已有设备

在维修机器或设备时，如果某一零件损坏，在无备件与图样的情况下，就需要对损坏的零件进行测绘，画出图样以满足该零件再加工的需要。有时，为了发挥已有设备的潜力，对已有设备进行改造，也需要在对部分零件测绘后进行结构上的改进，以配制新的零件或机构，从而改进机器设备的性能，提高机器设备的效率。

2. 设计新产品

在设计新机械产品时，有一种途径是对已有实物产品进行测绘。通过对测绘对象的工作原理、结构特点、零部件加工工艺、安装维护等方面进行分析，取长补短，从而设计出比同类产品性能更优的新产品。

3. 仿制产品

一些引进的新机械或设备（无专利保护）因其性能良好而具有一定的推广应用价值，在缺乏技术资料和图纸的情况下，通常可通过测绘机器设备的所有零部件，获得生产这种新机械或设备的有关技术资料，以便组织生产。这种方法仿制速度快，经济成本低。

4. 机械制图实训教学

零部件测绘是各类工科院校、高职院校机械制图教学中的一个十分重要的实践性教学环节，其目的是加强对学生实践技能的训练，培养学生的工程意识和创新能力。同时，零部件测绘也是对机械制图课程内容进行综合运用的全面训练，能提高学生的动手能力和将理论运用于实践的能力，培养学生与人合作的精神。

三、零部件测绘的教学目的

（1）提高学生理论联系实际的能力。指导学生综合运用机械制图课程所学的知识进行草图、示意图、零件视图和装配图的绘制，对已学知识进行巩固和加强。

（2）初步培养学生工程制图的能力，使其掌握运用技术资料、标准、手册和技术规范进行工程制图的技能。

（3）使学生掌握基本的测绘方法。通过测绘实训，帮助学生熟悉常用测量工具并掌握其使用方法，帮助学生掌握正确的测绘方法和步骤，为今后专业课的学习和工程实践打下坚实的基础。

（4）提高学生分析问题和解决问题的能力。零部件测绘实训是对学生分析和解决实际工程问题能力的一次综合训练，包括资料查找的方法和途径、零件视图的选择与表达方案的制订、技术要求的提出与标注、部件的拆装等。

四、零部件测绘的要求

（1）具有正确的工作态度。机械零部件测绘是对学生的全面绘图训练，对其今后的专业设计和实际工作都具有十分重要的意义。因此，学生应积极认真地练习，并刻苦钻研，以便在绘图方法与技能方面得到锻炼与提高。

（2）培养独立的工作能力。机械零部件测绘是在教师指导下由学生独立完成的。学生在测绘中遇到问题时，应及时地复习有关内容或参阅有关资料，通过主动思考或与同组成员讨论，获得解决问题的方法，而不能依赖性地、简单地索要答案。

（3）树立严谨的工作作风。表达方案的确定要经过周密的思考，制图应正确且符合国家标准。反对盲目、机械的抄袭及敷衍、草率的工作作风。

（4）培养按计划工作的习惯。在实训过程中，学生应遵守纪律，在规定的教室里按预定计划保质保量地完成实训任务。

五、零部件测绘的方法与步骤

1. 零部件测绘的方法

（1）正确地选择零件视图的表达方法，所选零件视图应符合机械制图的有关规定，力求表达方案简洁、清晰、完整，能够用最少的图形将零件的结构形状表达清楚。零件草图应具备零件工作图的全部内容，包括一组图形、完整的尺寸标注、必要的技术要求和标题栏。另外，绘制零件草图时，应做到图形正确、比例匀称、表达清晰、线型分明、工整美观。

（2）在画出主要图形（按目测尺寸绘制）之后集中测量尺寸。切不可边画图、边测量、边标注。要注意测量顺序，先测量各部分的定形尺寸，再测量定位尺寸。测量时应考虑零件各部位的精度要求，将粗略的尺寸和精度要求高的尺寸分开测量，对于某些不便于直接测量的尺寸（如锥度、斜度等），可在测量相关数据后，再利用几何知识进行计算。

2. 零部件测绘的步骤

（1）做好测绘前的准备工作。强调测绘过程中的设备、人身安全等注意事项。领取装配体和测量工具，准备好绘图工具，如图纸、铅笔、橡皮、小刀等，并做好测绘场地的清洁工作。了解测绘实训的内容和任务要求，做好人员组织与分工，准备好有关资料、拆卸工具、测量工具和绘图工具。在这些准备工作完成后，再进行实际的测绘。

（2）了解测绘对象。在正式测绘前，仔细地阅读测绘指导书，全面细致地了解被测零部件的名称、用途、工作原理、性能指标、结构特点及在机器或部件中相关的装配关系与运转关系。

（3）拆卸部件。对零部件有完整、清晰、正确的了解之后，对被测部件进行拆卸。在拆卸之前，要清楚零部件的组装次序、部件的工作原理、结构形状和装配关系。在拆卸过程中，要清楚各零件的名称、作用和结构特点，并对拆下的每个零件进行编号、分类和登记。

（4）绘制装配示意图。装配示意图是在机器或部件拆卸过程中绘制的工程图样，是绘制装配图和重新进行装配的基本依据。装配示意图主要表达各零件之间的相对位置、装配、连接关系及传动路线等。绘制装配示意图时，通常只需用简单的符号、线条绘制零件的大致轮廓及相互关系，而不必绘制每个零件的细节及尺寸。

（5）绘制零件草图。部件拆卸完成后，要绘制部件中除标准件外的每个零件的草图，对于标准件要单独列出明细表。

（6）测量零件尺寸。绘制零件草图与测量零件尺寸并不是同时完成的，测量工作要在零件草图绘制完成后统一进行。测量时，应对每个零件的每个尺寸进行测量，并将所测得的尺寸和相关数据标注在零件草图上。标注时，要注意零件的结构特点，尤其要注意零部件的基准及相关零件之间的配合尺寸和关联尺寸。

（7）零件尺寸圆整与技术要求的注写。对所测得的零件尺寸要进行圆整，使尺寸标准化、规格化、系列化。同时，还要对零件采用的材料、尺寸公差和几何公差、配合关系等技术要求进行合理选择，并标注到零件草图上。

（8）在 AutoCAD 软件环境下绘制装配图。根据装配示意图和零件草图绘制装配图是零部件测绘的主要任务之一。装配图不仅要表达装配体的工作原理、装配关系和主要零件的结构形状，还要检查零件草图上的尺寸是否协调合理。在绘制装配图的过程中，若发现零件草图上的形状或尺寸有错，应及时更正后再继续绘制。装配图绘制完成后必须注明该机械或部件的规格、性能以及装配、检验和安装尺寸，还必须用文字说明机械或部件在装配调试、安装使用中必须具备的技术条件，最后按规格要求填写零件序号、明细栏和标题栏等。

（9）在 AutoCAD 环境下绘制零件工作图。零件工作图是零件加工的基本依据。装配图绘制完成以后，要根据装配图、零件草图并结合零部件的其他资料，用尺规或计算机绘制出零件工作图。应注意每个零件的表达方法要符合机械制图的相关标准，尺寸标注应完整、正确、清晰、合理，零件的技术要求注写采用类比法，最后填写标题栏。

（10）测绘总结与答辩。测绘工作完成以后，学生要将在零部件测绘过程中所学到的测绘知识、技能及学习体会、收获以书面的形式写成总结报告，并参加答辩。

六、零部件测绘的准备工作

如前所述，在零部件测绘前，要做一些必要的准备，包括人员安排、资料收集、场地与工具准备等。

1. 零部件测绘的组织准备

零部件测绘的组织准备即人员的安排。人员安排要根据测绘对象的复杂程度、工作量大小和参加人员的数量而定。零部件测绘实训大多以班级为单位进行。实训中，通常将学生分成几个测绘小组。各小组在全面了解测绘对象的基础上，重点了解本组所要测绘的零部件的作用以及与其他零部件之间的联系；然后在此基础上讨论实施测绘方案，对本小组内的人员进行再次分工。

2. 零部件测绘的资料准备

资料准备也是零部件测绘前的必要准备环节。在测绘前，要准备的必备资料包括有关机械设计和机械制图的国家标准、参考书籍，有关被测零部件的资料、手册等。其中，针对被测对象的资料包括被测部件的原始资料，如产品说明书、零部件的铭牌、产品样本、维修记录等；有关零部件的拆卸、测量、制图等方面的资料，如有关零部件的拆卸与装配方法的资料、有关零件的测量和公差确定方法的资料、机械零件设计手册、机械制图手册，机修手册以及相关工具书籍等。

3. 零部件测绘场所和测绘工具准备

零部件测绘应选择安静宽敞、光线较好且相对封闭的场所。测绘场所应便于操作、利于管理且相对安全。另外，根据测绘的需要，应将测绘场所划分成若干个功能区，如被测件存放区、资料区、工具区、绘图区等。如果同一地点有多个测绘小组，可根据实际情况划分为公共区和小组工作区。将共用的资料、工具及其他公共物品存放在公共区内，小组专用物品存放在小组工作区，且每个小组工作区也应划分为被测件存放区、绘图区等不同的工作区域。

在实际测绘前，应准备足够的工具。工具按用途至少分为以下六大类。

（1）拆卸工具类，如扳手、螺钉旋具、钳子等。

（2）测量量具类，如游标卡尺、金属直尺、千分尺及表面粗糙度的量具、量仪等。

（3）绘图用具类，如草图纸（一般为方格纸）、专用工程图的图纸、绘图工具等。

（4）记录工具类，如拆卸记录表、工作进程表、数码照相机、摄像机等。

（5）保管存放类，如储放柜、存放架、多规格的塑料箱等。

（6）其他工具类，如起吊设备、加热设备、清洗液、防腐蚀用品等。

七、零部件测绘的操作规则

零部件测绘是一项过程相对复杂，理论与实践结合紧密，使用的设备、工具及用品较多的工作。在操作前必须制定严格的操作规则，以保证测绘作业的安全性、规范性和完整性。零部件测绘实训中应用的操作规则通常包括以下 3 个方面。

（1）有关安全方面的规则。安全方面的规则主要包括人身安全、设备安全和防火防盗等方面的内容。

①人身安全的内容包括使用电器设备时应检验设备的额定电压，按设备的操作规程正确使用电器；使用转动设备时，应注意着装的要求，留长发的同学应将头发放在帽子内，操作者应穿紧袖工装，启动设备时应观察有无妨碍和危险；使用夹紧工具时应防止夹伤，使用起吊设备时应注意下面的人员等。

②设备安全主要是要求学生按照工作设备的操作规程正确使用工具和设备，避免造成工具设备的损坏，贵重和精密的仪器设备应轻拿轻放等。

③防火防盗要求学生在室内无人时注意关窗锁门，以防物品丢失；在使用除锈剂、油料时，应避免污染和引起火灾。

（2）有关作业规范方面的规则。作业规范方面的规则主要是指物品摆放有序，例如，不同物品应放在不同的功能区，同一功能区的物品应整齐排列，工具设备使用完毕应放回原位等。

（3）有关清洁卫生方面的规则。清洁卫生方面的规则主要包括室内卫生清洁规则和物品清洁规则。卫生清洁规则包括卫生清扫值日制度，禁止将食物、饮料及其他可能造成图纸污损、零件锈蚀和妨碍测绘作业的物品带入实训室。

八、零部件测绘教学建议

（1）在教学过程中，应立足于加强学生实际操作能力的培养，采用项目化教学，以工作任务引领等方式提高学生学习兴趣，培养学生的成就感。

（2）本课程的特色是现场教学。教学时，将教室和实训点合一，并以典型机械零件为载体，在教学过程中，采用引导教学法、示范教学法、任务驱动教学法等，实现教师示范与学生分组测量零件操作训练的互动，学生讲解测量过程与教师点评对接，学生提问与教师解答、指导有机结合，同时，采取任务、信息、计划、实施、检查、评估六步骤教学课程形式，让学生在教、学、做一体化过程中，达到正确选择量具、熟练使用各种通用量具及掌握精密测量模具零件的方法的要求。

（3）在教学过程中，要创设工作情景，同时增加实践操作的内容，提高学生的岗位适应能力。

（4）在教学过程中，通过应用多媒体、公差动画、测量视频、教学录像、课程网站、网上答疑、在线测试、QQ 群等教学资源辅助教学，帮助学生理解量具的结构、使用要领等知识和技能。

（5）在教学过程中，应重视本专业领域内新技术、新工艺、新设备发展趋势，努力使教学课堂贴近生产实际，努力培养学生积极参与社会实践的创新精神和职业能力。

（6）在教学过程中，教师应积极引导学生提升职业素养，提高职业道德。

九、零部件测绘的教学安排与成绩评定

按照机械制图课程教学实践环节的基本要求，根据各专业人才培养方案，机械零部件测绘实训学时通常集中安排 2 周的时间。测绘内容及学时分配见表 1。

表 1　测绘内容及学时分配

序号	测绘内容	学时分配	备注
1	组织分工、讲课	3 课时	
2	拆卸部件，绘制装配示意图	12 课时	
3	绘制零件草图、测量尺寸	12 课时	
4	用 AutoCAD 软件绘制装配图	6 课时	2 周
5	用 AutoCAD 软件绘制零件工作图	12 课时	（60 课时）
6	审查校核	3 课时	
7	写测绘报告书	6 课时	
8	综合评价	3 课时	
9	机动	3 课时	

1. 零部件测绘中对图纸的要求

零部件测绘中对图纸的总体要求是投影正确、视图选择与配置恰当、图面洁净、字体工整、线型和尺寸标注符合国家标准。

（1）对装配图的要求。除符合总体要求外，还要求标注规格尺寸、外形尺寸、装配尺寸、安装尺寸及其他重要尺寸。其中，相关尺寸要与零件图中的零件尺寸完全一致。另外，零件编号和明细表、标题栏也必须符合国家标准。

（2）对零件工作图的要求。除符合总体要求外，还需要做到尺寸齐全、清晰、合理，表面粗糙度与公差配合的选用恰当，标注正确，标题栏符合要求。

（3）对零件草图的要求。零件草图要求徒手（不得借助尺规等绘图工具）绘制，除尺寸比例、线型不作严格要求外，其他要求与零件图相同。

2. 零部件测绘实训中对报告的要求

零部件测绘实训一般要求学生提供两份报告。一份是被测零部件工作原理分析报告，另一份是实训总结报告。如果被测零部件比较简单，且只安排一周时间，也可只要求提供一份报告。

被测零部件工作原理分析报告的内容包括绘制测绘零部件的装配示意图，并说明工作原理和作用；有关配合、公差、材料的选择及理由；给出被测零部件的主要规格、性能尺寸、总体尺寸、安装尺寸的大小等。实训总结报告应对测绘过程中的体会及收获做书面形式总结。

最后，将所绘装配图、零件图及零件草图折叠成 A4 幅面，连同实训总结报告一起送交指导教师。

3. 零部件测绘实训成绩的评定

零部件测绘实训成绩的评定应根据零件草图、装配图、零件图和实训总结报告综合评分。评分标准按不同专业的教学大纲确定，例如，表达方案、投影、尺寸标注、技术要求和零件材料选用的正确性占总分的 50%，线型正确、字体工整、图面洁净占 10%，实训报告占 10%，平时成绩占 10%，答辩占 20%。其中，平时考核主要考查学生的工作态度及独立完成实训任务的情况。另外，测绘实训的成绩通常采用五级分制，即优秀、良好、中等、及格和不及格。

机械零部件测绘基础

☑ 模块描述

1. 机械测量技术有哪些相关知识？常用的机械测量的量具和量仪有哪些？
2. 如何识读尺寸公差？如何测量与计算几何尺寸？

☑ 知识目标

1. 了解机械测量技术的相关知识。
2. 熟悉常用的机械测量的量具和量仪。

☑ 技能目标

1. 掌握尺寸公差的识读。
2. 掌握机械零件几何尺寸的测量与计算。

☑ 素养目标

1. 培养学生信息获取与处理以及解决问题的能力，培养批判性思维。
2. 培养学生与他人合作、协调和共享资源，共同完成任务和实现共同目标的思维与能力。
3. 培养学生的家国情怀、政治信仰，激发学习积极性。

课题一　机械测量技术基础

☑ 学习目标

知识目标

1. 掌握机械测量的基本概念、单位换算。
2. 了解测量器具的分类、主要技术性能指标、长度测量器具及其发展趋势。

技能目标

1. 掌握误差的分析及误差数据的处理。
2. 掌握量具和量仪的选用及维护。

素养目标

1. 融入国民经济发展和国防建设"大国重器"的纪录片，通过展现取得的进步与发展，培养学生的家国情怀。

2. 通过测量工具和数据处理技术的不断更迭，让学生懂得尊重社会发展规律，有所坚持，有所不坚持。

任务一　了解机械测量技术的相关知识

任务描述

测量技术是一门具有自身专业体系、涵盖多种学科、理论性和实践性都十分突出的前沿科学。熟知测量技术方面的基础知识，是掌握测量技能，独立完成机械产品几何参数测量的基础。

在机械制造中，测量技术主要研究对零件几何参数进行测量和检验的问题。这一技术是机械制造业检测人员必备的基本技能。同时，机械测量为产品的质量提供保障，是生产中的重要环节。通过本次任务，掌握以下三个方面内容。

（1）什么是互换性和标准化？如何理解测量基准和量值的传递？

（2）机械测量的基本概念有哪些？其单位与换算又有什么关系？

（3）有哪些测量方法？如何分析误差并处理数据？

知识链接

在机械制造过程中，需要对零件的几何参数进行严格的量度与控制，并将这种量度与控制纳入一个完整且严密的研究、管理体系，这个体系称为几何量计量。而测量技术是几何量计量在生产中的重要实施手段，是贯彻质量标准的技术保证。

一、互换性和标准化

1. 互换性

互换性是指机械产品中同一规格的一批零件或部件，任取其中一件，不需做任何挑选、调整或辅助加工就能进行装配，且能保证满足机械产品使用性能要求的一种特性。

2. 标准化

标准化是指标准的制定、发布和贯彻实施的全部活动过程。标准化从调查标准化对象开始，经试验、分析和综合归纳，进而制定和贯彻标准，之后还要修订标准。它是以标准的形式体现的一个不断循环、不断提高的过程。

二、机械测量的基本概念

一件制造完成的产品是否满足设计的几何精度要求，通常有以下 4 种判断方式。

1. 测量

测量是为确定量值而进行的实验过程。在测量中，假设 L 为被测量值，E 为所采用的计量单位，那么它们的比值为 $q = \dfrac{L}{E}$。

上述公式的物理意义为在被测量值 L 一定的情况下，比值 q 的大小完全取决于所采用的计量单位 E，而且呈反比关系。同时，这一公式说明计量单位的选择取决于被测量值所要求的精确程度，这样，经比较而得的被测量值为 $L = qE$。

因此，测量是指以确定被测量对象的量值为目的的全部操作。在这一操作过程中，将被测对象与复现计量单位的标准量进行比较，并以被测量与标准量的比值及其准确度表达测量结果，例如，用游标卡尺对某一轴径的测量，就是将被测量对象（轴的直径）用特定测量方法（游标卡尺）与长度单位（mm）相比较。若其比值为 30.52，准确度为 ±0.03 mm，则测量结果可表达为（30.52±0.03）mm。

由以上可知，任何一个测量过程必须包含被测量对象和所采用的计量单位。此外，还应包含二者是怎样进行比较及比较后的精确程度如何的问题，即测量方法和测量精确度的问题。这样，任何测量过程都包含测量对象、计量单位、测量方法及测量精确度等 4 个要素。

（1）测量对象。测量对象主要指几何量，包括长度、角度、表面粗糙度以及形位误差等。由于几何量种类繁多，形状又各式各样，因此对测量对象的特性、被测参数的定义，以及测量标准等都必须加以研究和熟悉，以便进行测量。

（2）计量单位。国务院于 1977 年 5 月 27 日颁发的《中华人民共和国计量管理条例（试行）》第三条规定："我国的基本计量制度是米制（即'公制'），逐步采用国际单位制。"1984 年 2 月 27 日，国务院正式发布《中华人民共和国法定计量单位》，规定我国的计量单位一律采用《中华人民共和国法定计量单位》规定的计量单位。在长度计量中以米（m）为基本单位，其他常用长度计量单位有毫米（mm）和微米（μm）。在角度测量中以度（°）、分（′）、秒（″）为单位。

（3）测量方法。测量方法是指在进行测量时所采用的测量器具和测量条件的综合。根据被测对象的特点，如精度、大小、轻重、材质、数量等来确定所用的测量器具，分析研究被测参数的特点及其与其他参数的关系，确定最合适的测量方法以及测量的主客观条件（如环境、温度等）。

（4）测量精确度（即准确度）。测量精确度是指测量结果与真值的一致程度。任何测量过程不可避免地会出现测量误差，误差大说明测量结果离真值远，精确度低。因此，精确度和误差是两个相对的概念。由于存在测量误差，任何测量结果都是以一个近似值来表示的，换言之，测量结果的可靠性（以有效值表示）由测量误差确定。

2. 测试

测试是指具有试验性质的测量，也可理解为试验和测量的全过程。

3. 检验

检验是判断被测物理量在规定范围内是否合格的过程，一般来讲，就是确定产品是否满足设计要求的过程，即判断产品是否合格的过程，通常不一定要求测出具体值。几何量检验即确定零件的实际几何参数是否在规定的极限范围内，以做出合格与否的判断。因此，检验也可理解为不要求知道具体值的测量。

4. 计量

计量是指为实现测量单位的统一和量值的准确可靠而进行的测量。

三、测量基准和量值的传递

1. 测量基准

测量基准是零件检验时，用以测量已加工表面尺寸及位置的基准。在几何量计量领域内，测量基准可分为长度基准和角度基准两类。

2. 量值传递

在机械制造中，自然基准不便于普遍直接应用。为了保证测量值的统一，必须把国家基准所复现的长度计量单位量值经计量标准逐级传递到生产中的测量器具和工件上去，以保证所测得的被测量对象量值的准确和一致。为此，需要在全国范围内从技术上和组织上建立起严密的长度量值传递系统。目前，线纹尺和量块是实际工作中常用的两种实体基准。

四、常用测量单位及其换算

1. 常用测量单位

对几何量进行测量时，必须有统一的长度计量单位。测量单位是测量工作中的原始标准，各国都对此作了具体规定。我国传统习惯沿用的长度单位为丈、尺、寸、分、厘，即"市制"。英国及英联邦国家采用的长度单位为码、英尺、英寸、英分，即"英制"。目前，大多数国家（包括我国）使用"米制"，即以米为基本长度单位，"米制"已被国际公认，定为国际标准。

2. 测量单位换算

我国计量单位一律参照《中华人民共和国法定计量单位》使用，其中规定米（m）为长度的基本单位，同时使用米的十进制倍数和分数的单位。千米（km）、米（m）、毫米（mm）、微米（μm）间的换算关系为 $1\ mm = 10^{-3}\ m$，$1\ \mu m = 10^{-3}\ mm$。在超精密测量中，长度计量单位采用纳米（nm），$1\ nm = 10^{-3}\ \mu m$。

用度作为单位来测量角的制度称为角度制。其中，度（°）、分（′）、秒（″）之间采用 60 进位制，即 $1° = 60′$，$1′ = 60″$。用弧度（rad）作为单位来测量角的制度称为弧度制。与半径等长的弧所对的圆心角的弧度即 1 弧度。圆周所对的圆心角 $= 2\pi\ rad = 6.283\ 2\ rad$。$1\mu rad$（微弧度）$= 10^{-6}\ rad$（弧度）。角度和弧度的换算关系为 $1° = 0.017\ 453\ rad$，或 $1rad = 57.295\ 764°$。

五、测量方法

测量方法是指在进行测量时所用的，按类别叙述的一组操作逻辑次序。测量方法按实测几何量是否为欲测几何量可分为直接测量和间接测量；按示值是否为被测量的量值可分为绝对测量和相对测量；按测量时被测表面与量仪是否接触可分为接触测量和非接触测量；按零件被测几何量的多少可分为单项测量和综合测量；按测量结果对工艺所起的作用可分为主动测量和被动测量；按测量过程自动化程度可分为自动化测量和非自动化测量。

六、测量误差分析

测量过程不完善而产生的测量误差，将导致测得值的分散度不确定。在测量过程中，为获得满足一定要求的置信水平的测量结果，正确分析测量误差的性质及其产生的原因，并对测得值进行必要的数据处理十分重要。

1. 测量误差定义

测量误差是指被测量对象的测得值 x 与其真值 x_0 之差，即 $\Delta = x - x_0$。

由于真值不可能确切获得，因而上述用于测量误差的定义是一个理想概念。在实际工作中，往往将比被测量值的可信度（精度）更高的值作为当前测量值的"真值"。

2. 误差来源

测量误差主要由测量器具、测量方法、测量环境和测量人员等因素产生。

（1）测量器具。测量器具设计中存在原理误差，如杠杆机构、阿贝误差等。制造和装配过程中的误差也会引起其示值误差的产生，如刻线尺的制造误差、量块制造与检定误差、表盘的刻制与装配偏心误差、光学系统的放大倍数误差、齿轮分度误差等。其中，最重要的是基准件的误差，如刻线尺和量块的误差，它是测量器具误差的主要来源。

（2）测量方法。测量方法误差主要包括间接测量法中因采用近似的函数关系原理而产生的误差或多个数据经过计算后的累积误差。

（3）测量环境。测量环境主要包括温度、气压、湿度、振动、空气质量等因素。在一般测量过程中，温度是最重要的因素。测量温度对标准温度（20 ℃）的偏离、测量过程中温度的变化以及测量器具与被测件的温差等都将产生测量误差。

（4）测量人员。由测量人员引起的误差主要包括视差、估读误差、调整误差等，其大小取决于测量人员的操作技术和其他主观因素。

3. 测量误差的分类及减小其影响的方法

测量误差按其产生的原因、出现的规律及其对测量结果的影响，可以分为系统误差、随机误差和粗大误差。

（1）系统误差。在规定条件下，绝对值和符号保持不变或按某一确定规律变化的误差，称为系统误差。其中，绝对值和符号不变的系统误差称为定值系统误差，按一定规律变化的系统误差称为变值系统误差。

系统误差大部分能通过修正值或找出其变化规律后加以消除，如经检定后得到的量块中心长度的修正值，测量角度的仪器因光学度盘安装偏心形成的按正弦曲线规律变化的角度示值误差等。有些系统误差无法修正，如温度规律变化造成的测量误差。

（2）随机误差。在规定条件下，绝对值和符号以不可预知的方式变化的误差称为随机误差。就某一次测量而言，随机误差的出现无规律可循，因而无法消除。但若进行多次等精度重复测量，则与其他随机事件一样具有统计规律的基本特性，可以通过分析，估算出随机误差值的范围。

随机误差主要由温度波动、测量力变化、测量器具传动机构不稳、视差等各种随机因素造成，虽然无法消除，但只要认真仔细地分析其产生的原因，就能够在一定程度上减小其对测量结果的影响。

（3）粗大误差。明显超出规定条件下预期的误差，称为粗大误差。粗大误差由某些非正常的因素造成，如读数错误、温度的突然大幅变动、记录错误等。粗大误差可根据误差理论，按一定规则予以剔除。

七、等精度直接测量的数据处理

等精度直接测量是指在同一条件下（即等精度条件），对某一量值进行 n 次重复测量而获得一系列的测量值。在这些测量值中，可能同时含有系统误差、随机误差和粗大误差。为了获得正确的测量结果，应对各类误差分别进行处理。

1. 数据处理的步骤

（1）判断系统误差。首先查找并判断测得值中是否含有系统误差，如果存在，则应采取措施加以消除。关于系统误差的发现和消除方法可参考本任务的"拓展知识"等有关资料。

（2）求算术平均值。消除系统误差后，可求出测量列的算术平均值，即

$$\overline{L} = \frac{1}{n}\sum_{i=1}^{n}L_i \tag{1-1-1}$$

（3）计算残余误差 V_i。测得值 L_i 与算术平均值 $\overline{L}$ 之差即残余误差 V_i，简称残差。其表示方法如下：

$$V_i = L_i - \overline{L} \tag{1-1-2}$$

（4）计算单次测量的标准偏差 σ。其计算公式如下：

$$\sigma = \sqrt{\frac{1}{n-1}\sum_{i=1}^{n}V_i^{2}} \tag{1-1-3}$$

（5）判断有无粗大误差。如果存在，则应将含有粗大误差的测得值从测量列中剔除，并重新计算算术平均值，然后重新计算残差和标准偏差。

粗大误差通常用拉依达准则来判断。拉依达准则又称 3σ 准则，主要适用于重复测量次数比较多，且服从正态分布的误差。其具体做法是将系列测量的数据按式（1-1-3）算出标准偏差 σ，然后用 3σ 作为准则来检查所有的残差 V_i，若某一个 $|V_i| > 3\sigma$，则该残差判为粗大误差，应予以剔除。然后重新计算标准偏差 σ，再对新算出的残差进行判断，直到不再出现粗大误差为止。

（6）求算术平均值的标准偏差 $\sigma_{\overline{L}}$。根据误差理论，测量列算术平均值的标准偏差与单次测量值的标准偏差的关系为

$$\sigma_{\overline{L}} = \frac{\sigma}{\sqrt{n}} \tag{1-1-4}$$

式中　n——测量次数；

　　　σ——单次测量的标准偏差。

由式（1-1-4）可知，在 n 次等精度测量中，算术平均值的标准偏差 $\sigma_{\overline{L}}$ 为单次测量的标准偏差的 $1/\sqrt{n}$ 倍。

算术平均值的标准偏差用残差表示为

$$\sigma_{\overline{L}} = \frac{\sigma}{\sqrt{n}} = \sqrt{\frac{1}{n(n-1)}\sum_{i=1}^{n}V_i^{2}} \tag{1-1-5}$$

（7）测量结果的表示方法。

单次测量：

$$L = l \pm 3\sigma l = l \pm \delta_{\lim} \tag{1-1-6}$$

多次测量：

$$L = \overline{L} \pm 3\sigma\overline{L} = \overline{L} \pm \delta_{\lim\overline{L}}$$

（1－1－7）

式中　L——测量结果；

　　　$\overline{L}$——测量列的算术平均值；

　　　l——单次测量值；

　　　$\delta_{\lim}$——单次测量极限误差；

　　　$\delta_{\lim\overline{L}}$——算术平均值的测量极限误差。

任务实施

对某一轴径 d 等精度测量 15 次，并按测量顺序将各测得值依次填入表 1－1－1 中。

表 1－1－1　测量结果

测量序列	测得值/mm	残差/μm	残差的平方/μm²
1	24.959	+2	4
2	24.955	−2	4
3	24.958	+1	1
4	24.957	0	0
5	24.958	+1	1
6	24.956	−1	1
7	24.957	0	0
8	24.958	+1	1
9	24.955	−2	4
10	24.957	0	0
11	24.959	+2	4
12	24.955	−2	4
13	24.956	−1	1
14	24.957	0	0
15	24.958	+1	1

解：（1）判断定值系统误差。假设经过判断，测量列中不存在定值系统误差。

（2）求算术平均值，结果如下：

$$\overline{L} = \frac{1}{n}\sum_{i=1}^{n} L_i = 24.957 \text{ mm}$$

（3）计算残差。各残差的数值见表 1－1－1。按残差观察法，这些残差的符号大体上正负相间，但不是周期变化，因此可以判断测量列中不存在变值系统误差。

（4）计算单次测量的标准偏差，结果如下：

$$\sigma = \sqrt{\frac{1}{n-1}\sum_{i=1}^{n} V_i^2} = \sqrt{\frac{26}{15-1}} \approx 1.36 \text{ μm}$$

（5）判断粗大误差。根据 3σ 准则，若某一个 $|V_i| > 3\sigma$，则该残差为粗大误差，而此列中没有，因此可以判断测量列中不存在粗大误差。

（6）求算术平均值的标准偏差，结果如下：

$$\sigma_{\bar{L}} = \frac{\sigma}{\sqrt{n}} = \frac{1.36}{\sqrt{15}} \approx 0.35 \ \mu m$$

（7）测量结果的表示如下：

$$L = \bar{L} \pm 3\sigma_{\bar{L}} = \bar{L} \pm \delta_{\lim\bar{L}} = (24.957 \pm 0.001) \ mm$$

任务评价

请将任务评价结果填入表 1 – 1 – 2 中。

表 1 – 1 – 2　自评/互评表（一）

任务小组			任务组长		
小组成员			班级		
任务名称			实施时间		
评价类别	评价内容	评价标准	配分	个人自评	小组评价	教师评价
学习准备	资料准备	参与资料收集、整理、自主学习	5			
	计划制订	能初步制订计划	5			
	小组分工	分工合理，协调有序	5			
学习过程	操作技术	见任务评分标准	40			
	问题探究	能在实践中发现问题，并用理论知识解决实践中的问题	10			
	文明生产	服从管理，遵守 5S（整理（seiri）、整顿（seiton）、清扫（seiso）、清洁（seiketsu）、素养（shitsuke））标准	5			
学习拓展	知识迁移	能实现前后知识的迁移	5			
	应变能力	能举一反三，提出改进建议或方案	5			
	创新程度	能提出创新建议	5			
学习态度	主动程度	主动性强	5			
	合作意识	能与同伴团结协作	5			
	严谨细致	认真仔细，不出差错	5			
总计			100			
教师总评（成绩、不足及注意事项）						
综合评定等级						

系统误差的发现与消除

1. 系统误差的发现

系统误差产生的原因往往是已知的，它的出现一般也是有规律的，人们通过长期的实践和理论研究总结出一些发现系统误差的方法。下面简述两种常用的方法。

（1）理论分析法。理论分析法是指观测者凭借所掌握的实验理论、实验方法和实验经验等，对实验所依据的理论公式的近似性、所采用的实验方法的完善性进行研究分析，从中找出产生系统误差的主要根源，从而找出系统误差的方法。它是发现、确定系统误差最基本的方法。

（2）对比法。对比法是指改变实验的部分条件甚至全部条件进行测量，分析改变前后所得的测量值是否有显著的不同，从中分析有无系统误差并探索系统误差来源的方法。对比法有多种，包括不同实验方法的对比、使用不同测量仪器的对比、改变测量条件的对比以及采用不同人员测量的对比等。

2. 系统误差的处理

在处理系统误差时，常将它分为两类，即已定系统误差和未定系统误差。处理数据时，必须将已定系统误差从测量值中减去，得到修正后的测量值。未定系统误差是指误差的绝对值和符号未确定的系统误差。下面介绍处理系统误差的几个具体的原则。

（1）消除产生系统误差的因素。这要求对整个测量过程及测量装置进行必要的分析与研究，找出可能产生系统误差的因素。

（2）对测量结果加以修正。计算出要处理的系统误差值，将其加到测量结果上，使测量结果得到修正；或者在计算公式中加入修正项以消除某项系统误差；或者用更高一级的标准仪器校准一般仪器，得到修正值或修正曲线，从而使测量结果得以修正。

（3）采用适当的测量方法。在测量过程中，根据系统误差的性质，选择适当的测量方法，使测得值中的系统误差相互抵消，从而消除系统误差对测量结果的影响。

总体来讲，消除系统误差影响的原则就是首先设法使它不产生，如果做不到，就修正它或减小它，或者在测量过程中设法消除它的影响。

任务二 了解机械测量的常用量具和量仪

任务描述

机械测量离不开各种量具和量仪。了解机械测量的常用量具和量仪是掌握机械测量技术的前提。

（1）测量器具有哪些分类？其主要技术性能指标有哪些？

（2）常用长度测量器具及其发展如何？

（3）常用量具和量仪该如何选用并维护？

知识链接

机械测量器具是指测量使用的量具和量仪。目前市场上的测量器具种类繁多，作为机械测量技术人员，必须掌握正确选用及维护保养测量器具的技能。

一、测量器具的分类

量具是指用来测量或检验零件尺寸的器具，结构比较简单。它能直接指示出长度的单位及界限，如量块、角尺、卡尺、千分尺等。

量仪是指用来测量零件或检定量具的仪器，结构比较复杂。它是利用机械、光学、气动、电动等原理，将长度单位放大或细分的测具，如气动量仪、电感式测微仪、立式接触式干涉仪、测长仪和万能工具显微镜等。

量具、量仪可以按计量学的观点分类，也可以按器具本身的结构、用途和特点分类。按用途和特点划分，量具、量仪一般可分为以下4类。

1. 标准量具与量仪

量具——标准量具只有某一个固定尺寸，通常用来校对和调整其他测量器具或作为标准与被测工件进行比较，如量块、直角尺、各种曲线样板及标准量规等。

量仪——标准量仪包括激光光波比较仪、光波干涉比较仪、立式光学计等。

2. 通用量具与量仪

量具——通用量具包括卡规、塞规、环规、塞尺、金属直尺、游标卡尺、千分尺、杠杆千分尺、半径样板、深度卡尺、高度卡尺等。通用量具按其工作原理可分为以下3类。

（1）固定刻线量具，如米尺、金属直尺、卷尺等。

（2）游标量具，如三用游标卡尺（含带表游标卡尺、数显游标卡尺等）、深度游标卡尺、游标高度卡尺、齿厚游标卡尺、游标万能角度尺等。

（3）螺旋测微量具，如外径千分尺、内径千分尺、螺纹中径千分尺、公法线千分尺等。

量仪——通用量仪包括指示表、杠杆指示表、测微仪、测长仪、大型工具显微镜、万能工具显微镜、投影仪、光学比较仪等。

3. 量规

量规是无刻度的专用量具。它只能用来检验零件是否合格，而不能测得被测零件的具体尺寸，如塞规、卡规、环规、螺纹塞规、螺纹环规等。

4. 检验装置

检验装置是量具、量仪和其他定位元件等的组合体，可以提高测量或检验效率，提高测量精度，便于实现测量自动化，在大批量生产中应用较多。

总之，各种形式的量具、量仪都具有一个共同点，即它们必须具有检测、比较、显示标准值和被测值之间的差别等三个基本功能。另外，它们的一些其他功能可以满足多样化的测量需要。

二、测量器具的主要技术性能指标

1. 刻度间距 C

刻度间距简称刻度，它是标尺或圆刻度盘上相邻两刻线中心线之间的实际距离或圆周弧长（图1-1-1（b））。刻度间距太小，会影响估读精度；太大则会增加读数装置的尺寸。为适合人眼观察，刻度间距一般为 $1 \sim 2.5$ mm。

2. 分度值 i

分度值也称刻度值、精度值，简称精度，是指测量器具的标尺上一个刻度间隔所代表的测量数值。在长度测量中，常用的分度值有 0.01 mm、0.005 mm、0.002 mm 和 0.001 mm等几种。图1-1-1（c）所示比较仪圆刻度盘的分度值为 0.001 mm。

3. 示值范围

示值范围是指测量器具所能显示或指示的被测量起始值到终止值的范围，例如，图1-1-1（c）所示比较仪圆刻度盘的示值范围为 ± 100 μm。

4. 测量范围

测量范围是指测量器具的误差处于规定极限内，所能测量的被测量最小值到最大值的范围，如图1-1-1（a）所示，比较仪由于悬臂的升降，测量范围在 $0 \sim 180$ mm 之间。

图1-1-1 比较仪及其圆刻度盘
（a）比较仪；（b）刻度间距；（c）圆刻度盘及分度值

5. 灵敏度

灵敏度也称传动比或放大比，它代表测量器具放大微量的能力，是指针相对于标尺的移动量与引起此移动量的被测几何量的变动量之比。

6. 示值误差

示值误差是指测量器具显示的数值与被测几何量的真值之差。示值误差是代数值，有正负之分。一般可用量块作为真值来检定出测量器具的示值误差。示值误差愈小，测量器具的精度就愈高。

7. 示值变动性

示值变动性是指在测量条件不做任何改变的情况下，对同一被测量进行多次重复测量读数，其结果的最大差异。

8. 回程误差

回程误差是指在相同情况下，测量器具正反行程在同一示值时，被测量值之差的绝对值。引起回程误差的主要原因是量仪传动元件之间存在间隙。

9. 测量力

测量力是指接触测量过程中测头与被测物体之间的接触压力。过大的测量力会引起测头和被测物体的变形，从而引起较大的测量误差。好的测量器具一般均设有测量力控制装置。

10. 修正值

修正值是指为了消除和减小系统误差，用代数法加到测量结果上的数值。它的大小和示值误差的绝对值相等，而符号相反。在测量结果中加入相应的修正值后，可提高测量精度。

11. 不确定度

不确定度是指在规定条件下测量时，由于测量误差的存在，对被测几何量不能肯定的程度。不确定度从估计方法上可归纳成两类：一类为多次重复测量，并用统计法计算而得的标准偏差；另一类为用其他方法估计而得的近似标准偏差（包括系统误差随机化的标准偏差）。

三、常用长度测量器具及其发展

1. 常用长度量仪

长度量仪的种类较多，采用的原理也各式各样，这里就生产中常用的量仪做简单介绍。

（1）机械量仪。生产中常用的有游标尺、千分尺、扭簧比较仪、内径测量仪和齿厚卡尺等测量器具。

（2）电动量仪。电动量仪种类很多，一般可分为电接触式量仪、电感式量仪、电容式量仪、电涡流式量仪和感应同步器等。其中，电感式量仪的传感器一般分为电感式和互感式两类。电感式又可分为气隙式、截面式和螺管式三类；互感式可分为气隙式和螺管式两类。

（3）气动量仪。气动量仪是利用气体在流动过程中形成的某些物理量（如流量、压力、流速等）的变化来实现长度测量的一种装置。一般由以下四个部分组成：过滤器、稳压器、指示器和测量头等。其中，过滤器是将从气源来的压缩空气进行过滤，清除其中的灰尘、水和油分，使空气干燥和清洁；稳压器是使空气的压力保持恒定；指示器是将工件尺寸变化转变为压力（或流量）变化，并指示出尺寸变化的大小；测量头用来感受被测尺寸的变化。

气动量仪一般可分为气压计式和流量计式两类。前者是用气压计指示工件尺寸的变化，后者是用气体流量计指示工件尺寸的变化。流量计式气动量仪的具体工作原理为将工件尺寸变化转换成气体流量的变化，然后通过浮标在锥形玻璃管中浮动的位置进行读数。

（4）光学机械式量仪。光学机械式量仪在机械制造和仪器制造中应用比较广泛，其种类和型号也各式各样。但在长度测量中，光学计、测长仪、接触式干涉仪是具有代表性的量仪。

2. 现代测量技术发展

在老式的坐标测量机中，常用光学刻度尺作为检测元件。随着科技的发展，光学刻度尺的使用越来越少。数字显示越来越显示出其优点，如数显游标卡尺（图1-1-2）、数显外径千分尺（图1-1-3）、数显公法线千分尺（图1-1-4）、数显螺纹中径千分尺（图1-1-5）、数显千分表（图1-1-6）、数显角度仪（图1-1-7）。

图1-1-2 数显游标卡尺

图1-1-3 数显外径千分尺

图1-1-4 数显公法线千分尺

图1-1-5 数显螺纹中径千分尺

图1-1-6 数显千分表

图 1 - 1 - 7　数显角度仪

随着计算机及激光技术的发展，光、机、电一体的测量仪器设备不断涌现。激光在长度计量中的应用越来越广，不仅可用干涉法测量线位移，还可用双频激光干涉法测量小角度，用环形激光测量圆周分度，以及用激光束作为基准测直线度误差等。目前，我国已生产出双频激光测长机，其测量长度达 12 m。

另外，坐标测量机是一个不断发展的概念，例如，测长机、测长仪可称为单坐标测量机；工具显微镜可称为两坐标测量机。随着生产的发展，要求坐标测量机能测出工件的空间尺寸，由此发展成三坐标测量机。有的坐标测量机带有许多附件，其测量范围更广，又称万能坐标测量机。

目前，坐标测量机和数控机床中广泛使用光栅、磁栅、感应同步器和激光作为检测元件，其优点是能采用脉冲计数和数字显示及便于实现自动测量等。

3. 现代测量技术的发展趋势

（1）精密化。科学技术向微小领域发展，由毫米级、微米级进而涉足纳米级，即微/纳米技术。微/纳米技术研究和探测物质结构的功能尺寸，其分辨能力达到微米至纳米级，使人类在改造自然方面深入原子、分子级的纳米层次。纳米级加工技术的发展可分为加工精度和加工尺度两方面。加工精度由 21 世纪初的最高精度微米级发展到现有的纳米数量级，例如，金刚石车床加工的超精密衍射光栅精度已达 1 nm，实验室已经可以制作 10 nm 以下的线、柱、槽。

（2）自动化。在线在机测量技术以及工位量仪、主动量仪的使用是大批量生产时保证加工质量的重要手段。计量型仪器进入生产现场、融入生产线，并监控生产过程。这对仪器的高可靠性、高效率、高精度以及质量统计功能、故障诊断功能提出了新的要求，而近年来开发的各种在线在机测量仪器满足了这些要求。

（3）智能化。智能化测量技术是数字化制造技术的一个重要的组成部分。智能化测量仪器、智能化量具产品的不断丰富和发展，适合并满足了生产现场不断提高的使用要求。

（4）集成化。各测量机制造商独立开发的不同软件系统往往互不兼容，而且，由于知识产权的问题，这些工程软件往往是封闭的。系统集成技术主要解决不同软件包之间的通信协议和软件翻译接口问题。利用系统集成技术可以把 CAD、CAM 和 CAT 以在线工作方式集成在一起，形成数学实物仿形制造系统，从而大大缩短了模具制造及产品仿制生产周期。

（5）非接触化。非接触测量技术有很多，特别值得一提的是视觉测量技术。现代视觉理论和技术，不仅能模拟人眼功能，还能完成人眼所不能胜任的工作。因此，视觉测量技术作为当今的最新技术，在电子、光学和计算机等技术不断成熟和完善的基础上得到迅速发展。

（6）多功能化。多传感器融合能够解决测量过程中有关测量信息获取的问题，它可以提高测量信息的准确性。由于多传感器是以不同的方法或从不同的角度获取信息的，所以可以通过它们之间的信息融合去伪存真，提高测量精度。

四、常用量具和量仪的选用与维护

1. 测量器具的选用

量具、量仪是为产品服务的。量具、量仪的精度、测量范围和形式，应满足产品的要求。随着科学技术的发展，产品精度在不断提高，检测工具的精度也要相应的提高。在企业里，各种产品的测量通常采用标准的通用量具、量仪，只有在通用量具、量仪无法满足产品要求的情况下，才由自己设计和制造新的量具或专用量仪。

正确合理地选用量具、量仪，不仅是产品质量的保证，更是提高经济效益的措施。量具、量仪的选择，主要考虑被测零件尺寸的公差和量具、量仪本身的示值误差以及经济指标等因素。

零件尺寸的公差和量具、量仪本身的示值误差，一般在零件图和量具、量仪的说明书上已经注明。所谓经济指标，主要包括量具、量仪的价格、量具、量仪使用的持久性（修理的间隔期）、检定调整及修理所消耗的时间、测量过程所需要的时间等内容。选择量具和量仪时，必须将上述各项因素综合考虑。

因此，选好测量器具必须具备以下知识：一是要熟悉量具、量仪的特点、规格、精度和使用方法；二是要弄清零件的技术要求；三是要掌握量具、量仪经济指标的各项数据。这样，在选用测量器具时才能得心应手，处理得当。现将测量器具的选用方法介绍如下。

（1）按被测零件的不同要求，选用量具、量仪，例如，针对测量长度、外径，测量孔径，测量角度、锥度，测量高度、深度，测量螺纹，测量齿轮，测量形状位置，测量配合面的间隙等，应分别选用相应的量具、量仪。

（2）按生产类型选用量具、量仪。由于零件的批量不同，所以从讲求效率和经济效益的角度出发，应选用不同种类的量具、量仪。单件、小批量生产应尽量选用通用量具、量仪，如卡尺、千分尺、杠杆表、量块等。成批生产可采用以专用量具为主、通用量具为辅的办法，例如，采用卡规、塞规、专用量具等。大批量生产除采用专用量具外，还应考虑采用高效机械化和自动化的检测装置。

（3）按零件的精度选用量具、量仪。测量低精度的零件选低精度测量器具，测量高精度的零件选高精度测量器具，这是选择量具、量仪时不可忽视的一个原则。如果以低精度的测量器具去测量高精度的零件，会造成以下后果：一是无法读出精确值，例如，用0.01 mm读数的千分尺去测量0.001 mm精度的零件，会无法读出千分位的准确数值；二是即使勉强使用，不但会使测量误差大，而且会增加零件的误收率和误废率。如果以高精度的量具去测量低精度的零件，会造成以下后果：一是提高经济成本，增加测量费用；二是加速量具的磨损，容易使其丧失精度。

（4）根据测量对象的公差以及测量器具的不确定度选择量具。根据工具的公差值，查出安全裕度和测量器具的不确定度允许值 u_1。根据检测对象的尺寸范围和尺寸类型，选择测量器具不确定度 $U_量$ 小于或等于 u_1，即 $U_量 \leqslant u_1$。最后确定验收极限。

2. 工件尺寸的验收极限

（1）安全裕度。安全裕度 A 是指测量中不确定度的允许值（u），主要由测量器具的不确定度允许值 u_1 及测量条件引起的测量不确定度允许值 u_2 这两部分组成。安全裕度的确定，必须从技术和经济两个方面综合考虑。A 值较大时，可选用较低精度的测量器具进行检验，但减小了生产公差，因而加工经济性差；A 值较小时，要用较精密的测量器具，加工经济性好，但测量仪器费用高，增加了生产成本。因此，A 值应按被检验工件的公差大小来确定，一般为工件公差的 1/10。《产品几何技术规范（GPS）　光滑工件尺寸的检验》（GB/T 3177—2009）规定的 A 值见表 1-1-3。

表 1-1-3　安全裕度 A 及测量器具不确定度允许值 u_1　　　　　　　mm

零件公差	安全裕度 A	测量器具不确定度允许值 $u_1 = 0.9A$
> 0.009 ~ 0.018	0.001	0.000 9
> 0.018 ~ 0.032	0.002	0.001 8
> 0.032 ~ 0.058	0.003	0.002 7
> 0.058 ~ 0.100	0.006	0.005 4
> 0.100 ~ 0.180	0.010	0.009
> 0.180 ~ 0.320	0.018	0.016
> 0.320 ~ 0.580	0.032	0.029
> 0.580 ~ 1.000	0.060	0.054
> 1.000 ~ 1.800	0.100	0.090
> 1.800 ~ 3.200	0.180	0.160

（2）验收极限。验收极限是指检验工件尺寸时判断其合格与否的尺寸界限。确定验收极限的方式包括内缩方式和不内缩方式。选择验收方式时，应综合考虑被测尺寸的功能要求、重要程度、公差等级、测量不确定度和工艺能力等。

①内缩方式。为了保证被判断为合格的零件的真值不超出设计规定的极限尺寸，GB/T 3177—2009 中规定，使用通用测量器具，如游标卡尺、千分尺及车间使用的比较仪、投影仪等量具、量仪检验光滑工件（该工件的公差等级为 IT6 ~ IT18，公称尺寸至500 mm）的尺寸时，所用验收方法应只按收位于规定尺寸极限之内的工件。因此，验收极限须从被检验零件的极限尺寸向公差带内移动一个安全裕度 A（图 1-1-8），即

孔尺寸的验收极限为

上验收极限 = 最小实体尺寸（LMS）- 安全裕度（A）

下验收极限 = 最大实体尺寸（MMS）+ 安全裕度（A）

轴尺寸的验收极限为

上验收极限 = 最大实体尺寸（MMS）- 安全裕度（A）

下验收极限 = 最小实体尺寸（LMS）+ 安全裕度（A）

②不内缩方式。安全裕度（A）等于零，即验收极限等于工件的最大实体尺寸或最小实体尺寸。对于非配合尺寸和采用一般公差的尺寸，可以按不内缩方式确定验收极限。

图1-1-8 孔和轴的验收极限

五、量具、量仪的使用、维护和保养常识

正确使用和维护量具、量仪是保持量具、量仪精度，延长其使用寿命的重要条件，是每一个检测者都必须知道的常识。要保持量具、量仪的精度与其工作的可靠性，除了在使用中要按照合理的使用方法进行操作以外，还必须做好量具、量仪的维护和保养工作。具体如下。

（1）使用仪器必须按规程操作，不可为图省事而违章作业。

（2）量具、量仪的管理和使用一定要落实到人，并制定维护保养制度，认真执行。仪器按规定专人使用，如其他人需使用，须经负责人和使用者同意。

（3）掌握量具、量仪的正确使用方法及读数原理，避免测错、读错现象。对于不熟悉的量具、量仪，不要随便动用。测量时，应多测几次，取其平均值，并练习用一只眼读数，视线应垂直对准所读刻度，以减少视差。在估读不足一格的数值时，最好使用放大镜。

（4）仪器各运动部分，要按时加油润滑，但加油不宜过多。油如果进入光学系统，会使分划板产生畸变，镜片模糊不清。

（5）不要用手去摸各种光学元件，因为手指上有汗、油、灰尘。镜头脏了，应使用镜头纸、干净的绸布或麂皮擦拭；如果沾了油斑，可用脱脂棉蘸少许酒精（或酒精和乙醚混合液），把油斑轻轻擦去；如果蒙上了灰尘，可用软毛刷清理。

（6）仪器必须严格调好水平，避免仪器各部分在工作时受重力的影响产生误差。

（7）在停机时（非工作状态），仪器的某些运动部分，应处于自由状态或正常位置，以免长期受力变形。

（8）仪器的运动部分发生故障时，在未查明原因之前，不可强行使其转动或移动以免发生人为损伤。

（9）仪器上经常旋动的螺钉，不可拧得太紧。

（10）用来进行仪器检测的零件，必须清除尘屑、毛刺和磁性，非加工面要涂漆。

（11）以顶尖孔为基准的被测件，要预先检查顶尖孔是否符合要求。

（12）插接电源时，应确认电压高低，避免因插错而烧坏仪器。千万不要用导线直接接电源。仪器不工作时，应断开电源。

（13）电子仪器要注意防潮，避免因电子元件线路等受潮而失灵。

（14）在机床上测量零件时，要等零件完全停稳后进行测量，否则，不但会使量具的测量面因过早磨损而失去精度，还可能造成事故。车工使用外卡钳时，要注意铸件内常有气孔和缩孔，一旦钳脚落入气孔内，会把操作者的手也拉进去，从而造成严重事故。

（15）测量前应把量具的测量面和零件的被测量面都擦干净，以免有脏物影响测量精度。不要用精密量具，如游标卡尺、百分尺和指示表等去测量锻铸件毛坯或带有研磨剂（如金刚砂等）的表面，否则易使测量面过快磨损而失去精度。

（16）量具在使用过程中，不要和工具、刀具，如锉刀、榔头、车刀和钻头等堆放在一起，以免碰伤量具；也不要将量具随便放在机床上，以免因机床振动而使量具掉落，造成损坏，尤其是游标卡尺等，应平放在专用盒子中，以免尺身变形。

（17）绝对不能将量具作为其他工具的代用品。用游标卡尺划线，将百分尺作为榔头使用，把金属直尺当螺钉旋具旋螺钉，以及用金属直尺清理切屑等都是错误的。把量具当玩具，如把百分尺等拿在手中任意挥动或摇转等也是错误的，这些错误行为都易使量具失去精度。

（18）在进行零件精密测量时，温度对测量结果影响很大，一定要使零件和量具都处于 20 ℃ 的情况下。一般可在室温下进行测量，但工件与量具的温度必须一致，否则，由于金属材料热胀冷缩的特性，测量结果会不准确。温度对量具精度的影响也很大，量具不应放在阳光下或床头箱上。因为量具温度升高后，无法测出正确尺寸。更不要把精密量具放在热源（如电炉、热交换器等）附近，以免量具因受热变形而失去精度。

（19）不要把精密量具置于磁场附近，如磨床的磁性工作台上，以免使量具感生磁性。

（20）发现精密量具有不正常现象时，如量具表面不平、有毛刺、有锈斑、刻度不准、尺身弯曲变形、活动不灵活等，不应自行拆修，更不允许自行用榔头敲、锉刀锉、砂布打光等粗糙办法修理，以免增大量具误差。发现上述情况，应将量具主动送计量站检修，并经量具精度检定后再继续使用。

（21）量具使用后，应及时擦干净，除不锈钢量具或有保护镀层者外，金属表面应涂上一层防锈油，并放在专用的盒子里，保存在干燥的地方，以免生锈。

（22）精密量具应进行定期检定和保养，长期使用的精密量具，要定期送计量站进行保养和精度检定，以免因量具的最大允许误差超差而造成产品质量事故。

任务实施

对于图 1-1-9 所示的轴件，应如何选用合适的量具测量其轴径？

解：根据公差值 0.46 mm，查得安全裕度 $A = 0.032$ mm，测量器具的不确定度允许值 $u_1 = 0.029$ mm；根据测量尺寸范围，查得分度值为 0.02 mm 的游标卡尺满足要求；可得出其验收极限为

上验收极限 = 最大实体尺寸（LMS）- 安全裕度（A）= 250 mm - 0.032 mm = 249.968 mm；

下验收极限 = 最小实体尺寸（MMS）+ 安全裕度（A）= 249.54 mm + 0.032 mm = 249.572 mm。

图 1-1-9　轴件

任务评价

请将任务评价结果填入表1–1–4中。

表1–1–4 自评/互评表（二）

任务小组				任务组长		
小组成员				班级		
任务名称				实施时间		
评价类别	评价内容	评价标准	配分	个人自评	小组评价	教师评价
学习准备	资料准备	参与资料收集、整理、自主学习	5			
	计划制订	能初步制订计划	5			
	小组分工	分工合理，协调有序	5			
学习过程	操作技术	见任务评分标准	40			
	问题探究	能在实践中发现问题，并用理论知识解决实践中的问题	10			
	文明生产	服从管理，遵守5S标准	5			
学习拓展	知识迁移	能实现前后知识的迁移	5			
	应变能力	能举一反三，提出改进建议或方案	5			
	创新程度	能提出创新建议	5			
学习态度	主动程度	主动性强	5			
	合作意识	能与同伴团结协作	5			
	严谨细致	认真仔细，不出差错	5			
总计			100			
教师总评 （成绩、不足及注意事项）						
综合评定等级						

先进测量仪器简介

测量技术的发展与机械加工精度的提高有着密切的关系，例如，比较仪的出现，使加工精度达到了 1 μm；光栅、磁栅、感应同步器等用作传感器以及激光干涉仪的出现，使加工精度又达到了 0.01 μm。随着机械工业的发展，数字显示、微型计算机（简称微机）等也进入到测量技术的领域。数显技术的应用，减少了人为的影响因素，提高了读数精度与可靠性；计算机主要用于测量数据的处理，从而进一步提高了测量的效率。另外，计算机和量仪的联用，还可用于控制测量操作程序，实现自动测量或通过计算机向程控机床发出对零件的加工指令，将测量结果用于控制加工工艺，从而使测量、加工统一成一个整体的工艺系统。下面简单介绍几种较为先进的测量仪器。

1. 网络化仪器

总线仪器、虚拟仪器等微机化仪器技术的应用，使组建集中和分布式测控系统变得更为容易。UNIX、Windows NT、Windows 2000 和 Netware 等网络化计算机操作系统，为组建网络化测试系统带来了方便。

在网络化仪器环境条件下，被测对象可通过测试现场的普通仪器设备，将测得数据（信息）通过网络传输给异地的精密测量设备或高档次的微机化仪器去分析、处理，既能实现测量信息的共享，又可掌握网络节点处信息的实时变化的趋势。另外，也可通过具有网络传输功能的仪器将数据传至原端即现场。从进一步拓展仪器设备定义的角度出发，并根据网络化测量技术的特点，人们将在任何地点、任意时间都能够获取到测量信息（或数据）的所有硬软件条件的有机集合称为网络化仪器。

网络化仪器的概念并非建立在虚幻之上，而是已经在现实中的测量与测控领域初见端倪。现有网络化仪器的典型例子有网络化流量计、网络化传感器、网络化示波器、网络化逻辑分析仪和网络化电能表。

有了网络化仪器，人们在任何地点、任意时间获取到测量信息（或数据）的愿望将成为现实。与传统仪器的测量和测试相比，这的确是一个质的飞跃。

2. MZK 系列主动测量仪

MZK 系列主动测量仪是与自动磨床配套，通过对磨削过程中工件的在线测量来控制机床以保证加工质量的精密仪器。

MZK 系列主动测量仪由测量表机和磨床控制器两大部分组成，采用计算机控制，对被加工零件的尺寸适时在线测量，并按照预置的加工工艺参数，在不同的磨削阶段发出快进、粗磨、精磨、光磨、倒尺寸、后退等信号，从而高效准确地控制整个磨削过程。MZK 系列主动测量仪实现了磨削过程自动化，提高了磨削加工的效率和工件的尺寸精度、形状精度，减小了人为误差，保证了加工质量。

MZK 系列主动测量仪的特点是采用高灵敏度、高刚性测量规，触发精度高；零件加工精密，并采用独特的弹性支承，运动灵活、测值稳定；表机结构合理、种类齐全，外沟主动测量仪测量规张角大，并具有二次伸张装置，可保护测头，安全可靠；电器低漂移、抗电磁干扰能力强、抗电源波动能力强；功能齐全，具有测量数据显示、磨削过程指示、手动调零、磨削参数设置以及外部输入输出接口；智能化程度高，具有超量程自动转换、自动零位调整、依照外部输入信号自动校对调整，以及故障自我检测等功能。

3. DPH-B 动平衡测量仪

DPH-B 动平衡测量仪可在旋转的情况下测试各类旋转体，如卡盘、砂轮、主轴和电机等不平衡量。

在磨加工行业中，由于砂轮质量不均匀，所以其重心与旋转中心不重合，砂轮旋转时会产生机械振动，造成被加工件多棱形，导致产品质量下降，同时，也会影响主轴的精度及寿命。使用 DPH-B 动平衡测量仪可消除不平衡量带来的影响，这是提高生产工艺、保证加工精度、增加主轴寿命的必要手段。因此，其在机械行业有着广泛的用途。

DPH-B 动平衡测量仪的特点是动态范围宽，灵敏度高，采用数字跟踪滤波技术，抗干扰能力强；电路全集成化，可靠性程度高；整机结构新颖，设计巧妙，用环形分布的 16 个LED 显示相位，由 LED 数码管给出不平衡振动的幅值，显示直观、读数方便，且仪器带有相位锁定，便于被测件停转后调整平衡块；采用霍尔元件提取基准信号，简便可靠。

任务三 识读尺寸公差

任务描述

机械产品通常是由许多经过机械加工的零部件组成的，这些零部件在加工、测量、装配过程中都不可避免地会产生各类误差。为了满足产品的互换性和精度要求，除了要控制这些加工误差外，还要给出每个产品的具体的合格条件，而控制零件尺寸误差的合格条件是通过《产品几何技术规范（GPS）线性尺寸公差 ISO 代号体系第 1 部分：公差、偏差和配合的基础》（GB/T 1800.1—2020）给出的。

（1）尺寸公差基本术语及定义是什么？尺寸公差的国家标准是什么？

（2）孔轴配合的类型和特点是什么？如何计算孔轴配合的极限盈隙？

（3）如何识读尺寸与公差？如何查表？

知识链接

为满足互换性要求，零件的几何参数必须保持在一定的加工精度范围内，加工精度是指在零件加工后，其几何参数的实际值与设计理想值相符合的程度。在 GB/T 1800.1—2020 中，首先对与组织互换性生产密切相关、具有共同性的常用术语和定义，作出明确的规定。

一、尺寸与公差的基本术语及定义

（一）有关尺寸的术语和定义

1. 尺寸

尺寸是指以特定单位表示线性尺寸值的数值。特定单位是指"mm"，这个特定单位在机械工程中是一种规定，通常在图纸上只标注数字，而不标注 mm。如果是其他单位应另外说明。

2. 公称尺寸

由图样规范确定的理想形状要素的尺寸称为公称尺寸。公称尺寸是根据要求，通过强度、刚度计算，并考虑结构及工艺方面的因素后确定的尺寸。它可以是一个整数值或一个小数值。在这里要说明的是，在之前的国家标准中公称尺寸也称基本尺寸，孔用 D、轴用 d 表示。

3. 实际尺寸

实际尺寸是指通过测量所得的尺寸，孔用 D_a、轴用 d_a 表示。

4. 极限尺寸

尺寸要素允许的尺寸的两个极端称为极限尺寸。具体来讲，极限尺寸是指一个孔（或轴）允许的尺寸的两个极端值。其中，孔或轴允许的最大尺寸称为上极限尺寸，孔用 D_{max}、轴用 d_{max} 表示；孔或轴允许的最小尺寸称为下极限尺寸，孔用 D_{min}、轴用 d_{min} 表示。因此极限尺寸是控制实际尺寸合格的两个界限值，即

$$下极限尺寸 \leqslant 实际尺寸 \leqslant 上极限尺寸$$

（二）有关偏差与公差的术语和定义

1. 尺寸偏差

尺寸偏差是指某一尺寸减其公称尺寸所得的代数差，简称偏差。这里的某一尺寸是指极限尺寸或实际尺寸。当某一尺寸是上极限尺寸时，所得的代数差称为上极限偏差（孔的上极限偏差用 ES 表示，轴的上极限偏差用 es 表示）；当某一尺寸是下极限尺寸时，所得的代数差称为下极限偏差（孔的下极限偏差用 EI 表示，轴的下极限偏差用 ei 表示）。

由于极限尺寸可能大于、等于或小于公称尺寸，所以偏差可能为正值、零或负值。但是，要特别注意，上下极限偏差不能同时为零。

2. 尺寸公差

尺寸公差是指允许尺寸的变动量，简称公差。它是一个变动范围，数值上等于上极限尺寸与下极限尺寸之差的绝对值，也等于上极限偏差与下极限偏差之差的绝对值。孔和轴的公差分别以 T_h 和 T_s 表示，其表达方式为

孔：$\quad\quad\quad\quad\quad\quad T_h = |D_{max} - D_{min}| = |ES - EI| \quad\quad\quad\quad (1-1-8)$

轴：$\quad\quad\quad\quad\quad\quad T_s = |d_{max} - d_{min}| = |es - ei| \quad\quad\quad\quad (1-1-9)$

3. 零线

零线是指在公差带图中确定偏差的一条基准直线，也称零偏差线。它是表示公称尺寸的一条直线，以其为基准确定偏差和公差。零线以上为正偏差，以下为负偏差。

4. 公差带

表示零件的实际尺寸相对于公称尺寸所允许变化的范围称为公差带。公差带用示意图表示时称为公差带图，如图 1-1-10 所示。公差带包括公差带的大小和公差带的位置两部分。其中，公差带的大小是由标准公差确定的，公差带的位置是由基本偏差确定的。

图 1-1-10　公差带图

（三）标准公差

在孔轴配合中，由于公差带的大小和位置不同，所以可以形成不同性质和不同精度的配合。

（1）标准公差：标准公差是由 GB/T 1800.1—2020 规定的用于确定公差带大小的任一公差。标准公差用 IT 表示。

（2）公差等级：标准公差等级用以确定尺寸的精度等级，由符号 IT 和公差等级数字 01、0、1、2、3、4、5、6、7、8、9、10、11、12、13、14、15、16、17、18 组合表示，其中 IT01 级精度最高，IT18 级精度最低，IT01~IT11 是配合公差等级，IT12~IT18 是非配合公差等级。在公称尺寸相同时，随着公差等级的降低，相应的标准公差数值依次增大。在公差等级相同时，随着公称尺寸的增大，相应的标准公差数值依次增大。

（3）公差等级的选用：公差等级高，精度高，使用性能好，但难以加工，生产成本高；公差等级低，精度低，使用性能差，但加工容易，生产成本低。因此，应同时考虑生产成本和使用要求，合理选用公差等级。选用原则为在满足使用要求的前提下，尽可能选用较低的公差等级。

（四）基本偏差

基本偏差是指 GB/T 1800.1—2020 中规定的用以确定公差带相对于零线位置的上极限偏差或下极限偏差，一般为最靠近零线的那个极限偏差。当公差带位于零线的上方时，基本偏差为下极限偏差；当公差带位于零线的下方时，基本偏差为上极限偏差。（基本偏差可以为正值、负值和零。）

基本偏差代号用拉丁字母按顺序排列表示，大写字母表示孔，小写字母表示轴。为避免混淆，基本偏差代号不用 26 个字母中的 I、L、O、Q、W（i、l、o、q、w）5 个字母，同时增加 CD、EF、FG、JS、ZA、ZB、ZC（cd、ef、fg、js、za、zb、zc）7 个双字母，共 28 个。基本偏差系列如图 1-1-11 所示。

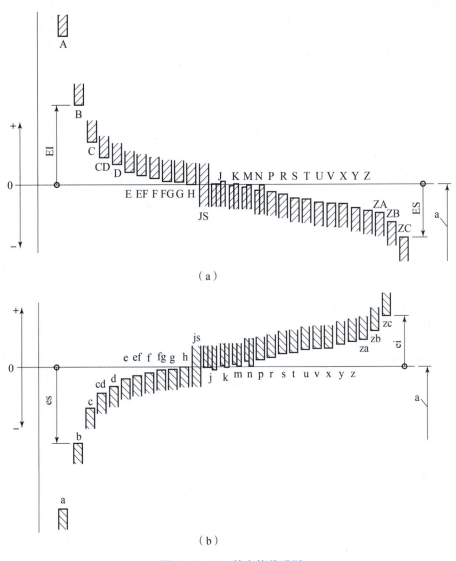

图 1 – 1 – 11　基本偏差系列

(a) 孔；(b) 轴

二、孔、轴的公差与配合

(一) 孔和轴的定义

1. 孔

孔主要是指圆柱形的内表面，也包括其他内表面中由单一尺寸确定的部分。

2. 轴

轴主要是指圆柱形的外表面，也包括其他外表面中由单一尺寸确定的部分。

定义中的"单一尺寸确定的部分"，是指内外部表面某一部分的意思。从孔与轴的定义中可知，孔并不一定为圆柱形，也可以为非圆柱形，如图 1 – 1 – 12 (a) 所示的毂槽。

同样，轴也并不一定为圆柱形，也可以为非圆柱形，如图1-1-12（b）所示的轴槽。

从装配关系讲，孔是包容面，轴是被包容面。从加工过程看，随着余量的切除，孔的尺寸由小变大，轴的尺寸由大变小。从测量方法看，测孔用游标卡尺内测量爪，测轴用游标卡尺外测量爪，如图1-1-12（c）所示。

图1-1-12　孔和轴

（二）有关配合的术语和定义

1. 配合

配合是指公称尺寸相同的，相互结合的孔、轴公差带之间的关系。按照孔、轴公差带相对位置不同，配合分为间隙配合、过盈配合、过渡配合三大类，如图1-1-13所示。

图1-1-13　三种类型的配合

（a）间隙配合；（b）过盈配合；（c）过渡配合

2. 配合的种类

（1）间隙配合。具有间隙（包括最小间隙等于零）的配合称为间隙配合。此时，孔的公差带在轴的公差带之上。简单来说，间隙配合就是指孔的尺寸大于轴的尺寸，两者很容易装配到一起，如图 1-1-14 所示。

当孔加工到上极限尺寸，轴加工到下极限尺寸时，装配后得到最大间隙（用 X_{max} 表示）；当孔加工到下极限尺寸，轴加工到上极限尺寸时，装配后得到最小间隙（用 X_{min} 表示），即

$$X_{max} = D_{max} - d_{min} = \text{ES} - \text{ei} \qquad (1-1-10)$$

$$X_{min} = D_{min} - d_{max} = \text{EI} - \text{es} \qquad (1-1-11)$$

图 1-1-14　间隙配合

（2）过盈配合。具有过盈（包括最小过盈等于零）的配合称为过盈配合。此时，孔的公差带在轴的公差带之下。简单来说，过盈配合就是指孔的尺寸小于轴的尺寸，两者很不容易装配到一起，如图 1-1-15 所示。

图 1-1-15　过盈配合

当孔为上极限尺寸，而轴为下极限尺寸时，装配后得到最小过盈（用 Y_{min} 表示）；当孔为下极限尺寸而轴为上极限尺寸时，装配后得到最大过盈（用 Y_{max} 表示），即

$$Y_{max} = D_{min} - d_{max} = \text{EI} - \text{es} \qquad (1-1-12)$$

$$Y_{min} = D_{max} - d_{min} = \text{ES} - \text{ei} \qquad (1-1-13)$$

（3）过渡配合。可能具有间隙或过盈的配合称为过渡配合（过渡配合相对于孔、轴群体而言。若单对孔、轴配合则无过渡之说）。此时，孔的公差带与轴的公差带相互交叠，如图 1-1-16 所示。

当孔为上极限尺寸而轴为下极限尺寸时，装配后得到最大间隙 X_{max}；当孔为下极限尺寸而轴为上极限尺寸时，装配后得到最大过盈 Y_{max}，即

$$X_{max} = D_{max} - d_{min} = \text{ES} - \text{ei} \qquad (1-1-14)$$

$$Y_{max} = D_{min} - d_{max} = \text{EI} - \text{es} \qquad (1-1-15)$$

图 1-1-16　过渡配合

（三）配合制

配合制是指同一极限制的孔和轴组成的一种配合制度。

GB/T 1800.1—2020 与《产品几何技术规范（GPS）线性尺寸公差 ISO 代号体系第 2 部分：标准公差带代号和孔、轴的极限偏差》（GB/T 1800.2—2020）规定了两种基准配合制：基孔制配合和基轴制配合。

（1）基孔制配合。基孔制是指将孔的尺寸固定，改变轴的尺寸大小，从而获得不同性质的配合。基孔制中的孔称为基准孔，用代号 H 表示。

（2）基轴制配合。基轴制是指将轴的尺寸固定，改变孔的尺寸大小，从而获得不同性质的配合。基轴制中的轴称为基准轴，用代号 h 表示。

三、极限与配合在图样上的标注

孔、轴的公差带代号由基本偏差代号和公差等级数字组成，例如，H8、F7、K7、P7 等为孔的公差带代号；h7、f6、r6、p6 等为轴的公差带代号。

配合代号用孔、轴公差带代号的组合表示，写成分数形式，分子为孔的公差带代号，分母为轴的公差带代号，如 $\dfrac{H7}{f6}$ 或 H7/f6。若表示某一确定尺寸的配合，则公称尺寸标在配合代号之前，例如，$\phi 50 \dfrac{H7}{f6}$ 或 $\phi 50$ H7/f6。

孔、轴公差在零件图上的标注方法主要有 3 种，如图 1-1-17 所示。在装配图上，主要标注公称尺寸和配合代号，配合代号即标注以分数形式表示的孔、轴的公差带代号，如图 1-1-18 所示。

（a）　　　　　　　（b）　　　　　　　（c）

图 1-1-17　尺寸公差在图样上的标注

图 1-1-18　配合在图样上的标注

任务实施

通过查表，解读标注 $\phi50\dfrac{\text{H7}}{\text{g6}}$，并计算其极限盈隙。

解：由标注可知，孔、轴的公称尺寸为 50 mm，且属于基孔制配合。孔标准公差等级为 IT7，轴标准公差等级为 IT6。

查表 1 – 1 – 6（见"拓展知识"）可得，IT7 = 0.025 mm，IT6 = 0.016 mm。

因为是基孔制配合，所以 H7 基准孔的下极限偏差 EI = 0 mm，上极限偏差 ES = IT7 = +0.025 mm。

查表 1 – 1 – 2（见"拓展知识"）可得，g6 轴的上极限偏差 es = − 0.009 mm，下极限偏差 ei = es − IT6 = − 0.009 mm − 0.016 mm = − 0.025 mm。

由以上数据可知，该配合属于间隙配合。极限间隙为

$$X_{\max} = \text{ES} - \text{ei} = +0.025\ \text{mm} - (-0.025)\,\text{mm} = +0.050\ \text{mm}$$

$$X_{\min} = \text{EI} - \text{es} = 0\ \text{mm} - (-0.009)\,\text{mm} = +0.009\ \text{mm}$$

任务评价

请将任务评价结果填入表 1 – 1 – 5 中。

表 1 – 1 – 5　自评/互评表（三）

任务小组				任务组长			
小组成员				班级			
任务名称				实施时间			
评价类别	评价内容	评价标准		配分	个人自评	小组评价	教师评价
学习准备	资料准备	参与资料收集、整理、自主学习		5			
	计划制订	能初步制订计划		5			
	小组分工	分工合理，协调有序		5			
学习过程	操作技术	见任务评分标准		40			
	问题探究	能在实践中发现问题，并用理论知识解决实践中的问题		10			
	文明生产	服从管理，遵守 5S 标准		5			
学习拓展	知识迁移	能实现前后知识的迁移		5			
	应变能力	能举一反三，提出改进建议或方案		5			
	创新程度	能提出创新建议		5			
学习态度	主动程度	主动性强		5			
	合作意识	能与同伴团结协作		5			
	严谨细致	认真仔细，不出差错		5			

续表

评价类别	评价内容	评价标准	配分	个人自评	小组评价	教师评价
总计			100			
教师总评 （成绩、不足及注意事项）						
综合评定等级						

拓展知识

GB/T 1800《产品几何技术规范（GPS）极限与配合》根据 ISO 286：2010 重新起草，分为两部分。第一部分为公差、偏差和配合的基础（GB/T 1800.1—2020）；第二部分为标准公差等级和孔轴的极限偏差表（GB/T 1800.2—2020）。

表 1-1-6～表 1-1-10 摘自 GB/T 1800.1—2020。

表 1-1-6　公称尺寸至 3 150 mm 的标准公差数值

公称尺寸/mm		标准公差等级																	
		IT1	IT2	IT3	IT4	IT5	IT6	IT7	IT8	IT9	IT10	IT11	IT12	IT13	IT14	IT15	IT16	IT17	IT18
大于	至	标准公差数值/μm											标准公差数值/mm						
—	3	0.8	1.2	2	3	4	6	10	14	25	40	60	0.1	0.14	0.25	0.4	0.6	1	1.4
3	6	1	1.5	2.5	4	5	8	12	18	30	48	75	0.12	0.18	0.3	0.48	0.75	1.2	1.8
6	10	1	1.5	2.5	4	6	9	15	22	36	58	90	0.15	0.22	0.36	0.58	0.9	1.5	2.2
10	18	1.2	2	3	5	8	11	18	27	43	70	110	0.18	0.27	0.43	0.7	1.1	1.8	2.7
18	30	1.5	2.5	4	6	9	13	21	33	52	84	130	0.21	0.33	0.52	0.84	1.3	2.1	3.3
30	50	1.5	2.5	4	7	11	16	25	39	62	100	160	0.25	0.39	0.62	1	1.6	2.5	3.9
50	80	2	3	5	8	13	19	30	46	74	120	190	0.3	0.46	0.74	1.2	1.9	3	4.6
80	120	2.5	4	6	10	15	22	35	54	87	140	220	0.35	0.54	0.87	1.4	2.2	3.5	5.4
120	180	3.5	5	8	12	18	25	40	63	100	160	250	0.4	0.63	1	1.6	2.5	4	6.3
180	250	4.5	7	10	14	20	29	46	72	115	185	290	0.46	0.72	1.15	1.85	2.9	4.6	7.2
250	315	6	8	12	16	23	32	52	81	130	210	320	0.52	0.81	1.3	2.1	3.2	5.2	8.1
315	400	7	9	13	18	25	36	57	89	140	230	360	0.57	0.89	1.4	2.3	3.6	5.7	8.9
400	500	8	10	15	20	27	40	63	97	155	250	400	0.63	0.97	1.55	2.5	4	6.3	9.7
500	630	9	11	16	22	32	44	70	110	175	280	440	0.7	1.1	1.75	2.8	4.4	7	11
630	800	10	13	18	25	36	50	80	125	200	320	500	0.8	1.25	2	3.2	5	8	12.5
800	1 000	11	15	21	28	40	56	90	140	230	360	560	0.9	1.4	2.3	3.6	5.6	9	14
1 000	1 250	13	18	24	33	47	66	105	165	260	420	660	1.05	1.65	2.6	4.2	6.6	10.5	16.5
1 250	1 600	15	21	29	39	55	78	125	195	310	500	780	1.25	1.95	3.1	5	7.8	12.5	19.5
1 600	2 000	18	25	35	46	65	92	150	230	370	600	920	1.5	2.3	3.7	6	9.2	15	23
2 000	2 500	22	30	41	55	78	110	175	280	440	700	1 100	1.75	2.8	4.4	7	11	17.5	28
2 500	3 150	26	36	50	68	96	135	210	330	540	860	1 350	2.1	3.3	5.4	8.6	13.5	21	33

注：1. 公称尺寸大于 500 mm 的 IT1～IT5 的标准公差数值为试行的。

　　2. 公称尺寸小于或等于 1 mm 时，无 IT14～IT18。

表 1-1-7　轴的基本偏差数值（一）

公称尺寸/mm		基本偏差数值（上极限偏差 es）/μm 所有标准公差等级											
大于	至	a	b	c	cd	d	e	ef	f	fg	g	h	js
—	3	-270	-140	-60	-34	-20	-14	-10	-6	-4	-2	0	偏差 = $\pm\dfrac{\text{IT}n}{2}$，式中 n 是标准公差等级数
3	6	-270	-140	-70	-46	-30	-20	-14	-10	-6	-4	0	
6	10	-280	-150	-80	-56	-40	-25	-18	-13	-8	-5	0	
10	14	-290	-150	-95		-50	-32		-16		-6	0	
14	18												
18	24	-300	-160	-110		-65	-40		-20		-7	0	
24	30												
30	40	-310	-170	-120		-80	-50		-25		-9	0	
40	50	-320	-180	-130									
50	65	-340	-190	-140		-100	-60		-30		-10	0	
65	80	-360	-200	-150									
80	100	-380	-220	-170		-120	-72		-36		-12	0	
100	120	410	240	-180									
120	140	-460	-260	-200		145	-85		-43		-14	0	
140	160	-520	-280	-210									
160	180	-580	-310	-230									
180	200	-660	-340	-240		-170	-100		-50		-15	0	
200	225	-740	-380	-260									
225	250	-820	-420	-280									
250	280	-920	-480	-300		-190	-110		-56		-17	0	
280	315	-1 050	-540	-330									
315	355	-1 200	-600	-360		-210	-125		-62		-18	0	
355	400	-1 350	-680	-400									
400	450	-1 500	-760	-440		-230	-135		68		-20	0	
450	500	-1 650	-840	-480									
500	560					-260	-145		-76		-22	0	
560	630												
630	710					-290	-160		-80		-24	0	
710	800												
800	900					-320	-170		-86		-26	0	
900	1 000												
1 000	1 120					-350	-195		-98		-28	0	
1 120	1 250												
1 250	1 400					-390	-220		-110		-30	0	
1 400	1 600												
1 600	1 800					-430	-240		-120		-32	0	
1 800	2 000												
2 000	2 240					-480	-260		-130		-34	0	
2 240	2 500												
2 500	2 800					-520	-290		-145		-38	0	
2 800	3 150												

表 1－1－8　轴的基本偏差数值（二）

公称尺寸/mm		基本偏差数值（下极限偏差 ei）/μm																		
		IT5和IT6	IT7	IT8	IT4~IT7	≤IT3 >IT7	所有标准公差等级													
大于	至	j			k		m	n	p	r	s	t	u	v	x	y	z	za	zb	zc
—	3	-2	-4	-6	0	0	+2	+4	+6	+10	+14		+18		+20		+26	+32	+40	+60
3	6	-2	-4		+1	0	+4	+8	+12	+15	+19		+23		+28		+35	+42	+50	+80
6	10	-2	-3		+1	0	+6	+10	+15	+19	+23		+28		+34		+42	+52	+67	+97
10	14	-3	-6		+1	0	+7	+12	+18	+23	+28		+33		+40		+50	+64	+90	+130
14	18													+39	+45		+60	+77	+108	+150
18	24	-4	-8		+2	0	+8	+15	+22	+28	+35		+41	+47	+54	+63	+73	+98	+136	+188
24	30											+41	+48	+55	+64	+75	+88	+118	+160	+218
30	40	-5	-10		+2	0	+9	+17	+26	+34	+43	+48	+60	+68	+80	+94	+112	+148	+200	+274
40	50											+54	+70	+81	+97	+114	+136	+180	+242	+325
50	65	7	-12		+2	0	+11	+20	+32	+41	+53	+66	+87	+102	+122	+144	+172	+226	+300	+405
65	80									+43	+59	+75	+102	+120	+146	+174	+210	+274	+360	+480
80	100	-9	-15		+3	0	+13	+23	+37	+51	+71	+91	+124	+146	+178	+214	+258	+335	+445	+585
100	120									+54	+79	+104	+144	+172	+210	+254	+310	+400	+525	+690
120	140	-11	-18		+3	0	+15	+27	+43	+63	+92	+122	+170	+202	+248	+300	+365	+470	+620	+800
140	160									+65	+100	+134	+190	+228	+280	+340	+415	+535	+700	+900
160	180									+68	+108	+146	+210	+252	+310	+380	+465	+600	+780	+1 000
180	200	-13	-21		+4	0	+17	+31	+50	+77	+122	+166	+236	+284	+350	+425	+520	+670	+880	+1 150
200	225									+80	+130	+180	+258	+310	+385	+470	+575	+740	+960	+1 250
225	250									+84	+140	+196	+284	+340	+425	+520	+640	+820	+1 050	+1 350
250	280	-16	-26		+4	0	+20	+34	+56	+94	+158	+218	+315	+385	+475	+580	+710	+920	+1 200	+1 550
280	315									+98	+170	+240	+350	+425	+525	+650	+790	+1 000	+1 300	+1 700
315	355	-18	-28		+4	0	+21	+37	+62	+108	+190	+268	+390	+475	+590	+730	+900	+1 150	+1 500	+1 900
355	400									+114	+208	+294	+435	+530	+660	+820	+1 000	+1 300	+1 650	+2 100
400	450	-20	-32		+5	0	+23	+40	+68	+126	+232	+330	+490	+595	+740	+920	+1 100	+1450	+1 850	+2 400
450	500									+132	+252	+360	+540	+660	+820	+1 000	+1 250	+1 600	+2 100	+2 600
500	560				0	0	+26	+44	+78	+150	+280	+400	+600							
560	630									+155	+310	+450	+660							
630	710				0	0	+30	+50	+88	+175	+340	+500	+740							
710	800									+185	+380	+560	+840							
800	900				0	0	+34	+56	+100	+210	+430	+620	+940							
900	1 000									+220	+470	+680	+1 050							
1 000	1 120				0	0	+40	+66	+120	+250	+520	+780	+1 150							
1 120	1 250									+260	+580	+840	+1 300							
1 250	1 400				0	0	+48	+78	+140	+300	+640	+960	+1 450							
1 400	1 600									+330	+720	+1 050	+1 600							
1 600	1 800				0	0	+58	+92	+170	+370	+820	+1 200	+1 850							
1 800	2 000									+400	+920	+1 350	+2 000							
2 000	2 240				0	0	+68	+110	+195	+440	+1 000	+1 500	+2 300							
2 240	2 500									+460	+1 100	+1 650	+2 500							
2 500	2 800				0	0	+76	+135	+240	+550	+1 250	+1 900	+2 900							
2 800	3 150									+580	+1 400	+2 000	+3 200							

注：公称尺寸小于或等于 1 mm 时，基本偏差 a 和 b 均不采用；公差带 js7~js11，若 ITn 数值是奇数，则取偏差 $=\pm\dfrac{ITn-1}{2}$。

表 1－1－9　孔的基本偏差数值（一）

分组说明：基本偏差数值/μm。下极限偏差 EI（所有标准公差等级）：A、B、C、CD、D、E、EF、F、FG、G、H、JS；上极限偏差 ES：J（IT6/IT7/IT8），K（≤IT8 / >IT8），M（≤IT8 / >IT8），N（≤IT8 / >IT8），P至ZC（≤IT7）。JS：偏差 = ±ITn/2，式中 n 是标准公差等级数。P至ZC（≤IT7）：在大于 IT7 的相应数值上增加一个 Δ 值。

大于	至	A	B	C	CD	D	E	EF	F	FG	G	H	J IT6	J IT7	J IT8	K ≤IT8	K >IT8	M ≤IT8	M >IT8	N ≤IT8	N >IT8
—	3	+270	+140	+60	+34	+20	+14	+10	+6	+4	+2	0	+2	+4	+6	0	0	-2	-2	-4	-4
3	6	+270	+140	+70	+46	+30	+20	+14	+10	+6	+4	0	+5	+6	+10	-1+Δ		-4+Δ	-4	-8+Δ	0
6	10	+280	+150	+80	+56	+40	+25	+18	+13	+8	+5	0	+5	+8	+12	-1+Δ		-6+Δ	-6	-10+Δ	0
10	14	+290	+150	+95		+50	+32		+16		+6	0	+6	+10	+15	-1+Δ		-7+Δ	-7	-12+Δ	0
14	18	+290	+150	+95		+50	+32		+16		+6	0	+6	+10	+15	-1+Δ		-7+Δ	-7	-12+Δ	0
18	24	+300	+160	+110		+65	+40		+20		+7	0	+8	+12	+20	-2+Δ		-8+Δ	-8	-15+Δ	0
24	30	+300	+160	+110		+65	+40		+20		+7	0	+8	+12	+20	-2+Δ		-8+Δ	-8	-15+Δ	0
30	40	+310	+170	+120		+80	+50		+25		+9	0	+10	+14	+24	-2+Δ		-9+Δ	-9	-17+Δ	0
40	50	+320	+180	+130		+80	+50		+25		+9	0	+10	+14	+24	-2+Δ		-9+Δ	-9	-17+Δ	0
50	65	+340	+190	+140		+100	+60		+30		+10	0	+13	+18	+28	-2+Δ		-11+Δ	-11	-20+Δ	0
65	80	+360	+200	+150		+100	+60		+30		+10	0	+13	+18	+28	-2+Δ		-11+Δ	-11	-20+Δ	0
80	100	+380	+220	+170		+120	+72		+36		+12	0	+16	+22	+34	-3+Δ		-13+Δ	-13	-23+Δ	0
100	120	+410	+240	+180		+120	+72		+36		+12	0	+16	+22	+34	-3+Δ		-13+Δ	-13	-23+Δ	0
120	140	+460	+260	+200		+145	+85		+43		+14	0	+18	+26	+41	-3+Δ		-15+Δ	-15	-27+Δ	0
140	160	+520	+280	+210		+145	+85		+43		+14	0	+18	+26	+41	-3+Δ		-15+Δ	-15	-27+Δ	0
160	180	+580	+310	+230		+145	+85		+43		+14	0	+18	+26	+41	-3+Δ		-15+Δ	-15	-27+Δ	0
180	200	+660	+340	+240		+170	+100		+50		+15	0	+22	+30	+47	-4+Δ		-17+Δ	-17	-31+Δ	0
200	225	+740	+380	+260		+170	+100		+50		+15	0	+22	+30	+47	-4+Δ		-17+Δ	-17	-31+Δ	0
225	250	+820	+420	+280		+170	+100		+50		+15	0	+22	+30	+47	-4+Δ		-17+Δ	-17	-31+Δ	0
250	280	+920	+480	+300		+190	+110		+56		+17	0	+25	+36	+55	-4+Δ		-20+Δ	-20	-34+Δ	0
280	315	+1 050	+540	+330		+190	+110		+56		+17	0	+25	+36	+55	-4+Δ		-20+Δ	-20	-34+Δ	0
315	355	+1 200	+600	+360		+210	+125		+62		+18	0	+29	+39	+60	-4+Δ		-21+Δ	-21	-37+Δ	0
355	400	+1 500	+680	+400		+210	+125		+62		+18	0	+29	+39	+60	-4+Δ		-21+Δ	-21	-37+Δ	0
400	450	+1 500	+760	+440		+230	+135		+68		+20	0	+33	+43	+66	-5+Δ		-23+Δ	-23	-40+Δ	0
450	500	+1 650	+840	+480		+230	+135		+68		+20	0	+33	+43	+66	-5+Δ		-23+Δ	-23	-40+Δ	0
500	560					+260	+145		+76		+22	0				0		-26		-44	
560	630					+260	+145		+76		+22	0				0		-26		-44	
630	710					+290	+160		+80		+24	0				0		-30		-50	
710	800					+290	+160		+80		+24	0				0		-30		-50	
800	900					+320	+170		+86		+26	0				0		-34		-56	
900	1 000					+320	+170		+86		+26	0				0		-34		-56	
1 000	1 120					+350	+195		+98	+28	0					0		-40		-66	
1 120	1 250					+350	+195		+98	+28	0					0		-40		-66	
1 250	1 400					+390	+220		+110	+30	0					0		-48		-78	
1 400	1 600					+390	+220		+110	+30	0					0		-48		-78	
1 600	1 800					+430	+240		+120	+32	0					0		-58		-92	
1 800	2 000					+430	+240		+120	+32	0					0		-58		-92	
2 000	2 240					+480	+260		+130	+34	0					0		-68		-110	
2 240	2 500					+480	+260		+130	+34	0					0		-68		-110	
2 500	2 800					+520	+290		+145	+38	0					0		-76		-135	
2 800	3 150					+520	+290		+145	+38	0					0		-76		-135	

表 1－1－10　孔的基本偏差数值（二）

公称尺寸/mm		基本偏差数值 上极限偏差 ES 标准公差等级大于IT7												Δ值 标准公差等级					
大于	至	P	R	S	T	U	V	X	Y	Z	ZA	ZB	ZC	IT3	IT4	IT5	IT6	IT7	IT8
—	3	-6	-10	-14		-18		-20		-26	-32	-40	-60	0	0	0	0	0	0
3	6	-12	-15	-19		-23		-28		-35	-42	-50	-80	1	1.5	1	3	4	6
6	10	-15	-19	-23		-28		-34		-42	-52	-67	-97	1	1.5	2	3	6	7
10	14	-18	-23	-28		-33		-40		-50	-64	-90	-130	1	2	3	3	7	9
14	18	-18	-23	-28		-33	-39	-45		-60	-77	-108	-150	1	2	3	3	7	9
18	24	-22	-28	-35		-41	-47	-54	-63	-73	-98	-136	-188	1.5	2	3	4	8	12
24	30	-22	-28	-35	-41	-48	-55	-64	-75	-88	-118	-160	-218	1.5	2	3	4	8	12
30	40	-26	-34	-43	-48	-60	-68	-80	-94	-112	-148	-200	-274	1.5	3	4	5	9	14
40	50	-26	-34	-43	-54	-70	-81	-97	-114	-136	-180	-242	-325	1.5	3	4	5	9	14
50	65	-32	-41	-53	-66	-87	-102	-122	-144	-172	-226	-300	-405	2	3	5	6	11	16
65	80	-32	-43	-59	-75	-102	-120	-146	-174	-210	-274	-360	-480	2	3	5	6	11	16
80	100	-37	-51	-71	-91	-124	-146	-178	-214	-258	-335	-445	-585	2	4	5	7	13	19
100	120	-37	-54	-79	-104	-144	-172	-210	-254	-310	-400	-525	-690	2	4	5	7	13	19
120	140	-43	-63	-92	-122	-170	-202	-248	-300	-365	-470	-620	-800	3	4	6	7	15	23
140	160	-43	-65	-100	-134	-190	-228	-280	-340	-415	-535	-700	-900	3	4	6	7	15	23
160	180	-43	-68	-108	-146	-210	-252	-310	-380	-465	-600	-780	-1 000	3	4	6	7	15	23
180	200	-50	-77	-122	-166	-236	-284	-350	-425	-520	-670	-880	-1 150	3	4	6	9	17	26
200	225	-50	-80	-130	-180	-258	-310	-385	-470	-575	-740	-960	-1 250	3	4	6	9	17	26
225	250	-50	-84	-140	-196	-284	-340	-425	-520	-640	-820	-1 050	-1 350	3	4	6	9	17	26
250	280	-56	-94	-158	-218	-315	-385	-475	-580	-710	-920	-1 200	-1 550	4	4	7	9	20	29
280	315	-56	-98	-170	-240	-350	-425	-525	-650	-790	-1 000	-1 300	-1 700	4	4	7	9	20	29
315	355	-62	-108	-190	-268	-390	-475	-590	-730	-900	-1 150	-1 500	-1 900	4	5	7	11	21	32
355	400	-62	-114	-208	-294	-435	-530	-660	-820	-1 000	-1 300	-1 650	-2 100	4	5	7	11	21	32
400	450	-68	-126	-232	-330	-490	-595	-740	-920	-1 100	-1 450	-1 850	-2 400	5	5	7	13	23	34
450	500	-68	-132	-252	-360	-540	-660	-820	-1 000	-1 250	-1 600	-2 100	-2 600	5	5	7	13	23	34
500	560	-78	-150	-280	-400	-600													
560	630	-78	-155	-310	-450	-660													
630	710	-88	175	-340	-500	-740													
710	800	-88	-185	-380	-560	-840													
800	900	-100	-210	-430	-620	-940													
900	1 000	-100	-220	-470	-680	-1 050													
1 000	1 120	-120	-250	-520	-780	-1 150													
1 120	1 250	-120	-260	-580	-840	-1 300													
1 250	1 400	-140	-300	-640	-960	-1 450													
1 400	1 600	-140	-330	-720	-1 050	-1 600													
1 600	1 800	-170	-370	-820	-1 200	-1 850													
1 800	2 000	-170	-400	-920	-1 350	-2 000													
2 000	2 240	-195	-440	-1 000	-1 500	-2 300													
2 240	2 500	-195	-460	-1 100	-1 650	-2 500													
2 500	2 800	-240	-550	-1 250	-1 900	-2 900													
2 800	3 150	-240	-580	-1 400	-2 100	-3 200													

注：1. 公称尺寸小于或等于 1 mm 时，基本偏差 A 和 B 及大于 IT8 的 N 均不采用；公差带 JS7 至 JS11，若 IT_n 值数是奇数，则取偏差 $= \pm \dfrac{IT_n - 1}{2}$。

2. 对小于或等于 IT8 的 K、M、N 和小于或等于 IT7 的 P 至 ZC，所需 Δ 值从表内右侧选取；例如，18～30 mm 段的 K7，Δ = 8 μm，所以 ES = -2 μm + 8 μm = +6 μm；18～30 mm 段的 S6，Δ = 4 μm，所以 ES = -35 μm + 4 μm = -31 μm。特殊情况：250～315 mm 段的 M6，ES = -9 μm（代替 -11 μm）。

任务四　测量与计算方法概述

任务描述

根据所测几何量是否为要求被测的几何量，测量方法分为直接测量和间接测量两种。直接测量是常用的测量方法，简单方便，一般情况下测量误差较小，应尽可能采用。但有些零件的结构直接测量无法实现，这时只能采用间接测量。

（1）间接测量的一般方法有哪些？

（2）有哪些常见结构使用间接测量？

知识链接

利用测量工具（测量仪器）并按一定操作程序，将被测对象与测量工具所提供的标准量进行比较并直接读出测量结果的测量方法称为直接测量。将一个被测量转化为若干可直接测量的量加以测量，而后依据由定义或规律导出的关系式（即测量式）进行计算或作图，从而间接获得测量结果的测量方法称为间接测量。下面主要介绍间接测量的一般方法和常见结构的间接测量计算。

一、间接测量的一般方法

间接测量的一般方法是指首先测量与被测尺寸存在一定函数关系的其他尺寸，然后通过计算获得被测尺寸量值。如图 1 - 1 - 19 所示，无法直接测量零件两轴中心距 L。此时，可通过测量 L_1、ϕ_1 和 ϕ_2 的值，并根据式（1 - 1 - 16）计算，间接得到 L 的值。

$$L = L_1 - \frac{\phi_1 + \phi_2}{2} \qquad (1 - 1 - 16)$$

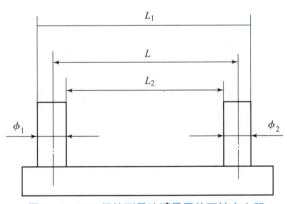

图 1 - 1 - 19　间接测量法测量零件两轴中心距

间接测量法存在基准不重合的误差，故仅用于不能或不宜采用直接测量的场合。

二、常见结构的间接测量计算

1. 几何尺寸测量的简单计算

如图 1 - 1 - 20 所示，已采用直接测量法测出零件上各孔的直径，现要求解角 θ。具体的测量和计算方法如下。

（1）直接测量出直径为 D_1 的孔边与 A 平面的距离 L_1，计算出 L_2 的数值。

（2）直接测量出直径为 D_4 的孔边与 A 平面的距离 L_3，计算出 L_4 的数值。

（3）直接测量出直径为 D_1 的孔边与直径为 D_4 的孔边的距离 L_5，计算出 L_6 的数值。

（4）由 L_2、L_4、L_6 的数值计算 θ 的大小：

$$\theta = \arccos \frac{L_4 - L_2}{L_6} \qquad (1-1-17)$$

图 1-1-20　求零件的角 θ

2. 锥孔锥角的测量与计算

如图 1-1-21 所示，零件上有一锥孔，现要求解锥孔的锥角 α。具体的测量和计算方法如下。

（1）选择一个直径为 d、半径为 r 的小钢球置于锥孔中，直接测量出钢球顶边距零件上顶面的距离 H。

（2）选择一个直径为 D、半径为 R 的大钢球置于锥孔中，此时，会出现图 1-1-21 所示的两种情况，直接测量出钢球顶边距零件上顶面的距离 h。

（3）根据已测量的 H 和 h 值，按式（1-1-18）、式（1-1-19）计算锥角 α。

图 1-1-21（a）所示锥角 α：$\sin \dfrac{\alpha}{2} = \dfrac{R-r}{H+h-R+r}$ $\qquad (1-1-18)$

图 1-1-21（b）所示锥角 α：$\sin \dfrac{\alpha}{2} = \dfrac{R-r}{H+r-h-R}$ $\qquad (1-1-19)$

3. 燕尾槽的测量与计算

已知一燕尾槽，要测量燕尾槽的槽角 α。具体的测量和计算方法如下。

（1）将量柱和量块分别放置在燕尾槽中，如图 1-1-22 所示。

（2）直接测量出量柱间的距离 M_1 和 M_2。

（3）根据 M_1 和 M_2 的数值，按式（1-1-20）求解槽角 α。

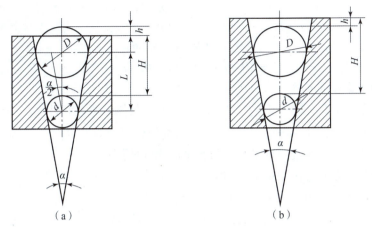

图 1 – 1 – 21 锥孔与锥体的间接测量

（a）大钢球高出上顶面；（b）大钢球低于上顶面

$$\tan\alpha = \frac{2L}{M_2 - M_1} \qquad\qquad (1-1-20)$$

图 1 – 1 – 22 燕尾槽的滚棒测量法

4. 圆弧面的测量与计算

圆弧面与平面的交点尺寸也用间接测量法测量，以图 1 – 1 – 23 所示零件为例进行说明。

图 1 – 1 – 23 圆弧面的间接测量法

（a）零件图；（b）测量原理图

（1）以合适的方法直接测量出圆弧半径 R。

（2）将半径为 r 的圆柱紧靠圆弧面，如图 1 – 1 – 23 所示，测量出 M 值、圆弧顶面与圆柱上表面各自与零件底面的距离。

（3）计算 a 的数值，根据 a、R、r、M 计算求解 L 值。

$$BC^2 = R^2 - a^2 \qquad\qquad (1-1-21)$$

$$\sin\theta = \frac{r+a}{R+a} \tag{1-1-22}$$

$$AC = (R+R)\cos\theta \tag{1-1-23}$$

$$L = AB + r + R = AC - BC + r + R \tag{1-1-24}$$

5. 斜孔的测量与计算技术

已知斜孔的直径 D，要确定斜孔的坐标尺寸 L_y。具体的测量和计算方法如下。

（1）按图 1-1-24 所示放置量柱，量柱的直径分别为 D 和 d。

（2）以合适的方法直接测量出斜孔与水平面之间的倾角 θ。

（3）以合适的方法直接测量出 M_y 值。

（4）根据测量出的 M_y、θ 按式（1-1-25）求解 L_y。

$$L_y = M_y - \frac{d}{2} - \frac{D+d}{2\cos\theta} - \frac{d\tan\theta}{2} \tag{1-1-25}$$

图 1-1-24　斜孔的测量计算

任务实施

完成下列间接测量任务。

准备两个直径不同的圆柱体，将两个圆柱体平放在一个平面上，按图 1-1-19 所示的位置摆放好。准备测量工具，由老师指导测量所需尺寸或直接由老师给出测量数据，根据式（1-1-16）计算出两轴中心距。

任务评价

请将任务评价结果填入表 1-1-11 中。

表 1-1-11　自评/互评表（四）

任务小组			任务组长		
小组成员			班级		
任务名称			实施时间		
评价类别	评价内容	评价标准	配分	个人自评	小组评价	教师评价
学习准备	资料准备	参与资料收集、整理、自主学习	5			
	计划制订	能初步制订计划	5			
	小组分工	分工合理，协调有序	5			

续表

评价类别	评价内容	评价标准	配分	个人自评	小组评价	教师评价
学习过程	操作技术	见任务评分标准	40			
	问题探究	能在实践中发现问题，并用理论知识解决实践中的问题	10			
	文明生产	服从管理，遵守5S标准	5			
学习拓展	知识迁移	能实现前后知识的迁移	5			
	应变能力	能举一反三，提出改进建议或方案	5			
	创新程度	能提出创新建议	5			
学习态度	主动程度	主动性强	5			
	合作意识	能与同伴团结协作	5			
	严谨细致	认真仔细，不出差错	5			
总计			100			
教师总评 （成绩、不足及注意事项）						
综合评定等级						

拓展知识

半圆键槽深度的间接测量法

下面介绍一种间接测量圆锥面上的半圆键槽深度的方法。图 1 – 1 – 25 所示为含半圆键槽的零件，半圆键槽尺寸如图 1 – 1 – 26 所示。已知半圆键槽铣刀半径 R，键槽深 h，铣刀中心所在圆截面直径 D、斜角 θ。

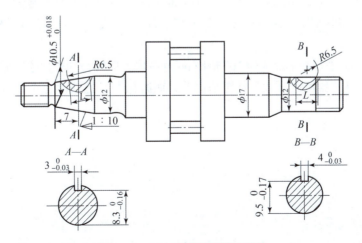

图 1 – 1 – 25　含半圆键槽的零件

由图 1 - 1 - 26 可知，

$$BC^2 + OC^2 = OB^2 \quad (其中 \ OB = R) \quad (1-1-26)$$

$$OC = OD\cos\theta = (R-h) \ \cos\theta \quad (1-1-27)$$

$$BC = \frac{1}{2}AB = \frac{1}{2}L \quad (1-1-28)$$

图 1 - 1 - 26　半圆键槽尺寸

式中，L——半圆键槽在圆锥面上的长度。

由式 (1-1-26)、式 (1-1-27)、式 (1-1-28)，得

$$BC^2 = R^2 - [\ (R-h) \ \cos\theta]^2 = \frac{1}{4}L^2$$

整理后得

$$L = \sqrt{4R^2 - 4(R-h)^2\cos^2\theta} \quad (1-1-29)$$

由式 (1-1-29) 得

$$h = R - \frac{\sqrt{4R^2 - L^2}}{2\cos\theta} \quad (1-1-30)$$

用游标卡尺测量出半圆键槽在圆锥面上的长度 L，将各已知条件代入式 (1-1-30)，可求得键槽深度 h。

如果求圆柱面上半圆键槽深度，将 $\theta = 0°$ 代入式 (1-1-29)、式 (1-1-30) 中，可得

$$h' = R' - \frac{1}{2}\sqrt{4R'^2 - L'^2} \quad (R' = R) \quad (1-1-31)$$

$$L' = \sqrt{4R'^2 - 4 \ (R'-h')^2} \quad (1-1-32)$$

根据图 1 - 1 - 25、图 1 - 1 - 26，左键槽铣刀中心所在圆截面直径为

$$D = d + 2\tan\theta \cdot c = 11.2^{+0.018}_{0} \ \text{mm}$$

$$h = D - 8.3^{0}_{-0.16} = 2.9^{+0.178}_{0} \ \text{mm}$$

$$L = \sqrt{4 \times 6.5^2 - 4 \times (6.5-h)^2\cos^2\theta} = 10.827 \sim 11.0356 \ \text{mm}$$

所以，测出尺寸 L 在 10.827 ~ 11.0356 mm 范围内，即符合图样要求。

对于右键槽，将 $R' = 6.5$ mm，$h' = 2.5^{+0.17}_{0}$ mm 代入式 (1-1-32) 得 $L' = 10.247 \sim$ 10.504 mm。

所以，测出尺寸 L' 在 10.247 ~ 10.504 mm 范围内，即符合图样要求。总之，如果用游标卡尺测出尺寸 L，就可以有效保证键槽深度，而游标卡尺的精度完全可以保证该件产品的加工精度。

课题二　测量工具基础

✅ **学习目标**

知识目标

1. 了解测量过程中的误差。
2. 掌握常用的测量工具结构。

技能目标

1. 熟练、准确地掌握测量工具的使用方法。
2. 熟练、准确地掌握常用的测量工具正确读数方法。

素养目标

1. 通过练习测量工具的使用培养学生严谨细致的工作态度。
2. 通过使用测量工具进行读数，培养学生一丝不苟的态度。

任务一　认识常用测量工具

任务描述

掌握测量技术就必须掌握测量工具的使用方法。在测量中难免会产生误差，为减少测量带来的误差，必须采用正确的测量方法及熟练、准确地使用测量工具。

（1）有哪些常用的测量工具？

（2）常用测量工具的结构和读数方法是怎样的？

知识链接

测量工具分为两类，即通用型量具与专用型量具（检具）。任何通用型量具都具有以下几个要素：量程、最大测量范围、最小示值、精确度（如千分尺的读数可精确到 0.01，游标卡尺的读数可精确到 0.02 等）。示值误差、示值与真值的差异可反映一个量具的精密程度，有些用绝对值表达，有些用百分数表达。零误差是指当被测量要素为零时，量具刻度上的误差。有些量具可调零位，对于不可调零位的量具，测量结果要消除零位误差。

一、直尺

金属直尺是最简单的长度量具（图 1 - 2 - 1），它的长度有 150 mm、300 mm、500 mm、1 000 mm 四种规格。

图 1 - 2 - 1　金属直尺

　　用金属直尺直接测量零件的直径（轴径或孔径），测量精度较低。这是因为金属直尺本身的读数误差比较大，且无法将金属直尺正好放在零件直径的正确测量位置（图1-2-2）。所以，一般不直接使用金属直尺测量零件直径。

（a）　　　　　　　（b）　　　　　　　　（c）

（d）　　　　　　　　　　　　　（e）

图1-2-2　无法用金属直尺测量的情况

二、内外卡钳

　　图1-2-3所示为常见的两种内外卡钳。内外卡钳是最简单的比较量具。内卡钳用来测量内径和凹槽的长度，外卡钳用来测量外径和平面的长度。它们本身都不能直接读出测量结果，而是通过金属直尺读出测量得到的长度（直径也属于长度）数值。

（a）　　　　　　　　　　（b）

图1-2-3　常见的两种内外卡钳
（a）外卡钳；（b）内卡钳

　　1. 卡钳开度的调节

　　钳口形状对卡钳测量的精确性影响很大，应经常对其进行修整。在测量前首先要检查钳口的形状，图1-2-4所示为两种不同卡钳钳口形状。调节卡钳的开度时，先将卡钳调整到和工件尺寸相近的开度，然后轻敲卡钳的外侧来减小卡钳的开度，或轻敲卡钳内侧来增大卡钳的开度，如图1-2-5所示。但是不能直接敲击卡钳的钳口，这会导致钳口损伤，进而引起测量误差。

　　2. 外卡钳的使用

　　用外卡钳测量长度后，在金属直尺上读取尺寸数值时，其中一个钳脚的测量面应置于金属直尺的端面上，另一个钳脚的测量面对准所需尺寸标尺标记，且两个测量面的连线应与金属直尺平行，人的视线要垂直于金属直尺，如图1-2-6所示。

图 1 – 2 – 4　两种不同卡钳钳口形状

图 1 – 2 – 5　卡钳开度的调节

图 1 – 2 – 6　外卡钳的使用

3. 内卡钳的使用

用内卡钳测量内径时，应使两个钳脚的测量面连线正好垂直相交于内孔的轴线上，即钳脚的两个测量面应是内孔直径的两个端点。因此，测量时应将一个钳脚测量面停留在孔壁上作为支点，另一个钳脚由孔口略往里一些并逐渐向外试探，试探时钳脚应沿孔壁圆周方向摆动，当沿孔壁圆周方向能摆动的距离为最小时，表示内卡钳钳脚的两个测量面已处于内孔直径的两个端点上，如图 1 – 2 – 7 所示。

图 1 – 2 – 7　内卡钳的使用

4. 卡钳的适用范围

卡钳是一种简单的量具，具有结构简单、制造方便、价格低廉、维护和使用方便等特点，广泛应用于加工精度要求不高的零件尺寸的测量和检验，尤其适用于对锻铸件毛坯尺寸的测量和检验。卡钳虽然结构简单，但是若熟练掌握使用要领也可获得较高的测量精度。

三、游标卡尺

1. 游标卡尺的结构

游标卡尺是一种中等精度的量具，可以直接测量出工件的外径、孔径、长度、宽度、深度和孔距等尺寸。图 1 – 2 – 8 所示为常用的游标卡尺。

2. 游标卡尺的标尺标记原理和读数方法

常用的游标卡尺按其测量精度，主要有

图 1 – 2 – 8　常用的游标卡尺

1—尺身；2—内测量爪；3—尺框；4—制动螺钉；
5—深度尺；6—游标尺；7—外测量爪

1/20 mm（0.05 mm）和 1/50 mm（0.02 mm）两种。下面主要介绍 1/50 mm（0.02 mm）游标卡尺的标尺标记原理和读数方法。

（1）游标卡尺的标尺标记原理。游标卡尺的主标尺每小格 1 mm，当两测量爪合并时，游标尺上的第 50 格刚好与主标尺上的 49 mm 标尺标记对正（图 1-2-9）。因此，游标的每格长度为 49/50 = 0.98 mm，主标尺与游标尺每格长度之差为（1 - 0.98）mm = 0.02 mm，此差值即 1/50 mm 游标卡尺的测量精度。

图 1-2-9　游标卡尺的标尺标记原理

（2）游标卡尺的读数方法。用游标卡尺测量工件时，读数分以下三个步骤（图 1-2-10）。

①首先读出游标尺零标尺标记左面主标尺的毫米整数 60 mm。

②然后找出游标尺上与主标尺标记对齐的那条标尺标记，并得出读数 0.48 mm。

③最后把主标尺和游标尺上的尺寸加起来得出测得尺寸，即（60 + 0.48）mm = 60.48 mm。

图 1-2-10　游标卡尺的读数示例

3. 游标卡尺的测量范围和精度

游标卡尺按测量范围分为 0～125 mm、0～200 mm、0～300 mm、0～500 mm、300～800 mm、400～1 000 mm、600～1 500 mm、800～2 000 mm 等规格。

测量工件尺寸时，应按工件的尺寸大小和测量精度要求选用量具。游标卡尺只适用于中等精度尺寸的测量和检验，不能用游标卡尺去测量铸锻件等毛坯尺寸，因为这样容易使量具很快磨损而失去精度；也不能用游标卡尺去测量精度要求高的工件，因为游标卡尺在制造过程中存在一定的示值误差，且其示值误差不应超过表 1-2-1 所示的最大允许误差。

表 1-2-1　游标卡尺示值的最大允许误差

分度值	示值最大允许误差
0.02	±0.02
0.05	±0.05

四、千分尺

外径千分尺常简称千分尺，它是比游标卡尺更精密的长度测量仪器，量程是 0～25 mm，分度值是 0.01 mm。

1. 外径千分尺的结构

外径千分尺的结构如图 1 - 2 - 11 所示。它由固定的尺架、测砧、测微螺杆、螺纹轴套、固定套筒、微分筒、测力装置、锁紧装置等组成。固定套筒上有一条水平线，这条线上下各有一列间距为 1 mm 的标尺标记，上面的标尺标记恰好位于下面两相邻标尺标记中间。微分筒上的标尺标记是将圆周分为 50 等分的水平线，测量时微分筒做旋转运动。

图 1 - 2 - 11 外径千分尺的结构

1—尺架；2—测砧；3—测微螺杆；4—螺纹轴套；5—固定套筒；
6—微分筒；7—测力装置；8—锁紧装置

2. 外径千分尺的读数

根据螺旋运动原理，当微分筒（又称可动刻度筒）旋转一周时，测微螺杆前进或后退一个螺距 0.5 mm。这样，当微分筒旋转一个标尺分度后，它转过了 1/50 周，此时螺杆沿轴线移动了 $1/50 \times 0.5$ mm = 0.01 mm，因此，使用外径千分尺可以准确读出 0.01 mm 的数值，如图 1 - 2 - 12 所示。螺旋测微器是精密仪器，当测微螺杆快要靠近被测物时应使用微调旋钮。

图 1 - 2 - 12 外径千分尺的读数

五、游标万能角度尺

1. 游标万能角度尺的基本结构

游标万能角度尺（图 1 - 2 - 13）也称角度规、游标角度尺或万能量角器，它是利用游标读数原理来直接测量工件角度或进行划线的一种角度量具。

游标万能角度尺的基本结构如图 1 - 2 - 13（b）所示。它由主尺、90°直角尺、游标尺、锁紧装置、基尺、直尺、卡块、扇形板等组成。

（a）   （b）

图 1 - 2 - 13   游标万能角度尺

（a）实物图；（b）基本结构

2. 游标万能角度尺的读数

游标万能角度尺的读数机构是根据游标原理制成的。主尺分度值为 1°，游标尺的标尺标记将主尺的 29°等分为 30 格，因此游标尺分度为 29°/30，即主尺与游标一格的差值为 2′，即游标万能角度尺分度值为 2′（图 1 - 2 - 14）。

注意：

主尺上基本角度的标尺分度只有 90 个，如果被测角度大于 90°，读数时，应视具体情况加上一个基数（90、180、270）。

（1）当被测角度 >90°~180°时，被测角度 =90° + 角度尺读数；

（2）当被测角度 >180°~270°时，被测角度 =180° + 角度尺读数；

（3）当被测角度 >270°~320°时，被测角度 =270° + 角度尺读数。

主尺上的29个格刚好和游标尺上的30个格对齐

图 1 - 2 - 14   游标万能角度尺分度值

以图 1 - 2 - 15 为例，其读数方法为游标尺上零标尺标记在主尺 9°后面，因此"度"的数值为 9°；游标尺第 8 个标尺标记与主尺标尺标记对齐，因此"分"的读数为 8 × 2′ = 16′；最终读数为 9° + 16′ = 9°16′。

图 1 - 2 - 15   游标万能角度尺读数示例

任务实施

请将以下测量工具名称与其对应图片进行连线。

千分尺

内卡钳

游标万能角度尺

外卡钳

游标卡尺

金属直尺

任务评价

请将任务评价结果填入表 1-2-2 中。

表 1-2-2 自评/互评表（五）

任务小组			任务组长			
小组成员			班级			
任务名称			实施时间			
评价类别	评价内容	评价标准	配分	个人自评	小组评价	教师评价
学习准备	资料准备	参与资料收集、整理、自主学习	5			
	计划制订	能初步制订计划	5			
	小组分工	分工合理，协调有序	5			
学习过程	操作技术	见任务评分标准	40			
	问题探究	能在实践中发现问题，并用理论知识解决实践中的问题	10			
	文明生产	服从管理，遵守 5S 标准	5			
学习拓展	知识迁移	能实现前后知识的迁移	5			
	应变能力	能举一反三，提出改进建议或方案	5			
	创新程度	有创新建议提出	5			
学习态度	主动程度	主动性强	5			
	合作意识	能与同伴团结协作	5			
	严谨细致	认真仔细，不出差错	5			
总计			100			
教师总评（成绩、不足及注意事项）						
综合评定等级						

拓展知识

游标卡尺读数示例

观察图 1-2-16 所示游标卡尺读数示例，试读出该游标卡尺显示的数值。

解：观察图 1-2-16（a）可知，主标尺的分度值（即每 1 小格）为 1 mm，当内外测量爪合并时，主标尺上 49 mm 标尺标记刚好对准游标尺上第 50 格，因此游标尺每格长为 0.98 mm，主标尺与游标尺的分度值相差为（1-0.98）mm = 0.02 mm，因此其测量精度为 0.02 mm。

图 1 - 2 - 16　游标卡尺读数示例

(a) 游标卡尺标尺标记；(b) 游标卡尺读数

（1）在主标尺上读出游标尺零线以左的最近标尺标记对应的毫米数，该值即最后读数的整数部分。图 1 - 2 - 16（b）所示整数部分读数为 33 mm。

（2）游标尺上有一条标尺标记与主标尺上的标尺标记对齐。在游标尺上读出该标尺标记距游标尺零线的格数，再将其与分度值 0.02 mm 相乘，即得到最后读数的小数部分。图 1 - 2 - 16（b）所示小数部分读数为 0.24 mm。

（3）将所得的整数和小数部分相加，得到总尺寸为 33.24 mm。

任务二　常用工具的测量方法

任务描述

常用测量工具有很多种，在认识这些工具的同时，也必须掌握其测量方法。本任务将全面介绍十几种常用工具的测量方法。

（1）常用工具的测量方法是怎么样的？

（2）使用工具测量时有何注意事项？

知识链接

本任务将介绍的常用工具包括外径千分尺、内径千分尺、深度千分尺、游标卡尺、深度游标卡尺、游标万能角度尺、指示表、螺纹千分尺、圆度仪、正弦规、干涉显微镜、立式光学计、万能工具显微镜、万能测长仪和测量平板等。

千分尺是一种精密量具，其种类很多，机械加工车间常用的千分尺包括外径千分尺、内径千分尺、深度千分尺、壁厚千分尺、螺纹千分尺和公法线千分尺等，它们分别用于测量或检验零件的外径、内径、深度、厚度以及螺纹的中径和齿轮的公法线长度等。

一、外径千分尺

外径千分尺的结构及其读数方法详见本课题任务一，此处不再重复。

1. 外径千分尺的测量方法

用外径千分尺测量零件时，一般采用单手或双手操作。外径千分尺的正确使用方法如图 1 - 2 - 17 所示。

测量

测沟槽外径

单手操作　　　　　　　　双手操作

图 1 – 2 – 17　外径千分尺的正确使用方法

（1）外径千分尺常用的测量范围有 0～25 mm、25～50 mm、50～75 mm、75～100 mm 等，间隔为 25 mm。应根据被测件的尺寸选择相应的外径千分尺。

（2）使用前把外径千分尺测砧端面擦拭干净，校准零线。对于测量范围为 0～25 mm 的外径千分尺，校准零线时应旋紧测微螺杆使两测砧端面相接触，此时微分筒上的零线应与固定套筒上的基准线对齐；对于其他范围的外径千分尺，则用标准样棒来校准。如果零线不对准，则可松开罩壳，略转动固定套筒，使其零线对齐。

（3）测量时将零件被测表面擦拭干净，将外径千分尺置于两测量面之间，使外径千分尺的测量轴线与零件中心线垂直或平行。

（4）将测砧与零件接触，然后旋转测微螺杆，使测砧端面与零件测量表面接近，此时旋转棘轮，直到棘轮发出 2～3 次"咔咔"声为止，最后旋紧锁紧装置。

（5）轻轻取下外径千分尺，其指示的数值即所测量零件的尺寸。

（6）使用完毕后，应将外径千分尺擦拭干净，并涂上一层工业凡士林，存放在专用盒内。

2. 外径千分尺的维护保养

（1）不能用外径千分尺测量毛坯及未加工表面，不能在工件转动时进行测量。

（2）使用时，应避免发生摔碰，不能与其他工具混放，用后擦净放入专用盒内。

（3）不允许用砂纸或硬的金属刀具去污或除锈。

（4）要定期检修，出现问题要送检修部门，不可私自拆卸。

二、内径千分尺

1. 内径千分尺的结构

内径千分尺主要用于测量孔径、槽宽等内尺寸。内径千分尺主要由固定测头、可调测头、固定套筒、微分筒、接长杆、心杆和锁紧装置等部分组成，如图 1 – 2 – 18 所示。

图 1-2-18　内径千分尺
1—固定测头；2—接长杆；3—心杆；4—锁紧装置；
5—固定套筒；6—微分筒；7—可调测头

由于结构的限制，内径千分尺不能测量较小的尺寸，被测尺寸必须在 50 mm 以上。内径千分尺的测量范围有 50~250 mm、50~600 mm、100~1 225 mm、100~1 500 mm、100~5 000 mm、250~2 000 mm 等，因为需要使用接长杆来扩大其测量范围，所以也称接杆千分尺。另外，由于内径千分尺没有测力装置，使用较长的接长杆时会因变形而产生一定的误差，且在被测孔内测量位置不易找正，所以难以获得精确的测量结果，一般用于测量 10 级精度以下的内尺寸。

内径千分尺的工作原理和读数方法与普通外径千分尺完全相同，因此这部分内容不再重述。

2. 内径千分尺的测量方法

内径千分尺在使用前要检查其外观和各部位的相互作用，检查方法同外径千分尺。若无问题，就可以校对零位。

（1）校对零位。校对内径千分尺的零位需要用专用的校对卡板，校对卡板是内径千分尺的附件。如图 1-2-19 所示，首先把内径千分尺的两个测量面和校对卡板的两个工作面擦净；然后调整内径千分尺两个测量面的距离，使其比校对卡板两个工作面的距离稍小，再将内径千分尺的固定测头放进校对卡板中，并将其压在一个工作面上；最后用左手扶住该固定测头和校对卡板，右手将内径千分尺的可调测头移入校对卡板内，慢慢转动微分筒，同时上下前后轻轻摆动可调测头，找出最小读数。如果该读数与校对卡板的尺寸相符，则说明零位正确。当然，允许有 0.05 mm 的压线和 0.10 mm 的离线。

图 1-2-19　校对内径
千分尺零位的示意

（2）选择接长杆并连接。在测量前，要根据被测尺寸的公称值，按照接长杆选用表中规定的顺序，选取接长杆（每套内径千分尺都附有接长杆选用表）。

在连接接长杆时，如果使用两根或两根以上的接长杆，要遵守以下原则：最长的接长杆与微分筒连接，最短的接长杆放在最后与固定测头连接，中间的接长杆按尺寸顺次连接，以减少连接后的轴线弯曲。连接时要旋紧各根接长杆接头的螺纹，防止松动。

（3）测量。先将内径千分尺的测量面与被测工件的表面擦净，旋转微分筒将千分尺的测量范围调整至略小于被测尺寸；然后把固定测头先放入孔内并使其与孔壁紧密接触，再把可调测头放入孔内，右手慢慢旋转微分筒，同时沿着孔的径向和轴向轻轻摆动可调测头，直至在径向找到最大值，轴向找到最小值，如图 1-2-20 所示，此时，这一读数便是被测孔的直径。

图 1 - 2 - 20　用内径千分尺测量孔径的示意
（a）径向截面；（b）轴向截面

对于较深的孔，如果要判断它是否存在形状误差，应分别在几个径向和轴向截面内测量，根据测得的数据进行分析比较，就可以判定被测孔是否存在形状误差。

3. 内径千分尺的维护保养

（1）若内径千分尺已经接上接长杆而暂时不用时，可将其平放在平板上，或垂直吊起来，不允许将其斜靠放置，以避免引起变形。

（2）使用完毕，必须把接长杆卸下，擦净后在接长杆的螺纹部位涂防锈油，并放入专用盒内固定位置，置于干燥的地方存放。

（3）内径千分尺和校对卡板都需要定期进行检定。

三、深度千分尺

1. 深度千分尺的结构

深度千分尺是用于测量工件的孔或槽的深度以及台阶高度的测量器具。它是应用螺旋副转动原理将回转运动变为直线运动的一种量具。如图 1 - 2 - 21 所示，深度千分尺由微分筒、固定套筒、测杆、底板、测力装置、锁紧装置等组成。

2. 深度千分尺测量方法

（1）使用前先将深度千分尺擦干净，然后检查其各活动部分是否灵活可靠。在全行程内微分筒的转动要灵活，测微螺杆的移动要平稳，锁紧装置的作用要可靠。

（2）根据被测的深度或高度选择并换上测杆。

（3）25～30 mm 的深度千分尺可以采用 00 级平台，直接校对零位。校对时，将平台、深度千分尺的基准面和测量面擦干净，旋转微分筒使其端面退至固定套筒的零线之外，然后将深度千分尺的基准面贴在平台的工作面上，左手压住底板，右手慢慢旋转测力装置，使测量面与平台的工作面接触后检查零位。若微分筒上的零标尺标记对准固定套筒上的纵标尺标记，微分筒锥面的端面

图 1 - 2 - 21　深度千分尺
1—测力装置；2—微分筒；3—固定套筒；
4—锁紧装置；5—底板；6—测杆

与固定套筒零标尺标记相切标尺标记。

（4）测量范围大于 25 mm 的深度千分尺，要用校对量具（可以用量块代替）校对零位。校对时，把校对量具和平台的工作面擦净，将校对量具放在平台上，再把深度千分尺的基准面贴在校对量具上校对零位。

（5）使用深度千分尺测量盲孔、深槽时，往往看不见孔底、槽底的情况，所以操作深度千分尺时要特别小心，切忌用力莽撞。

（6）当被测孔的口径或槽宽大于深度千分尺的底座时，可以使用一个辅助定位基准板进行测量。

3. 深度千分尺使用注意事项

（1）不准任意摇动微分筒。

（2）不准用油石、砂纸等硬物摩擦测量面、测微螺杆等部位。

（3）不准在深度千分尺的微分筒和固定套筒之间加酒精、煤油、柴油、机油或凡士林等物质；不准把深度千分尺浸泡在上述油类或水以及冷却液中。如果深度千分尺被上述液体浸入，则用航空汽油冲洗干净，然后加入少量钟表油或特种轻质润滑油。

（4）使用完后，用绸或干净的白细布擦净深度千分尺的各部位，卸下可换测杆，将测微螺杆上涂一薄层防锈后，放入专用盒，存放于干燥处。

（5）不能将深度千分尺放在潮湿、有酸性、磁性以及高温或振动的地方。

（6）深度千分尺须定期检定，检定周期由计量部门根据使用情况决定。

四、游标卡尺

游标卡尺的结构及其读数方法详见本课题任务一，在此处不再重复。

1. 游标卡尺的测量方法

游标卡尺是一种中等精度的量具，只适用于中等精度零件的测量。

（1）测量前，首先要用软布将测量爪擦干净。然后检查卡尺的尺框、微动装置沿尺身的移动是否平稳、无卡滞和松动现象；使用制动螺钉时，能否将其准确、可靠地紧固在尺身上。制动螺钉拧紧后，检查微动装置是否晃动，读数是否发生变化。

（2）检查并校对零位。慢慢推动尺框，使两测量爪并拢，检查两测量面的接触情况，并查看游标尺和主标尺的零标尺标记是否对齐。如果对齐就可以进行测量，如果没有对齐则要记下零误差。游标尺的零标尺标记在主标尺零标尺标记右侧的称为正零误差，在主标尺零标尺标记左侧的称为负零误差（这种规定方法与数轴的规定一致，原点以右为正，原点以左为负）。

（3）测量时，要慢慢推动尺框，使测量爪与被测表面轻轻接触，然后轻微晃动游标卡尺，使其接触良好。在测量过程中，操作者要慢推轻放，不要用力过大；也不允许测量处于运动中的工件，避免测量爪产生变形或过早磨损，影响测量精度。

（4）测量外尺寸时，应先把外测量爪张开，尺寸比被测尺寸稍大，使工件能够自由地放入两测量爪之间。再把固定测量爪与被测表面靠上，然后慢慢推动尺框，如图 1 - 2 - 22 所示。使活动测量爪轻轻地接触被测表面，并稍微移动活动测量爪，以找出最小尺寸部位，获得正确的测量结果。游标卡尺的两个测量爪应垂直于被测表面，不得倾斜。同理，读数之后，要先把活动测量爪移开，再从被测工件上取下游标卡尺。在活动测量爪还没松开之前，不允许猛力拉游标卡尺。

（a）

（b）

图1-2-22　游标卡尺测量外尺寸

（5）测量内尺寸时，应先把活动测量爪张开，尺寸比被测尺寸稍小，以免划伤被测表面。再把固定测量爪靠在孔壁上，然后慢慢拉动尺框，如图1-2-23所示。使活动测量爪沿着直径方向轻轻接触孔壁，再把测量爪在孔壁上稍微移动一下，以便找出最大尺寸部位。注意测量爪应放在孔的直径方向，不得歪斜。

（6）测量沟槽宽度时，游标卡尺的操作方法与测量孔径的操作方法相似。测量爪的位置也应放正，并且垂直于槽壁，如图1-2-24所示。

图1-2-23　游标卡尺测量内尺寸

图1-2-24　游标卡尺测量
沟槽宽度

（7）测量深度时，应使游标卡尺的尺身下端面与被测件的顶面贴合，向下推动深度尺，使之轻轻接触被测底面，如图1-2-25所示。

2. 游标卡尺测量时的注意事项

（1）要轻拿轻放游标卡尺，不得碰撞或使其掉落地上。使用时不要用来测量粗糙的物体，以免损坏测量爪。

对　　　　错　　　　对　　　　错

图 1 - 2 - 25　游标卡尺测量深度

（2）测量力要适当，测量力太大会造成尺框倾斜，产生测量误差；测量力太小，游标卡尺与工件接触不良，会使测量尺寸不准确。

（3）选用适当的测量爪测量面形状。测量爪测量面形状有平面形、圆弧形和刀口形等，在测量时，应根据被测表面的形状正确选用，例如，测量平面和圆柱形尺寸，应选用平面外测量面；测量内尺寸，可选用圆弧或刀口内测量面；测量沟槽及凹形弧面则应选用刀口外测量面，如图 1 - 2 - 26 所示。

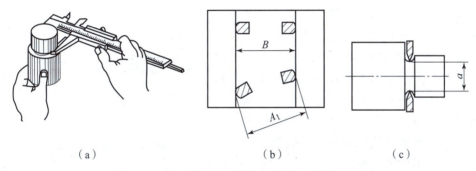

（a）　　　　　　　　　　（b）　　　　　　　　　　（c）

图 1 - 2 - 26　游标卡尺测量爪测量面形状的选用

（a）测量圆柱形尺寸；（b）测量内尺寸；（c）测量沟槽

（4）测量温度要适宜，当游标卡尺和被测件的温度相同时，测量温度与标准温度的允许偏差可适当放宽。

（5）适当增加测量次数，取平均值。实际测量时，对同一尺寸应多测几次，取其平均值以减少偶然误差。

3. 游标卡尺的维护保养

使用游标卡尺，除了要遵守测量器具维护保养的一般事项外，还要注意以下几点。

（1）不允许把游标卡尺的两个测量爪当成螺钉扳手用，或把测量爪的尖端用作划线工具、圆规等。

（2）不准用游标卡尺代替卡钳、卡板等，或在被测件上来回推拉。以免磨损游标卡尺，影响测量精度。

（3）移动游标卡尺的尺框和微动装置时，应先松开制动螺钉；但也不要松得过量，以免螺钉脱落丢失。移动游标不能用力过猛，两测量爪与待测物的接触不宜过紧，不能使被夹紧的物体在测量爪内移动。

（4）测量结束后，要把游标卡尺平放，尤其是大尺寸的游标卡尺更应注意，否则会使尺身弯曲变形。

（5）带深度尺的游标卡尺用完后，要把测量爪合拢，以免较细的深度尺发生变形甚至折断。

（6）不要与刀具等其他工具放在一起，以免划伤游标卡尺的表面。

（7）游标卡尺使用完毕，要用棉纱擦拭干净并上油（黄油或机油）。不可用砂布或普通磨料来擦除标尺表面及测量爪测量面的锈迹和污物。将两测量爪合拢并拧紧制动螺钉，放入卡尺盒内盖好，并置于干燥中性的地方，远离酸碱性物质，防止锈蚀。

（8）游标卡尺受损后，不允许用锤子、锉刀等工具自行修理，应交专门部门修理，经鉴定合格后方能使用。正常使用的游标卡尺，也应定期校验游标卡尺的精准度和灵敏度。

五、深度游标卡尺

1. 深度游标卡尺的结构

深度游标卡尺用于测量零件的深度、台阶高度和槽的深度，如图 1–2–27 所示。它的结构特点是尺框 3 的两个测量爪连在一起成为一个带游标的尺框测量爪 1，其端面和尺身 4 的端面即它的两个测量面，例如，测量内孔深度时，应把尺框测量面紧靠在被测孔端面上，使尺身与被测孔的中心线平行，再伸入尺身，则尺身测量面至尺框测量面之间的距离，就是被测零件的深度。它的读数方法和游标卡尺完全一样。

图 1–2–27　深度游标卡尺
1—尺框测量爪；2—制动螺钉；3—尺框；
4—尺身；5—游标尺

2. 深度游标卡尺测量方法

深度游标卡尺多用于工件的深度测量和台阶测量。测量时，先把尺框测量爪轻轻压在工件的基准面上，尺框测量面必须接触工件的基准面，如图 1–2–28（a）所示。测量轴类等台阶时，尺框测量面一定要压紧基准面，如图 1–2–28（b）、图 1–2–28（c）所示，再移动尺身，直到尺身测量面接触到工件的测量面（台阶面）上，然后用制动螺钉固定尺框，提起深度游标卡尺，读出深度尺寸。对于多台阶小直径的内孔深度测量，要注意尺身测量面是否在要测量的台阶上，如图 1–2–28（d）所示。当基准面是曲线时，如图 1–2–28（e）所示，尺框测量面必须放在曲线的最高点，测量出的深度才是工件的实际尺寸，否则会出现测量误差。

3. 深度游标卡尺使用注意事项

能否合理使用深度游标卡尺不但影响深度游标卡尺本身的精度和使用寿命，而且对测量结果的准确性，也有直接影响。因此，必须正确使用深度游标卡尺。

（1）熟练掌握深度游标卡尺的测量、读数方法。

（2）确认所用深度游标卡尺的量程、精度是否符合被测零件的要求。

（3）使用前，检查深度游标卡尺是否完整、无任何损伤，移动尺框时，活动要自如，不应出现过松或过紧，甚至晃动等现象。

（4）使用前，用纱布将深度游标卡尺擦拭干净，检查尺身和游标尺的标尺标记是否清晰，尺身有无弯曲变形、锈蚀等现象。校验零位，检查各部分作用是否正常。

图 1 - 2 - 28　深度游标卡尺的使用方法

（5）使用深度游标卡尺时，要轻拿轻放，不得碰撞或使其掉落地上。不要用其测量粗糙的物体，以免过早损坏测量面。

（6）移动深度游标卡尺的尺框和微动装置时，要松开紧固螺钉，但也不要松得过量，以免螺钉脱落丢失。

（7）测量前，应将被测量表面擦拭干净，以免灰尘、杂质磨损量具。

（8）深度游标卡尺的尺框测量爪和尺身端面应垂直于被测表面并贴合紧密，不得歪斜，避免使测量结果不准。

（9）应在足够的光线下读数，两眼的视线与深度游标卡尺的标尺标记表面垂直，以减小读数误差。

（10）深度游标卡尺使用完毕，要擦净并放到卡尺盒内。若长时间不用，应在深度游标卡尺测量面上涂黄油或凡士林，放在干燥、阴凉处储存，以免发生锈蚀或弄脏。

六、游标万能角度尺

游标万能角度尺的结构及其读数方法详见本课题任务一，在此处不再重复。

1. 游标万能角度尺的测量方法及注意事项

（1）使用前，先将游标万能角度尺擦拭干净，再检查各部件的相互作用情况，是否移动平稳灵活，止动后的读数是否不动。不得使用丙酮等有机溶剂擦拭。

（2）测量前，应先校准零位。游标万能角度尺的零位，是指当直角尺与直尺均安装上，直角尺的底边及基尺与直尺无间隙接触时，主尺与游标尺的零标尺标记对准。调整好零位后，通过改变基尺、直角尺和直尺的相互位置，可测试0°～320°范围内的任意角。

（3）测量时，放松锁紧装置上的螺母，移动主尺座进行粗调整，应使基尺与零件角度的母线方向一致；再转动游标尺背面的把手，进行精细调整，直到游标万能角度尺的两测量面在全长上与被测件的工作面接触良好为止，以免产生测量误差；然后拧紧锁紧装置上的螺母加以固定，即可进行读数。

（4）测量完毕后，应用汽油或酒精把游标万能角度尺洗净，用干净纱布仔细擦干，涂防锈油，然后装入专用盒内。

（5）要定期进行检定，检定周期可根据具体使用情况确定，一般不超过一年。

七、指示表

1. 指示表的结构

指示表用以校正零件或夹具的安装位置，检验零件的形状精度或相互位置精度。它共有4种分度值，即0.10 mm、0.01 mm、0.001 mm及0.002 mm。其中，分度值为0.10 mm的指示表，也称十分表；分度值为0.01 mm的指示表，也称百分表；分度值为0.001 mm和0.002 mm的指示表，也称千分表。车间里经常使用的是百分表，因此，本部分主要介绍百分表。

百分表的外形如图1-2-29所示。8为测杆，6为指针，度盘3上刻有100个等分标尺分度，其分度值为0.01 mm。当指针转一圈时，小指针即转动一标尺分度，因此转数指示盘5的分度值为1 mm。用手转动表圈4时，度盘3也随之转动，从而可使指针对准任一标尺标记。测杆8沿着轴套7上下移动，轴套7可用于辅助安装百分表。9是测头，2是手提测杆用的圆头。

图1-2-29　百分表的外形
1, 8—测杆；2—圆头；3—度盘；4—表圈；5—转数指示盘；6—指针；7—轴套；9—测头

图1-2-30是百分表内部结构的示意图。带有齿条的测杆1的直线移动，通过齿轮传动（z_1、z_2、z_3），转变为指针2的回转运动。齿轮z_4和弹簧3使齿轮传动的间隙始终在一个方向，起着稳定指针位置的作用。弹簧4是控制百分表测量压力的百分表内的齿轮传动机构，测杆直线移动1 mm时，指针正好回转一圈。

另外，由于指示表的测杆是做直线移动的，可用来测量长度，所以其也是长度测量工具。

图 1 – 2 – 30　百分表内部结构示意

1—测杆；2—指针；3，4—弹簧

2. 指示表的测量方法及注意事项

千分表的读数精度比百分表高，百分表适用于尺寸精度为 IT6 级~ IT8 级零件的校正和检验，千分表则适用于尺寸精度为 IT8 级~ IT7 级零件的校正和检验。指示表按其制造精度，可分为 0 级、1 级和 2 级三种，0 级精度较高。使用时，应按照零件的形状和精度要求，选用精度等级和测量范围合适的指示表。

（1）使用前，应检查测杆活动的灵活性。即轻轻推动测杆时，测杆在轴套内移动灵活，没有任何卡滞现象，且每次放松后，指针能回复到原来的标尺标记位置。

（2）使用指示表时，必须把它固定在可靠的夹持架上（如固定在万能表架或磁性表座上），如图 1 – 2 – 31 所示，夹持架要安放平稳，以免使测量结果不准确或摔坏指示表。

图 1 – 2 – 31　安装在专用夹持架上的指示表

用夹持指示表的轴套来固定指示表时，夹紧力不要过大，以免因轴套变形而使测杆活动不灵活。

（3）用指示表测量零件时，测杆必须垂直于被测量表面，指示表的安装如图1－2－32所示。应使测杆的轴线与被测量尺寸的方向一致，否则将使测杆活动不灵活或使测量结果不准确。

图1－2－32　指示表的安装

（4）测量时，测杆的行程不得超过其测量范围，不可使测头突然撞到零件上，不要使指示表受到剧烈的振动和撞击，亦不要把零件强推入测头下，以免损坏指示表的机件而失去精度。指示表不能用于测量表面粗糙或有显著凹凸不平的零件。

（5）用指示表校正或测量零件时，应当使测杆有一定的初始测力。即在测头与零件表面接触时，测杆应有0.3～1 mm的压缩量（0.001 mm分度值的指示表可小一点，有0.1 mm即可），使指针转过半圈左右，然后转动表圈，使度盘的零标尺标记对准指针。轻轻地拉动手提测杆的圆头，拉起和放松几次，检查指针所指的零位有无改变。当指针的零位稳定后，再开始测量或校正零件的工作。如果是校正零件，此时开始改变零件的相对位置，读出指针的偏摆值，就是零件安装的偏差数值，如图1－2－33所示。

图1－2－33　指示表尺寸校正与测量方法

八、螺纹千分尺

螺纹千分尺是利用螺旋副原理，对弧形尺架上的锥形测量面和V形凹槽测量面间分隔距离进行读数的适用于螺纹中径的测量器具，如图1－2－34所示。螺纹千分尺的结构及使用方法与外径千分尺基本相同，不同之处在于其测头的形状不同且可更换，每对测头只能测量一定螺距范围内的螺纹中径。螺纹千分尺是专用量具之一，主要用于测量公差等级为IT7、IT8、IT9的普通外螺纹的中径尺寸。

图 1 – 2 – 34　螺纹千分尺

1—调零装置；2—V形测头；3—锥形测头；4—测微螺杆；5—微分筒；6—校对量杆

在测量时，首先根据被测螺纹的螺距选取一对测头。然后将测头及被测螺纹擦拭干净，将测头安装在尺架上，校正好千分尺零位。再将被测螺纹放入两测头之间（V形测头跨在被测螺纹的牙尖上，锥形测头插在牙槽内），找正中径部位。分别在同一截面相互垂直的两个方向上测量螺纹中径，取它们的平均值作为被测螺纹的实际中径。将此值与标准中径进行比较，即可判定被测螺纹的中径是否合格。需要注意的是，当螺纹千分尺两个测头的测量面与被测螺纹的牙型接触后，旋转螺纹千分尺的测力装置，并轻轻晃动螺纹千分尺，当螺纹千分尺发出"咔咔"声后，即可读数。

九、圆度仪

1. 圆度反射结构形式

圆度仪是具有精密回转轴系统的测量仪器，其将精密回转轴系上一个动点（测量装置的测头）所产生的理想圆与被测轮廓进行比较，可测量圆度误差。

圆度仪有两种结构形式。一种是转轴式（也称传感器回转式）圆度仪，如图1–2–35（a）所示。主轴垂直安装在头架上，主轴下端安装有一个可以径向调节的传感器，用同步电机驱动主轴旋转，就使安装在主轴下端的传感器测头形成一个接近理想圆的轨迹。被测件安装在中心可做精确调整的微动定心台上，利用电感放大器的对中表可以相对精确地找正主轴中心。测量时，传感器测头与被测件截面接触，被测件截面实际轮廓引起的径向尺寸的变化由传感器转化成电信号，并通过放大器、滤波器输入极坐标记录器。此时，零件被测截面实际轮廓在半径方向上的变化量被放大，并被画在记录纸上。最后，用刻有同心圆的透明样板或采用作图法可评定出圆度误差，也可用计算机直接显示测量结果。对转轴式圆度仪，由于主轴工作时不受被测零件质量的影响，所以较容易保证较高的主轴回转精度。

另一种是转台式（也称工作台回转式）圆度仪，如图1–2–35（b）所示。测量时，被测件安置在回转工作台上，随回转工作台一起转动。传感器在支架上固定不动。传感器感受的被测件轮廓的变化经放大器放大，并做相应的信号处理后送到极坐标记录器记录或由计算机显示结果。转台式圆度仪能使测头很方便地调整到被测件任一截面进行测量，但受回转工作台承载能力的限制，只适用于测量小型零件的圆度误差。

图1-2-35　圆度仪原理图

（a）转轴式；（b）转台式

　　圆度仪的测头有针形测头、球形测头、圆柱形测头和斧形测头。对于较小的工件，材料硬度较低，可采用圆柱形测头。若材料硬度较低并要求排除表面粗糙度的影响，则可采用斧形测头。

　　另外，圆度仪使用中要注意记录图形放大倍率的选择。圆度仪的放大倍率是指零件轮廓径向误差的放大比率，即记录笔位移量与测头位移量之比。在选取放大倍率时，通常使记录的轮廓图形占记录纸记录环宽度的1/3～1/2。

　　圆度仪的记录图形以被测件的实际轮廓为依据，它将实际轮廓与理想圆的半径差按高倍数放大，而半径尺寸则按低倍数放大，即记录图上半径差与半径尺寸的值的放大倍率不同。这是因为半径差与半径尺寸若按同一倍率放大，则需要极大的一张记录纸来描绘其轮廓图形。所以记录的轮廓图形在形状特征上与实际轮廓有较大差别。如图1-2-36所示，一个五棱形的实际轮廓在选用3种不同的放大倍率时，会呈现出3个不同形状特征的记录轮廓图。因此，对记录图形所代表的零件截面的实际形状特征要有一个正确的判断。

图1-2-36　五棱形实际轮廓3种不同的放大倍率曲线

　　2. 圆度仪测量圆度误差的测量方法

　　（1）打开电源，倍率开关置100倍率挡，补偿电位器置1。

　　（2）零件对中放置在回转工作台上，如果零件不对称，其重心应落在两个调节旋钮的直角平分线方向上。

　　（3）目测找正中心，移动传感器，使传感器测头与被测表面留有适当间隙。当回转工作台转动时，目测该间隙的变化并用校心杆敲拨零件，使其对正。如果是对称零件，则可利用定心装置，使零件快速定心。

（4）精确找正中心，使传感器测头在测量线方向（即法线方向）上接触零件表面，并使对心表指针在两条边线范围内摆动。当指针处在转折点时，在测头所处的径向方位上用校心杆敲拨零件，以使摆幅最小。找正中心应从最低放大倍率挡 100 倍率开始，直至 2 000 倍率（粗糙零件）、4 000 倍率（较精密的零件）。

（5）放入记录纸，记录轮廓图线。如果记录图线的头尾有径向偏离，则需重新记录。

（6）借助刻有一组等间距（如 2 mm）的同心圆透明样板，使其复合在记录纸上。

（7）用最小区域圆法读圆度值。通过被测轮廓内每点都可作两个同心圆的圆心，其中一个为外接圆，另一个为内切圆，以包含实际轮廓并且以半径差最小的两个同心圆的圆心为理想圆心，但是至少应有 4 个实测点内外相间分布在内外两个圆周上，如图 1 - 2 - 37 所示，a、c 与 b、d 分别与外圆和内圆交替接触。

（8）两包容圆半径差即为圆度误差值。

图 1 - 2 - 37　最小区域圆法

3. 圆度仪测量圆柱度误差的测量方法

圆柱度测量结果若不经计算机数据处理，很难做到精确及符合定义要求，因此，用简便的近似方法来评定圆柱度误差仍是常用的一种方法。圆度仪测量圆柱度误差示意如图 1 - 2 - 38 所示。将被测件的轴线调整至与仪器同轴，记录被测件倒转一周过程中测量截面上各点的半径差。在测头没有径向偏移的情况下，按需要重复上述方法测量若干个横截面。测量完成后，可用计算机按最小条件确定圆柱度误差，也可用极坐标图近似求出圆柱度误差。

圆度仪测量圆柱度误差的具体操作步骤如下。

（1）接通电源，倍率开关置 100 倍率挡，补偿电位器置 1。

图 1 - 2 - 38　圆度仪测量圆柱度误差示意

（2）零件对中放置在回转工作台上，如果零件不对称，其重心应落在两个调节旋钮的直角平分线方向上。

（3）目测找正中心，移动传感器，使传感器测头与被测表面留有适当间隙。当回转工作台转动时，目测该间隙的变化并用校心杆敲拨工件，使其对正。如果是对称零件，则可利用定心装置，使零件快速定心。

（4）精确找正中心，使传感器测头在测量线方向（即法线方向）上接触零件表面并使对心表指针在两条边线范围内摆动。当指针处在转折点时，在测头所处的径向方位上用校心杆敲拨工件，以使摆幅最小。找正中心应从最低放大倍率挡 100 倍率开始，直至 2 000 倍率（粗糙零件）、4 000 倍率（较精密的零件）。

（5）放入记录纸，记录截面轮廓图线。若记录图线的头尾有径向偏离，则需重新记录。

（6）在测头没有径向偏移的情况下，按需要重复上述方法测量若干个截面。

（7）把在圆度仪上测量的每个截面的图形描绘在一张记录纸上，然后使用同心圆透明样板，按照最小条件圆度的判别准则，求出包容这组记录图形的两同心圆半径差 Δ，再除以放大倍率 M，即得出此零件的圆柱度误差 f，即 $f = \Delta / M$。

十、正弦规

1. 正弦规的结构

正弦规是用于准确检验零件及量规角度和锥度的量具，如图 1 - 2 - 39 所示。由于它利用三角函数的正弦关系来量度，所以称为正弦规，也称正弦尺或正弦台。

正弦规主要由带有精密工作平面的主体和两个精密圆柱组成，四周可以安装测量时可作为放置零件定位板的挡板（使用时只安装互相垂直的两块挡板），国产正弦规有宽型和窄型两种，其规格见表 1 - 2 - 3。

图 1 - 2 - 39　正弦规

表 1 - 2 - 3　正弦规的规格

两圆柱中心距/mm	圆柱直径/mm	工作台宽度/mm		精度等级
		窄型	宽型	
100	20	25	80	0.1 级
200	30	40	80	

正弦规的两个精密圆柱的中心距精度很高。正弦规的中心距为 200 mm 时，窄型的工作台宽度误差不大于 0.003 mm，宽型的工作台宽度不大于 0.005 mm。同时，主体上工作平面的平直度以及它与两个圆柱之间的相互位置精度也很高，因此可用于精密测量，也可用于机床上带角度零件加工的精密定位。利用正弦规测量角度和锥度时，测量精度可达 ±(1″~3″)，但适宜测量小于 40°的角度。

2. 正弦规的测量方法

使用正弦规测量圆锥塞规锥角的示意如图 1 - 2 - 40 所示。

图 1 - 2 - 40　使用正弦规测量圆锥塞规锥角的示意

使用正弦规测量零件角度时，首先把正弦规放在精密平台上，被测零件（如圆锥塞规）放在正弦规的工作平面上，被测零件的定位面平靠在正弦规的挡板上，（如圆锥塞规的前端面靠在正弦规的前挡板上），指示表安装在表座上，并可在平板上拖动。如图 1 - 2 - 40 所示，在锥体最顶端母线上的 a、b 两处读出指示表示值，如果这两个读数相同，则表明被测锥体的圆锥角正好等于正弦规的倾斜角 α，即被测圆锥体的上素线与平板平行。测量时，在正弦规的一个圆柱下面垫入量块，用指示表检查零件全长的高度，调整量块尺寸，使指示表在零件全长部位的读数处处相同。此时，可应用直角三角形的正弦公式计算出零件的角度。正弦公式如下：

$$\sin\alpha = \frac{H}{L} \qquad\qquad (1-2-1)$$

式中　α——圆锥的锥角（°）；

　　　 H——量块的高度（mm）；

　　　 L——正弦规两圆柱的中心距（mm）。

正弦规的测量使用方法如下。

（1）将正弦规、量块用不带酸性的无色航空汽油进行清洗。

（2）检查测量平板、被测件表面是否有毛刺、损伤和油污，并进行清除。

（3）将正弦规放在平板上，把被测件按要求放在正弦规上。

（4）根据被测件尺寸，选用相应高度尺寸的量块组，垫起其中一个圆柱。

（5）调整磁性表座，装入百分表（或千分表），将表头调整至相应高度，压缩百分表表头 0.2 ~ 0.5 mm（压缩千分表表头 0.1 ~ 0.2 mm），紧固磁性表座各部分螺母、螺栓（装入表头的紧固螺母不能过紧，以免影响表头的灵活性）。

（6）提升表头测杆 2~3 次，检查示值稳定性。

（7）求出被测角的偏差值 Δα。

3. 正弦规的维护保养

正弦规是一种精密量具，正确的维护保养对保持正弦规的精度和延长其使用寿命意义重大。

（1）正弦规在使用前，首先检查检定合格证是否在有效期内，再检查各测量面的外观，不能有碰伤、锈蚀等缺陷。

（2）用正弦规测量时，不准磕碰。

（3）在正弦规上安装被测件时，要利用前挡板和侧挡板进行定位，以尽量减少测量误差。

（4）正弦规使用完毕后，要用汽油将其表面洗净擦干，并涂上防锈油，再放入专用盒内妥善保管。

十一、干涉显微镜

1. 干涉显微镜的结构

干涉显微镜的结构如图 1-2-41 所示。其外壳是方箱，箱内安装光学系统；箱后下部伸出光源部件，箱后上部伸出参考平镜及其调节的部件等；箱前上部伸出观察管，其上装测微器 2，箱前下部窗口装照相机 3；箱的两边装有各种调整用的手轮；箱的上部是圆工作台 15，它可水平移动、转动和上下移动。

干涉显微镜可测量轮廓峰谷高度的范围为 0.025 ~ 0.8 μm。对于小工件，测量时将其被测表面向下放在圆工作台上进行测量；对于大工件，可将干涉显微镜倒立放在工件的被测表面上进行测量。

图1-2-41 干涉显微镜的结构

1—目镜;2—测微器;3—照相机;4、6、10、11、12—手轮;5、7—手柄;

8—螺钉;9—光源;13、14—滚花轮;15—圆工作台

另外,干涉显微镜备有反射率为0.6和0.04的两个参考平镜,不仅适用于测量高反射率的金属表面,也适用于测量低反射率的工件(如玻璃)表面。

2. 干涉显微镜的工作原理

干涉显微镜利用光波干涉原理来测量表面粗糙度。干涉显微镜的光学系统如图1-2-42所示。由光源1发出的光经滤光片3形成单色光,经聚光镜2、4、8投射到分光镜9上,

图1-2-42 干涉显微镜的光学系统

1—光源;2、4、8—聚光镜;3—滤光片;5—反光镜;6—视场光阑;7—孔径光阑;9—分光镜;

10—补偿镜;11、14—物镜组;12—被测表面;13、19—遮光板;15—参考平面镜;

16—可调反光镜;17—折射镜;18—照相物镜;20—目镜组

并被分成两路：一路光反射向左（遮光板 13 移去），经物镜组 14 射向参考平面镜 15 再反射回来；另一路透射向上，经补偿镜 10 和物镜组 11 射向工件被测表面 12，再反射回来。两路光在分光镜 9 会合，向前射向目镜组 20 或照相机。

两路光会合时会发生光波干涉现象。由于参考平面镜 15 对光轴略微有倾斜，相当于与被测表面 12 形成楔形空隙，所以能在目镜中看到一系列干涉条纹，如图 1－2－43 所示，相邻两干涉条纹相应的空隙差为半个波长。由于轮廓的峰和谷相当于不同大小的空隙，故干涉条纹呈弯曲状，其相对弯曲程度与轮廓高度对应。测出干涉条纹的弯曲量 a 与相邻两条纹间距 b 的比值，乘以半个光波波长（$\lambda/2$），可得轮廓的峰谷高度 h，即

$$h = \frac{a}{b} \times \frac{\lambda}{2} \qquad\qquad (1-2-2)$$

（a）　　　　　　　　　　　　　　　　（b）

图 1－2－43　干涉显微镜视场中的干涉条纹

（a）视场图；（b）轮廓峰谷高度测量原理

3. 干涉显微镜测量方法及步骤

（1）通过变压器接通电源，点亮灯泡。

（2）调节参考光路。将手轮 4 转到目视位置，转动手轮 10 将图 1－2－42 中的遮光板 13 移出光路。旋动螺钉 8 调整灯泡位置，使视场照明均匀。转动手轮 11，使目镜视场中弓形直边（图 1－2－44）清晰。

图 1－2－44　弓形直边

（3）调节被测件光路。将工件被测面擦净，面朝下放在工作台上。转动手轮 10，使遮光板转入光路。转动滚花轮 13 以升降工作台，直到从目镜视场中看到工件表面的清晰加工痕迹为止。再转动手轮 10，使遮光板转出光路。

（4）调节使两路光束重叠。松开螺钉 8 取下目镜 1，从观察管中可看到两个灯丝像。转动滚花轮 13，使图 1－2－42 中的孔径光阑开到最大。转动手轮 10，使两个灯丝像完全重合，同时调节螺钉 8，使灯丝像位于孔径光阑中央。

（5）调节干涉条纹。装上目镜，旋紧紧固螺钉，转动目镜上的滚花轮 13 直至看清十字线。将手柄 7 向左推到底，使滤光片插入光路，在目镜视场中就会出现单色的干涉条纹。微转手轮 12，使条纹清晰。再将手柄 7 向右推到底，使滤光片退出光路，目镜视场中

就会出现彩色的干涉条纹，用其中仅有的两条黑色条纹进行测量。转动手轮 11，调节干涉条纹的亮度和宽度。转动滚花轮 14 以旋转圆工作台，使要测量的截面与干涉条纹方向平行，未指明截面时，则使表面加工纹理与干涉条纹方向垂直。

十二、立式光学计

立式光学计是一种精度较高、结构简单的常用光学仪器，常用来检定 5 等、6 等量块，光滑极限量规及测量相应精度的零件。

1. 立式光学计的结构

立式光学计是利用光学杠杆放大原理进行测量的仪器。LG - 1 型立式光学计外形结构如图 1 - 2 - 45 所示。立式光学计光学系统结构如图 1 - 2 - 46 所示。

图 1 - 2 - 45　LG - 1 型立式光学计外形结构

1—反射镜；2—目镜；3—偏差指示限调节手柄；4—刻度尺及偏差指示器外壳；5—镜管体；

6—装照明灯的孔；7—光杆紧固螺钉；8—镜管体微动手轮；9—立柱；10—支臂锁紧螺钉；

11—支臂；12—调节螺母；13—底座；14—工作台调整螺钉；15—工作台；

16—测帽提升器；17—测帽；18—镜管体锁紧螺钉；

19—凸轮框架锁紧螺钉；20—刻度尺微调螺钉

图1-2-46 立式光学计光学系统结构

1—反射镜；2—物镜；3—棱镜；4—分划板；5—目镜；6—进光反射镜；
7—通光棱镜；8—零位调节手轮；9—标尺；10—指示线；11—测杆；12—测帽

立式光学计的主要技术指标如下：

（1）仪器的测量范围为 0~180 mm；

（2）仪器的分度值为 0.001 mm；

（3）仪器的示值范围为 ±0.1 mm；

（4）仪器的不确定度为 ±0.25 μm（按仪器的最大示位误差给出）；

（5）测量不确定度为 $\pm \left(0.5 + \dfrac{L}{100} \right)$ μm。

2. 立式光学计的测量使用方法

（1）选择测帽。根据被测件形状，正确地选择测帽。测量时，被测物体与测帽间的接触面必须最小，即接近于点或线接触。因此，在测量平面时，需使用球形测帽，测量柱面时宜采用刀口形或平面形测帽，对球形物体则应采用平面形测帽。测帽形式如图1-2-47所示。

（2）工作台的选择与校正。立式光学计工作台分为平面工作台和槽面工作台，其选择原则与测帽的要求相同。对于可调整工作台，为保证测杆与工作台面垂直，测量前必须进行校正。首先，选择一个与被测件尺寸相同的量块大致放在工作台的中央，立式光学计换上最大直径的平面测帽，并使测帽平面的1/4与量块接触。调整仪器至目镜中看到分划板刻度为止。然后旋动工作台调整螺钉，使其前后移动，并从目镜中观看分划板示值的变化，若测帽平面四个位置的读数变化小于分度值的1/5，则表示工作台的校正已完成。

图 1 - 2 - 47　测帽形式

（a）球形；（b）刀口形；（c）平面形

（3）调整反射镜并缓慢地拨动测帽提升器，直至能从目镜中看到标尺影像，若此影像不清楚可调整目镜视度环。

（4）松开支臂锁紧螺钉，调整手柄，使光管上升至最高位置后旋紧紧固螺钉。

（5）按被测件的公称尺寸组合所需量块尺寸。一般是从所需尺寸的末位数开始选择，将选好的量块用蘸有汽油的棉花擦去表面防锈油并用绒布擦净。用少许压力将两量块工作面相互研合。

（6）将组合好的量块组放在工作台上，松开支臂锁紧螺钉，转动调节螺母，使支臂连同光管缓慢下降至测头与量块中心位置极为接近处（约有 0.1 mm 的间隙）将螺钉拧紧。

（7）松开光杆紧固螺钉，调整手柄，使光管缓慢下降至测头与量块中心位置接触并从目镜中看到标尺像，零标尺标记处于指标线附近为止。调节目镜视度环，使标尺像完全清晰（可配合微调反光镜）。锁紧螺钉，调整微调旋钮，使刻度尺像准确对好零位。

（8）按压测帽提升器 2 ~ 3 次，检查示值稳定性，要求零位变化不超过分度值的 1/10，否则，应寻找原因并重新调零（各紧固螺钉应拧紧但不能过紧，以免仪器变形）。

（9）按下测帽提升器，取下量块组，将被测件放在工作台上（注意一定要使被测轴的母线与工作台接触，不得有任何跳动或倾斜）。

（10）按压测帽提升器多次，若示值稳定，则记下标尺读数（注意正负号）。此读数即该测点轴线的实际差值。

（11）取轴的三个横截面，在互相垂直的两个方向上共测 6 个点（图 1 - 2 - 48），并按验收极限判断其是否合格。

十三、万能工具显微镜

1. 万能工具显微镜的结构

万能工具显微镜（图 1 - 2 - 49）是一种

图 1 - 2 - 48　测量位置

多用途的光学机械式两坐标测量仪器，通常用影像法和轴切法测量精密机械零件的长度、角度和螺纹等，还可以直角坐标或极坐标方法测量各种形状和位置复杂的机械零件的形状，例如，测量扁平工件、光滑圆柱、锥体、螺纹的各项参数，刀具的轮廓角及其各项参数，样板和模具的几何形状，凸轮的坐标尺寸，圆弧半径、孔径和孔间距离等。万能工具显微镜的长度测量读数可精确到微米，角度测量读数可精确到分，但测量过程中一些细节的疏忽会导致其准确度大大降低。

图1-2-49　万能工具显微镜

1—基座；2—纵向锁紧手轮；3—工作台纵滑板；4—纵向滑动微调；5—纵向读数显微镜；
6—横向读数显微镜；7—立柱；8—支臂；9—测角目镜；10—立柱倾斜手轮；11—小平台；
12—立柱横向移动及锁紧手轮；13—横向移动微调

2. 万能工具显微镜测量方法

（1）刀口法和轴切法。刀口法和轴切法是一种光学和机械综合的方法，主要用于测量螺纹的轴切面。另外，由于这一方法调节误差极小且不受外来影响，如边缘不光洁，倒角遮住等，也可用于测量圆柱、圆锥和平试件。

对于试件，其要有光滑的平直的测量面，测量时，用手把测量刀移至与其测量平面接触为止。对于圆形件，此测量平面与旋转轴相切，平行于刀口边缘的细线可表示出试件的轴切面。然后，用角度测量目镜的基准刻线对准此细线。通常，未磨损刀口的边缘与视场中通过十字线的对准线接触，在测量时不必考虑从细线到刀口边缘之间的距离。只有用磨损了的刀口测量时，才要求从量值中减去刀口的误差。

注意，需清除检验面上的灰尘和液体残迹，因为根据光隙检验刀口位置时，液体残迹会引起误差。另外，垫板和仪器的顶尖高度是配好的，不可调错，使用前应清洗干净。

（2）阴影法。阴影法是纯粹的光学方法，它可以迅速地调节仪器以对准试件轮廓及比较形状。阴影法要求将试件放在自下而上的光路中，并处于显微镜的清晰范围内，以便得到试件的阴影像。

圆形件的阴影像是轴向平面的轮廓，而平试件的阴影像取决于其边缘。测量时，应用旋转目镜和测角目镜上的标尺标记与阴影相切进行测量。把试件的形状与自绘的图形进行比较时，可以借助投影装置，使用双眼观察。

（3）反射法。反射法和阴影法相似，也是光学接触法，反射法的特点是可以测量边缘和标记，如划线、样冲眼等。反射法也可以用旋转目镜的刻线图形来比较形状，根据显微镜的清晰平面确定测量平面，用于测量平试件等。测量划线和样冲眼时用测角目镜，测量孔的边缘时用双像目镜，比较形状时用旋转目镜。

（4）测微杠杆法。测微杠杆法用于测量不能用光学方法对准测量的测量面，如孔、各种曲线面和螺旋面。必须注意的是，在相对方向接触或接触曲面时，测头的直径也要包含在测量结果内。对于特殊的测量，建议自制合适的接触杆。应用直径一定的球形测头可以检验滚动曲线，尖测头用于在一定的测量面内检验螺旋面。刀口形测头用以测量切面及只有两个坐标轴的空间曲线投影。

3. 万能工具显微镜操作使用中的注意事项

（1）注意目镜和物镜的调焦顺序。很多人在开始测量时就用物镜调焦，当调好物体焦距后再用目镜中的米字线去进行对准测量，此时如果觉得米字线不够清晰，还会对目镜进行调焦。这种次序是错误的，因为这样会造成前面被调焦后的被测物体的影像存在一定的虚影。正确的方法是先将目镜中的米字线调清晰，再对物体进行调焦，这样才能保证米字线和物体的像均是清晰的。

（2）注意在测量前清除被测件表面的毛刺和磕痕。被测件在加工、使用和运输过程中均可能产生一些毛刺和磕痕，这些缺陷可能不易被觉察，但在测量中容易引起对线错误或造成测量面不在同一焦平面上而形成一定的局部虚影，从而影响测量结果的准确性。因此，一定要彻底清除表面毛刺和磕痕。

十四、万能测长仪

1. 万能测长仪的结构

万能测长仪是一种用途较广的计量光学仪器。它可对零件的外尺寸进行直接测量和比较测量，也可用于测量内尺寸，如孔径、槽宽等。另外，利用仪器附件，还可测定各种特殊工件，如小孔内径、内外螺纹中径等。由于万能测长仪的测量轴处于水平位置，因此又称卧式测长仪，如图 1-2-50 所示，万能测长仪主要由底座、工作台、测量座、尾座以及各种测量设备附件组成。

2. 万能测长仪测量方法

开始测量前，先将仪器电源打开，然后打开光源开关。

（1）测量外尺寸。外尺寸测量属于绝对测量（直接测量）。测量时，需先找到基准零点，再进行测量。

图 1 – 2 – 50　万能测长仪结构

1—底座；2，11—微动手轮；3—读数显微镜；4—测量座；5—测量轴；6—工作台；7—微调螺钉；
8—尾管紧固手柄；9—尾座；10—尾管；12—尾座紧固手柄；13—工作台转动手柄；14—平衡手轮；
15—工作台摆动手柄；16—微分筒；17—限位螺钉；18—工作台升降手轮；19—锁紧螺钉

①装上活动尾管、测帽（测量轴承内沟径时可选用测沟，测头向外反装），将左边重锤丝线挂上，移动阿贝头主轴使测帽或者测头慢慢靠近直至接触。调节活动尾管上转折点调节螺钉，找出转折点（平面测帽找最小值，球面测帽找最大值），清零。

②移动阿贝头主轴，直至被测件方便固定为止，缩紧阿贝头主轴。固定被测件，使其被测轴线大致位于测量轴线上，可使用条形垫铁将被测件垫高以方便测量。

③松开阿贝头主轴，找出转折点、采点。所得数值即被测件尺寸。

（2）测量内尺寸。内尺寸测量属于相对测量，需使用标准环规作为测量基准。

①换上固定尾管，将测沟固定在尾管和主轴上，挂起右边重锤丝线。将条形垫铁垫在工作台上，环规固定在垫铁上。

②移动工作台将两测沟置于环规内，找出转折点、采点，记住所采点的序号。

③取下标准环规，将被测件装上，找出转折点、采点。

④关闭主显示窗，打开相对测量或者测沟测量对话框，按照提示输入相关数值，计算后即得所测尺寸。

3. 注意事项及仪器保养

（1）测量前将测头、测帽及被测件表面用软布或者吸油纸蘸汽油擦净，测量后需重新涂上防锈油，放入附件箱或者干燥箱内。

（2）仪器切勿随意搬动，震动，使用时轻拿轻放，切勿猛烈撞击。

（3）保持室内清洁，控制温度在（20±1）℃，湿度60%以内。

（4）导轨定期保养涂油。

十五、测量平板

测量平板又称测量平台，它有很多别名，如威泰测量平台、测量工作台、铸铁测量平台、花岗石测量平台、岩石测量平台、大理石测量平台、测量工作平台、铸铁测量工作平台等。

（1）用途：可用于机械、发动机的动力实验，设备调试，具有较好的平面稳定性和韧性，表面带有 T 形槽，可以用来固定实验设备。

（2）材质：高强度铸铁 HT200 ~ HT300。

（3）热处理范围：工作面硬度为 170 HBW ~ 240 HBW，经过两次人工处理（人工退火 600 ~ 700 ℃和自然时效 2 ~ 3 年），该产品的精度稳定，耐磨性能好。

（4）规格：100 mm × 100 mm ~ 3 000 mm × 6 000 mm，大于此规格的装配平台可以拼装使用或按图纸定做。

（5）精度：按国家标准计量检定规程执行，分别为 0、1、2、3 四个等级。

（6）详细规格。

①100 mm × 200 mm ~ 400 mm × 400 mm（本规格适用于研磨压砂平板），精度为 0 级、1 级、2 级。

②400 mm × 600 mm ~ 1 500 mm × 2 500 mm（本规格适用于人工刮研平板），精度为 1 级、2 级、3 级。

③1 500 mm × 3 000 mm ~ 2 000 mm × 3 000 mm（本规格适用于人工刮研平板），精度为 2 级、3 级、精刨。

④2 000 mm × 4 000 mm ~（3 000 mm × 10 000 mm）/（4 000 mm × 8 000 mm），精度为 3 级和精刨。

任务实施

测量工具大比拼。

由老师准备多种不同形状的零件，并给出各零件要测量的内容及要求。同学们以小组的形式进行讨论研究，最终派代表阐述该小组零件测量时应该选择何种测量工具，有何注意事项。老师提出必要的指导和建议，讨论方案确定后，各小组实际操作，完成测量任务。

任务评价

请将任务评价结果填入表 1 - 2 - 4。

表 1 - 2 - 4　自评/互评表（六）

任务小组				任务组长			
小组成员				班级			
任务名称				实施时间			
评价类别	评价内容	评价标准		配分	个人自评	小组评价	教师评价
学习准备	资料准备	参与资料收集、整理、自主学习		5			
	计划制订	能初步制订计划		5			
	小组分工	分工合理，协调有序		5			

评价类别	评价内容	评价标准	配分	个人自评	小组评价	教师评价
学习过程	操作技术	见任务评分标准	40			
	问题探究	能在实践中发现问题，并用理论知识解决实践中的问题	10			
	文明生产	服从管理，遵守 5S 标准	5			
学习拓展	知识迁移	能实现前后知识的迁移	5			
	应变能力	能举一反三，提出改进建议或方案	5			
	创新程度	有创新建议提出	5			
学习态度	主动程度	主动性强	5			
	合作意识	能与同伴团结协作	5			
	严谨细致	认真仔细，不出差错	5			
总计			100			
教师总评（成绩、不足及注意事项）						
综合评定等级						

拓展知识

其他测量仪器简介

一、偏摆检查仪

图 1-2-51 所示的偏摆检查仪是用于测量回转体各种跳动指标的必备仪器。它除了能检测圆柱形和盘形的径向跳动和轴向跳动外，安装相应的附件后，还可用来检测管类零件的径向跳动和轴向跳动，具有结构简单、操作方便、易于维护等特点，应用十分广泛。

图 1-2-51　偏摆检查仪结构

1—固定顶尖座；2—顶尖；3—底座；4—指示表夹；5—表支架座；6—顶尖座锁紧手柄；
7—活动顶尖座；8—顶尖锁紧手把；9—活动顶尖移动手柄

1. 主要技术指标

PBY5017 型偏摆检查仪：最大测量长度为 500 mm，最大测量直径为 270 mm。

PBY5012 型偏摆检查仪：最大测量长度为 500 mm，最大测量直径为 170 mm。

2. 仪器精度

两顶尖连线对仪器底座导轨面的平行度≤0.04 mm。

3. 仪器结构

偏摆检查仪结构如图 1 - 2 - 51 所示。

4. 使用方法

首先，用顶尖座锁紧手柄 6 将固定顶尖座固定在仪器底座上合适的位置。再按被测零件长度将活动顶尖座 7 固定。然后，压下活动顶尖移动手柄 9，装入零件使其中心孔顶在仪器的两顶尖上，拧紧顶尖锁紧把手 8 将活动顶尖固定。最后，移动表支架座 5 至所需位置后固定，利用其上所装的百分表（或千分表）进行检测工作。

5. 维护保养

（1）安装被测件时，要特别小心，防止碰坏仪器顶尖。

（2）仪器滑动部分要经常涂润滑油，但油层不应过厚，以免影响仪器示值精度。

（3）使用完毕，顶尖、仪器导轨等重要零件和部位应用汽油洗净并涂防锈油，然后盖上防尘罩。

二、平面度检查仪

平面度检查仪（图 1 - 2 - 52）是根据光学自准直原理设计的，它可以精确地测量机床或仪器导轨的直线度误差，也可以测量标准平板等的平面度误差，利用光学直角器和带磁性表座的反射镜等附件，还可以测量垂直导轨的直线度误差，以及垂直导轨和水平导轨之间的垂直度误差。

图 1 - 2 - 52　平面度检查仪结构

1，5—水准泡；2—反射镜；3—箱体基面；4—仪器箱体；6—测微鼓轮；7—目镜；
8—锁紧螺钉；9—照明灯座；10，11—6v3w 插销；12—按钮；13—变压器

如图 1 - 2 - 52 所示，平面度检查仪主体内装有一套自准直光学系统；照明灯座 9 可插进套筒内照明十字线分划板，旁向有锁紧螺钉。测微器装在仪器主体上方，外部有测微

鼓轮6、目镜7和锁紧螺钉8。目镜上有视度调整螺旋，可正反旋转，方便不同视力的检测员检测。锁紧螺钉8用于在互相垂直方向上锁紧测微器。箱体基面3是工作定位面，安放在测量基面上。水准泡5用来判断仪器安放是否水平。

平面度检查仪的光学系统如图1-2-53所示。

图1-2-53　平面度检查仪的光学系统

1—平面反射镜；2，3—物镜；4，5—反射镜；6—分光棱镜；7，8—分划板；
9，10—目镜；11—十字线分划板；12—滤光片；13—光源

光源13发出的光线通过滤光片12和十字线分划板11的十字线，再经分光棱镜6，反射镜4、5，物镜2、3，呈一束平行光束射向平面反射镜1；若平面反射镜的反射面垂直于光轴，光线仍按原路返回，经物镜2、3，反射镜4、5，分光棱镜6，成像在位于其焦点的指标线分划板8上，与指标分划线重合，人眼通过目镜9、10观察到像。

1. 平面度检查仪的工作原理

对于窄长平面的形状误差，可以用直线度表示，而对于较宽平面的形状误差，则必须用平面度表示。一个平面可以看作由无数条直线组成，因此，可以由几个剖面的直线度误差来反映该平面的平面度误差。平面度检查仪通过测量被测表面上的几个特点剖面（逐一读出剖面上各测点的读数），然后按选定的基准，以各个被测剖面的直线度误差及相互联系来确定被测表面的平面度误差。

测量剖面的布置通常采用米字形和网格形，如图1-2-54所示。

2. 仪器使用前的准备和检查

（1）用汽油和脱脂棉或绸布清洁仪器主体和附件，清洁被测表面。

（2）将照明灯插入仪器主体并锁紧，然后接通电源。

（3）选择仪器的安放位置，仪器安放一定要稳固可靠，位置合适，易于观察，测量过程中不得移动仪器主体。

（4）安装仪器主体，使水平调整板或被测表面接触良好，并尽量使物镜光轴与测量方向一致。

（5）视度调节，直到能看清分划板上的标尺标记和标数为止。

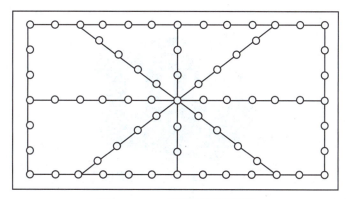

图 1 - 2 - 54　测量剖面的布置

三、三坐标测量机

1. 主要的结构形式

（1）活动桥式。

活动桥式测量机是使用最为广泛的一种三坐标测量机，如图 1 - 2 - 55 所示。其特点是结构简单，开敞性比较好，视野开阔，上下零件方便，运动速度快，精度比较高。活动桥式测量机有小型、中型、大型几种形式。

（2）固定桥式。

固定桥式测量机由于桥架固定，刚性好，动台中心驱动，中心光栅阿贝误差小，所以测量精度非常高，是高精度和超高精度测量机需求的首选，如图 1 - 2 - 56 所示。

（3）龙门式测试机。

龙门式测量机属于大型测量机，适合航空、航天、造船行业的大型零件或大型模具的测量，如图 1 - 2 - 57 所示。

图1-2-55 活动桥式测量机

图1-2-56 固定桥式测量机

图1-2-57 龙门式测量机

2. 三坐标测量机的结构和原理

（1）三坐标测量机组成结构。

以活动桥式测量机为例介绍三坐标测量机的组成结构，其由测量机主机、控制系统、测头测座系统、计算机（测量软件）四部分组成，如图1-2-58所示。

图1-2-58 活动桥式测量机组成结构

（2）三坐标测量机主机。

三坐标测量机主机即测量系统的机械主体，按照程序要求进行测量点的采集。

三坐标测量机的主机结构主要包括笛卡儿坐标系的 3 个轴及其相应的位移传导和驱动装置，含工作台、桥架、滑架、Z 轴在内的机体框架，如图 1 – 2 – 59 所示。

图 1 – 2 – 59　三坐标测量机的主机结构

机体框架主要包括回转工作台、桥架（包括立柱和横梁）、滑架、Z 轴及保护罩。回转工作台一般选择花岗岩材质，桥架和滑架一般选择花岗岩、铝合金或陶瓷材质。

标尺是测量机的重要组成部分，是决定仪器精度的一个重要环节。所用的标尺有 3 线纹尺、光栅尺、磁尺、精密丝杠、同步器、感应同步器及光波波长等。三坐标测量机一般采用计量光栅中的长光栅，该类光栅一般用于线位移测量，是坐标测机的长度基准，刻线间距范围为 2 ~ 200 μm。

导轨是三坐标测量机实现三维运动的重要部件，常采用滑动导轨、滚动轴承导轨和气浮导轨，气浮静压导轨的应用较广泛。气浮导轨由导轨体和气垫组成，有的导轨体和回转工作台合二为一，气浮导轨包括气源、稳定器、过滤器，气管、分流器等一套气动装置。

驱动装置是三坐标测量机的重要运动机构，可实现机动和程序控制伺服运动的功能。三坐标测量机上采用的驱动装置一般有丝杠螺母、滚动轮、光轴滚动轮、钢丝、齿形带、齿轮齿条等传动机构，并配以伺服起动机驱动，同时直线起动机也正在增多。

平衡部件主要用于 Z 轴框架结构中，其功能是平衡 Z 轴的质量，使 Z 轴上下运动时无偏重干扰，检测时 Z 向测力稳定。Z 轴平衡装置有重锤、发条或弹簧、气缸活塞杆等类型。

回转工作台是三坐标测量机的重要元件，它使测量机增加了一个转动的自由度，便于某些种类零件的测量。回转工作台包括数控回转工作台、万能回转工作台、分度回转工作台和单轴回转工作台等。

三坐标测量机的附件有很多，视测量需要而定。一般包括基准平尺、角尺、步距规、标准球体、测微仪，以及用于自检的精度检测样板等。

3. 控制系统功能

（1）控制、驱动坐标测量机的运动。

操纵盒或计算机指令通过系统控制单元，按照设置好的速度、加速度，驱动三轴直流伺服电动机转动，并通过光栅和电动机的回馈电路对运行速度和电动机的转速进行控制，使三轴同步平稳的按指定轨迹运动。运动轨迹有飞行测量、点定位两种方式，飞行测量方式效率高，运动时停顿少。点定位方式适合指定截面或指定位置的测量，可以通过语句进行设置。在进入计算机指令指定的探测距离时，系统控制单元会控制坐标测量机由位置运动速度转换到探测速度，使测头慢速接近被测零件。

（2）在有触发信号时采集数据，对光栅读数进行处理。

当操纵盒或计算机指令控制运动的坐标测量机测头传感器与被测零件接触时，测头传感器（简称测头）就会发出触发信号。信号传送到控制单元后，立即令坐标测量机停止运动（测头保护功能），同时锁存此刻的三轴光栅读数。这就是坐标测量机测量的一个点的坐标。

（3）根据补偿挡，对坐标测量机进行21项误差补偿。

坐标测量机在制造组装完成后，都要使用激光干涉仪和其他检测工具对21项系统误差（各轴的两个直线度、两个角摆误差、自转误差、位置误差，三轴之间的垂直度误差，共21项）进行检测，生成误差补偿挡，将这些误差用软件进行补偿，以保证坐标测量机精度符合合同的要求。测头触发后锁存的每一个点坐标都要经过误差计算、补偿后再传送给计算机测量软件。

（4）采集温度数据，进行温度补偿。

有温度补偿功能的坐标测量机可以根据设定的方式自动采集各轴光栅和被测零件的温度，对坐标测量机和零件温度偏离20 ℃带来的长度误差进行补偿，以保持高精度。

（5）控制系统的其他功能。

①对坐标测量机工作状态进行监测（行程控制、气压、速度、读数、测头等），采取保护措施。

控制系统有故障诊断功能，对坐标测量机正常工作及安全有影响的部位进行检测，当发现这些异常现象时，系统就会采取保护措施（停机，断驱动电源），同时发出信息通知操作人员。

②对扫描测头的数据进行处理，并控制扫描。

配备有扫描功能的坐标测量机，由于扫描测头采集的数据量非常大，必须用专用的扫描数据处理单元进行处理，并控制坐标测量机按照零件表面形状，保持扫描接触的方式运动。

③与计算机进行各种信息交流。

虽然控制系统本身就是一台计算机，但是由于没有与外界交互的接口，其内部的数据都要通过与上位计算机的通信进行输入和设置。控制信息和测点的数据都要通过信息传输、交流，交流方式主要是RS232接口或网卡。

4. 计算机和测量软件

计算机和测量软件是数据处理中心，主要功能如下。

（1）对控制系统进行参数设置。

上位计算机通过"超级终端"方式，与控制系统进行通信并实现参数设置等操作。可以使用专用软件对系统进行调试和检测。

（2）进行测头定义、测头校正及测针补偿。

不同的测头配置和不同的测头角度对应测量的坐标数值是不一样的。为使不同配置和不同测头位置测量的结果都能够统一进行计算，测量软件测量前必须进行测头校正，以获得测头配置和测头角度的相关信息，以便在测量时对每个测点进行测针半径补偿，并把不同测头角度测点的坐标都转换到基准测头位置上。

（3）建立零件坐标系（零件找正）。

测量软件以零件的基准建立坐标系统，称为零件坐标系。零件坐标系可以根据需要进行平移和旋转。为方便测量，可以建立多个零件坐标系。

（4）对测量数据进行计算、统计和处理。

测量软件可以根据需要进行各种投影、构造、拟合计算，也可以对零件图纸要求的各项形位公差进行计算、评价，对各测量结果使用统计软件进行统计。通过各种专用测量软件可以进行齿轮、曲线、曲面和复杂零件的扫描等的测量。

（5）设计程序并将运动位置和触测控制通知控制系统。

测量软件可以根据用户需要采用记录测量过程和脱机程序设计等方法设计，可以对批量零件进行高精度的自动测量或扫描。

（6）输出测量报告。

在测量软件中，操作员可以按照自己需要的格式设置模板，并输出检测报告。

（7）传输测量数据到指定网络或计算机。

通过网络连接，计算机可以进行数据、程序的输入和输出。

5. 测量座、测头系统

测量座、测头系统是数据采集的传感器系统，测量座分为手动和自动两种，主要功能如下。

（1）控制测头工作方式。

（2）测头传感器在探针接触被测点时发出触发信号。

测头是三坐标测量机的重要部件，测头根据其功能有触发式、扫描式、非接触式（激光、光学）等。触发式测头是使用最多的一种测头，其工作原理是一个高灵敏的开关式传感器。当测针与零件接触而产生角度变化时，会发出一个开关信号。在该信号传送到控制系统后，控制系统对此刻光栅计数器中的数据锁存，并将该信号经处理后传送给测量软件，表示测量了一个点。

扫描式测头有两种工作模式，一种是触发式模式，另一种是扫描式模式。扫描式测头本身具有三个相互垂直的距离传感器，可以感觉到与零件接触的程度和向量方向，这些数据作为三坐标测量机的控制分量，控制其运动轨迹。扫描式测头在与零件表面接触、运动过程中会定时发出采点信号，采集光栅数据，并可以根据设置的原则过滤粗大误差，称为扫描。扫描式测头也可以触发方式工作，这种方式是高精度的工作方式，与触发式测头的工作原理不同的是它采用回退触发的方法。

6. 规格

三坐标测量机规格 12.22.10 是指测量机 X 轴行程 1 200 mm，测量机 Y 轴行程 2 200 mm，测量机 Z 轴行程 1 000 mm。

7. 工作环境

三坐标测量机属于长度计量的设备，需要一定的环境要求。

（1）环境温度。

①环境温度：20 ℃ ±2 ℃。

②温度的空间梯度：1 ℃/m³。

③温度的时间梯度：2 ℃/8 h。

（2）环境湿度。

一般要求：40%~60% 为最佳环境湿度。

（3）压缩空气。

压缩空气输入压力：0.4~0.6 MPa。压缩空气中不能含有油、水等杂质。如果所使用的三坐标测量机有要求，以三坐标测量机要求为准。

（4）振动

由于振动的测试比较困难，所以按周围环境条件要求。

①厂房周围不应有干线公路。

②厂房内不应有与三坐标测量机同时工作的吊车。

③厂房内和周围不应有冲床或大型压力机等振动比较大的设备。

④三坐标测量机不应安装在楼上。

如果以上①~③的条件不满足，则需要做专用地基或采用减振器等防振措施。

（5）电源。

除使用机型的特殊要求，一般三坐标测量机使用的电源为 220 V ± 10 V （50 Hz），要求有稳压装置或不间断电源（uninterrupted power supply，UPS）。

（6）单独接地线。

①要求有单独接地线，接地电阻≤5 Ω；

②要求周围没有强电磁干扰。

8. 坐标系和工作平面

（1）三条互相垂直的坐标轴和三轴相交的原点，构成三维空间坐标系（3D）。空间的任意一点投影到三轴就会有三个相应数值。有三轴相应数值，就表示相应的空间点，即把点数字化描述。

（2）空间坐标系有 8 个象限，用不同正负号组合可以分辨出点的空间所在的象限和位置。

（3）空间坐标系可以根据需要进行平移、旋转，而且任何一次空间的旋转都可以分解为先绕一个轴旋转一个角度，再绕另一个轴旋转另一个角度。

（4）空间坐标系有三个工作（坐标、投影）平面 XY、YZ、XZ 可以进行点（元素）

的投影。这三个工作（坐标、投影）平面与坐标轴是同时存在的，当指定了一个当前的工作轴时，也就同时指定了与这个轴垂直的工作（坐标、投影）平面，如指定当前的工作轴向是 Z 轴，也就同时指定了当前的工作（坐标、投影）平面是坐标系的 XY 平面。

（5）空间坐标系的方向是按照右手系分布。

（6）单击工作平面的选项列表，改变当前的工作平面。选择所需平面，则该平面将作为当前工作平面，如图 1-2-60 所示。

图 1-2-60　工作平面选项列表

图 1-2-61、图 1-2-62 表示了工作平面、轴向和角度旋转方向之间的相互关系。二维元素由当前的启动工作平面决定。

图 1-2-61　Z+工作平面、Z-工作平面和 X+工作平面

图1-2-62 X-工作平面、Y-工作平面和Y+工作平面

9. 向量

测量软件中大量使用了向量的概念，用于表示被测元素在空间坐标系中的方向，如图1-2-63所示。

当长度为"1"的空间向量投影到空间坐标系的三个坐标轴上时，相对应有三个投影向量。这三个投影向量的数值与对应轴分别为 i、j、k。当空间向量相对坐标系的方向发生改变时，其在坐标轴上的投影向量的数值就发生相应的变化，即投影向量的数值反映了空间向量在空间坐标系中的方向。

图1-2-63 向量在空间坐标系中的方向

因为向量定义了一个特征的方向，那么该信息对于软件就可提供一些位置信息，如有一个圆柱在零件上，通过向量方向能得知该圆柱是在零件上方还是在零件下方，如图 1 – 2 – 64 所示。

图 1 – 2 – 64　圆柱向量方向

模块二

典型零件的测绘

✓ **模块描述**

1. 常规测量机械零件的测量工具有哪些？它们的使用方法是什么？
2. 怎样正确地使用草图来表达机械零件呢？
3. 如何使用 AutoCAD 绘制机械零件的平面图？

✓ **知识目标**

1. 了解常规测量机械零件的测量工具。
2. 掌握常规测量机械零件的使用方法。

✓ **技能目标**

1. 能正确使用草图来表达机械零件。
2. 能使用 AutoCAD 绘制典型机械零件的平面图。

✓ **素养目标**

1. 培养学生敬业、精益、专注、创新的工匠精神。
2. 培养学生与他人合作、协调和共享资源，共同完成任务和实现共同目标的能力。
3. 培养学生科学严谨的职业素养和认真负责的工作作风。

课题一　轴类零件的测绘

✓ **学习目标**

知识目标

1. 了解常规测量轴类零件的测量工具。
2. 掌握常规测量轴类零件的使用方法。
3. 掌握轴类零件中的键槽、螺纹等复杂结构。
4. 掌握键槽、螺纹等复杂结构在装配体中的作用。

技能目标

1. 能正确使用草图来表达轴类零件。

2. 能使用 AutoCAD 绘制轴类零件的平面图。

素养目标

1. 通过对轴类零件的特征分析，制订测绘计划并实施，培养认真负责的工作作风。

2. 通过规范的测量及符合要求的表达方案绘制，培养学生工作规范和遵规守纪的意识。

任务一　轴类零件的测量与草绘

任务描述

轴类零件一般是机器的主体，是支承传动零部件并与之一起回转以传递运动、扭矩或弯矩的机械零件。轴类零件是旋转体零件，通常由外圆柱面、圆锥面、螺纹、键槽等构成。与轴类零件配合的零件有齿轮、套、轴承、键等，工艺结构有螺纹退刀槽、砂轮越程槽、中心孔等。轴类零件毛坯大多是锻件。

（1）如何选择正确的测量工具？

（2）轴类零件主要由哪些结构组成？在装配体中起到什么作用？能与之相配合的零件有哪些？

（3）轴类零件中的键槽、螺纹等细小复杂的部分应该如何表达？

知识链接

根据实际零件绘制图形、测量并标注尺寸、确定技术要求、填写标题栏等的过程称为零件测绘。

一、轴类零件的作用与结构

轴类零件是机器中经常遇到的典型零件之一。它主要用以支承传动零部件，传递扭矩和承受载荷。轴类零件是旋转体零件，其长度大于直径，一般由同心轴的外圆柱面、圆锥面、内孔和螺纹及相应的端面组成。根据结构形状的不同，轴类零件可分为光轴、阶梯轴、空心轴和曲轴等。轴的长径比小于 5 的称为短轴，大于 20 的称为细长轴，大多数轴介于两者之间。

二、轴类零件的视图选择

轴类零件多在车床和磨床上加工。为了方便加工时看图，轴类零件的主视图按其加工位置选择，一般将轴线水平放置，用一个基本视图来表达轴的主体结构。

轴上的局部结构如键槽、退刀槽、倒角等结构，一般采用断面图、局部剖视图、局部放大图、局部视图来表达。

三、轴类零件的尺寸标注

轴类零件的测量常采用外径千分尺、游标卡尺、指示表、游标万能角度尺、金属直尺、钢卷尺、内（外）卡钳、深度游标卡尺、高度游标卡尺、半径样板、螺纹样板等量具。

测绘零件的全部尺寸，并根据尺寸标注的原则和要求，标注全部的必需尺寸。轴类零件有径向尺寸和轴向尺寸。径向尺寸的基准为轴线，轴向尺寸的基准一般选择重要的定位面或端面。基准的选择是否合理，将直接影响测量精确程度。轴的重要尺寸一定要直接标注出来，标准结构（如倒角、退刀槽、键槽等）的尺寸应根据相应的标准确定，按规定标注。

轴类零件的表达及尺寸标注和实例三维图如图2-1-1所示。

（a）

（b）

图2-1-1 轴类零件的表达及尺寸标注和实例三维图

（a）轴类零件的表达及尺寸标注；（b）轴类零件的实例三维图

四、轴类零件的材料和技术要求

1. 轴类零件的毛坯

轴类零件可根据使用要求、生产类型、设备条件及结构，选用棒料、锻件等毛坯形式。对于外圆直径相差不大的轴类零件，一般以棒料为主；而对于外圆直径相差较大的阶梯轴或重要的轴，常选用锻件，这样既能节约材料又能减少机械加工的工作量，还可改善力学性能。根据生产规模的不同，毛坯的锻造方式分为自由锻和模锻两种。中小批量生产多采用自由锻，大批量生产时采用模锻。

2. 轴类零件的材料

长期承受交变应力作用的疲劳破坏是轴类零件的主要失效形式。因此，轴类零件的材料要具有较好的强度、韧性，与轴上零件有相对滑动的部位还应具有较好的耐磨性。

（1）碳素钢工程中广泛采用 35 钢、45 钢、50 钢等优质碳素钢。对于轻载和不重要的轴类零件也可采用 Q235、Q275 等普通碳素钢。

（2）合金钢常用于高温、高速、重载以及结构要求紧凑的轴类零件，有较高的力学性能，但价格较贵，对应力集中敏感，因此在结构设计时必须尽量减少应力集中。

（3）球墨铸铁耐磨、价格低，但可靠性较差，一般用于形状复杂的轴。

3. 轴类零件技术要求

用于轴承支承并与轴承配合的轴段称为轴颈。轴颈是轴类零件的装配基准，它们的精度和表面质量一般要求较高，其技术要求一般根据轴类零件的主要功用和工作条件制定，通常包括以下四个方面。

（1）尺寸精度。为确定轴类零件的位置，通常对其起支承作用的轴颈尺寸精度要求较高（IT5～IT7）。装配传动件的轴颈尺寸精度一般要求较低（IT6～IT9）。

（2）几何形状精度。轴类零件的几何形状精度主要是指轴颈、外锥面、莫氏锥孔等的圆度、圆柱度等，一般应将其公差限制在尺寸公差范围内。对几何形状精度要求较高的内外圆表面，应在图纸上标注其允许偏差。

（3）相互位置精度。轴类零件的位置精度要求主要是由轴类零件在机械中的位置和功用决定的。通常应保证装配传动件的轴颈对支承轴颈的同轴度要求，否则会影响传动件（齿轮等）的传动精度，并产生噪声。普通精度的轴类零件，其配合轴段对支承轴颈的径向跳动一般为 0.01～0.03 mm，高精度轴类零件（如主轴）通常为 0.001～0.005 mm。

（4）表面粗糙度。一般与传动件相配合的轴颈表面粗糙度为 $Ra\,0.63～2.5\ \mu m$，与轴承相配合的支承轴颈的表面粗糙度为 $Ra\,0.16～0.63\ \mu m$。

任务实施

轴类零件测绘操作步骤具体如下。

1. 了解并分析轴类零件的功能和结构

图 2-1-1（b）所示的一级减速器轴是旋转零件，通常由外圆柱面、圆锥面、螺纹、键槽等构成。和轴类零件配合的零件有齿轮、套、轴承、键等，工艺结构有螺纹退刀槽、砂轮越程槽、中心孔等。

2. 确定轴类零件草图视图表达方案

通过对轴类零件进行结构分析和工艺分析，确定图 2 - 1 - 1 （b）所示的轴类零件用一个基本视图和移出断面或局部放大图表示。基本视图的轴线水平放置，轴上的键槽最好放置在前面，用移出断面表示键槽的高度，砂轮越程槽或退刀槽常用局部放大图表示。

3. 绘制轴类零件草图

（1）徒手绘制图框和标题栏，示意如图 2 - 1 - 2 所示。

图 2 - 1 - 2   图框和标题栏示意

（2）根据步骤 2 确定轴类零件的草图视图表达方案，绘制轴类零件的视图表达草图，如图 2 - 1 - 3 所示。

图 2 - 1 - 3   轴类零件的视图表达草图

（3）测量尺寸。根据草图中的尺寸标注要求，分别测量轴类零件的各部分尺寸并在草图上进行标注。轴类零件的径向尺寸的基准为轴线，轴向尺寸的基准一般选择重要的定位面或端面。

测量轴类零件尺寸的步骤如下。

①直线尺寸的测量。直线尺寸可直接用金属直尺、游标卡尺或外径千分尺量取，也可用外卡钳测量，如图 2 - 1 - 4 所示。

②回转体直径的测量。这类尺寸可用内外卡钳测量，但测绘中常用游标卡尺测量。对精密零件的内外径则用千分尺或指示表测量，如图 2 - 1 - 5 所示。

图 2 – 1 – 4　直线尺寸的测量
(a) 用金属直尺测量长度；(b) 用外卡钳和金属直尺测量宽度；
(c) 用游标卡尺测量长度；(d) 用外径千分尺测量厚度

图 2 – 1 – 5　回转体直径的测量
(a) 外卡钳测外径；(b) 内卡钳测内径；(c) 外径千分尺测外径；
(d) 游标卡尺测外径；(e) 游标卡尺测内外径

③键槽尺寸的测量。键槽尺寸主要包括槽宽 b、深度 t 和长度 L，从外观即可判断与之配合的键的类型（本例为普通 A 型平键），根据测量出的 b、t、L 值，结合轴径的公称尺寸，查阅《平键　键槽的剖面尺寸》（GB/T 1095—2003），取标准值。

④螺距的测量。

方法一：用螺纹样板测量。测量时从螺纹样板中找出与被测螺纹牙型吻合的样板，从样板上读取牙型和螺距数值，如图 2 – 1 – 6 所示。

图 2-1-6　用螺纹样板测量螺距

方法二：用金属直尺测量。用金属直尺测量几个螺距，先取其平均值。用金属直尺测得螺距为 $P=L/6=10.5$ mm$/6=1.75$ mm。然后，根据测得的螺纹大径和螺距查表，将测量结果与标准值核对，从而确定所测螺纹的标准规格。采用压痕法测量螺距（图 2-1-7）时，要多测量几个螺距，然后取标准值。

图 2-1-7　压痕法测量螺距

⑤内外圆角和圆弧半径的测量。利用半径样板可以测量内外圆角圆弧半径。测量时，要从半径样板中找出与被测零件相吻合的样板，从样板即可读出圆弧半径的大小，如图 2-1-8 所示。

（a）　　　　　　　　　　（b）　　　　　　　　　　（c）

图 2-1-8　内外圆角和圆弧半径的测量

（a）用半径样板测量圆弧半径；（b）用凸样板测量加工圆角；

（c）用凹样板测量孔口圆角

（4）标注尺寸。

①画出尺寸界线和尺寸线。

②将测得的尺寸与被测项目相对应，按尺寸标注有关规定进行标注，力求做到正确、完整。

③主要尺寸从基准出发直接注出，先标注各形体之间的定位尺寸，再标注出各形体的定形尺寸。

④所标注的尺寸既要便于测量，也要便于看图。

轴类零件完整的尺寸标注如图 2-1-9 所示。

图 2-1-9　轴类零件完整的尺寸标注

（5）确定技术要求。

①确定尺寸公差及配合代号。本例中轴承配合的尺寸为 $\phi 35k6$。键槽的极限偏差可查阅 GB/T 1095—2003，得公称尺寸为 12 mm 的键槽宽公差 N9 对应的权限偏差为（$^{0}_{-0.043}$）mm。因为轴颈权限偏差为 $\phi 44h7$（$^{0}_{-0.025}$），键槽深度为 $5^{+0.2}_{0}$，所以查表得出 39 对应的偏差为 $39^{0}_{-0.225}$。

②确定表面粗糙度。本例中和轴承配合的轴颈表面粗糙度 $Ra = 1.6$ μm，和齿轮配合的轴颈表面粗糙度 $Ra = 3.2$ μm，其余表面 $Ra = 12.5$ μm。

③确定材料和热处理方法。请参阅有关材料和热处理的有关资料。经上述步骤所得轴类零件草图如图 2-1-10 所示。

图 2 – 1 – 10　轴类零件草图

任务评价

请将任务评价结果填入表 2 – 1 – 1 中。

表 2 – 1 – 1　自评/互评表（七）

任务小组			任务组长		
小组成员			班级		
任务名称			实施时间		
评价类别	评价内容	评价标准	配分	个人自评	小组评价	教师评价
学习准备	资料准备	参与资料收集、整理、自主学习	5			
	计划制订	能初步制订计划	5			
	小组分工	分工合理，协调有序	5			
学习过程	操作技术	见任务评分标准	40			
	问题探究	能在实践中发现问题，并用理论知识解决实践中的问题	10			
	文明生产	服从管理，遵守 5S 标准	5			

续表

评价类别	评价内容	评价标准	配分	个人自评	小组评价	教师评价
学习拓展	知识迁移	能实现前后知识的迁移	5			
	应变能力	能举一反三，提出改进建议或方案	5			
	创新程度	有创新建议提出	5			
学习态度	主动程度	主动性强	5			
	合作意识	能与同伴团结协作	5			
	严谨细致	认真仔细，不出差错	5			
总计			100			
教师总评 （成绩、不足及注意事项）						
综合评定等级						

拓展知识

轴类零件零件直径、锥度及几何公差的测量

一、使用外径千分尺测量轴类零件零件的直径

（一）外径千分尺的结构与读数

外径千分尺的结构与读数请参见模块一"测量工具基础"。

（二）外径千分尺的使用

1. 校准零位

使用千分尺时先要检查其零位是否校准。校准零位时，先松开锁紧装置，清除油污，特别是测砧与测微螺杆的接触面要清洗干净。然后检查微分筒的端面是否与固定套筒上的零标尺标记重合，若不重合应先旋转旋钮，直至螺杆要接近测砧时，旋转测力装置，当螺杆刚好与测砧接触时会听到"咔咔"声，此时停止转动。若两零标尺标记仍不重合（两零标尺标记重合的标志是微分筒的端面与固定刻度的零标尺标记重合，且可动刻度的零标尺标记与固定刻度的水平横线重合），可将固定套筒上的小螺钉松动，用专用扳手调节其的位置，使两零标尺标记对齐，再把小螺钉拧紧。不同厂家生产的千分尺的调零方法不一样，此方法仅是其中一种。

检查千分尺零位是否校准时，应使螺杆和测砧接触，二者接触后，偶尔会发生向后旋转测力装置时不分离的情形。此时，可用左手手心用力顶住尺架上测砧的左侧，右手手心顶住测力装置，再用手指沿逆时针方向旋转旋钮，可使螺杆和测砧分开。

2. 注意事项

（1）千分尺是一种精密量具，使用时应小心谨慎，动作轻缓，不要使其受到打击和碰

撞。千分尺内的螺纹非常精密，使用时要注意以下事项。

①转动旋钮和测力装置时都不能过分用力。

②当转动旋钮使测微螺杆靠近待测物时，一定要改旋测力装置，不能转动旋钮使螺杆压在待测物上。

③在测微螺杆与测砧已将待测物卡住或旋紧锁紧装置的情况下，绝不能强行转动旋钮。

（2）有些千分尺为了防止手温使尺架膨胀而引起的微小误差，在尺架上装有隔热装置。实验时应手握隔热装置，尽量少接触尺架的金属部分。

（3）使用千分尺测同一长度时，一般应反复测量几次，取其平均值作为测量结果。

（4）千分尺用毕，应用纱布擦干净，在测砧与螺杆之间留出一点空隙，放入专用盒中。如长期不用可抹上黄油或机油，放置在干燥的地方。注意不要使其接触腐蚀性气体。

二、使用游标万能角度尺测量轴类零件的锥度

（一）游标万能角度尺的结构与读数

游标万能角度尺的结构与读数请参见模块一"测量工具基础"。

（二）游标万能角度尺的组合使用

1. 校准零位

游标万能角度尺的零位是指当直角尺与直尺均装上，而直角尺的底边及基尺与直尺无间隙接触时，主尺与游标尺的零标尺标记对准，如图2-1-11所示。

图2-1-11 游标万能角度尺的零位

调整好零位后，通过改变基尺、直角尺、直尺的相互位置可测试0°~320°范围内的任意角。用游标万能角度尺测量工件时，要根据所测角度适当组合量尺。

2. 组合使用方法

（1）测量时，根据零件被测部位的情况，先调整好直角尺或直尺的位置，并用卡块上的螺钉将其紧固。

（2）调整基尺测量面与其他有关测量面之间的夹角。此时，要先松开锁紧装置上的螺母，移动主尺做粗调整，然后转动扇形板背面的旋钮做细微的调整，直到两个测量面与被测表面密切贴合为止。

（3）拧紧锁紧装置上的螺母，把直角尺取下来进行读数。

3. 组合方法

（1）测量0°~50°的角。把直角尺和直尺全部装上，将产品的被测部位放在基尺和直尺的测量面之间进行测量，如图2-1-12所示。

图2-1-12 0°~50°角的测量

（2）测量50°～140°的角。可把直角尺卸掉，把直尺装上，使其与扇形板连在一起。将工件的被测部位放在基尺和直尺的测量面之间进行测量，如图2-1-13（a）所示，也可不拆下直角尺，只把直尺和卡块卸掉，再把直角尺往下移（直角尺短边与长边的交线不能与基尺的尖棱对齐或位于其下），把工件的被测部位往下移放在基尺和直角尺长边的测量面之间进行测量，如图2-1-13（b）所示。

（a）

（b）

图2-1-13　50°～140°角的测量

（3）测量140°～230°的角。把直尺和卡块都卸掉，只装直角尺。但要把直角尺推上去，直到直角尺短边与长边的交线和基尺的尖棱对齐为止。把工件的被测部位放在基尺和直角尺短边的测量面之间进行测量，如图 2-1-14 所示。

（4）测量230°~320°的角。把直角尺、直尺和卡块都卸掉，只留下扇形板和主尺（带基尺），把产品的被测部位放在基尺和扇形板测量面之间进行测量，如图 2-1-15 所示。

图 2-1-14　140°~230°角的测量　　　　图 2-1-15　230°~320°角的测量

三、使用指示表测量轴类零件的各类几何位公差及偏心距

1. 轴类零件圆度、圆柱度及跳动的测量方法

轴类零件圆度、圆柱度及跳动的测量方法如图 2-1-16 所示。首先，将工件放在平台上，使测头与工件表面接触，调整指针使其摆动 2~3 转，然后把刻度盘零位对准指针，随之慢慢移动表座或工件，若指针顺时针摆动，说明工件偏高，逆时针摆动，说明工件偏低。

进行轴测时，以指针摆动的最大数字为读数（最高点），测量孔时，以指针摆动的最小数字（最低点）为读数。

（a）　　　　　　　　　　　　　　　　（b）

图 2-1-16　轴类零件圆度、圆柱度及跳动的测量方法

（a）工件放在 V 形块上；（b）工件放在专用检验架上

2. 孔的轴心线与底平面的平行度检验方法

杠杆百分表体积较小，适用于零件上孔的轴心线与底平面的平行度的检验，如图 2-1-17

所示。将工件底平面放在平台上，使测头与 A 端孔表面接触，左右慢慢移动表座，找出工件孔径最低点，调整指针至零位，将表座慢慢向 B 端推进。也可以将工件转换方向，再使测头与 B 端孔表面接触。A、B 两端指针最低点和最高点在全程上读数的最大差值，就是全部长度上的平行度误差。

图 2-1-17　孔的轴心线与底平面的平行度检验方法

3. 用指示法检验键槽直线度的方法

用指示表检验键槽直线度的方法如图 2-1-18 所示。首先，在键槽上插入检验块，将工件放在 V 形块上，然后，将指示表的测头触及检验块表面并进行调整，使检验块表面与轴心线平行。调整好平行度后，将测头接触 A 端平面，调整指针至零位，将表座慢慢地向 B 端移动，在全程上检验。指示表在全程上读数的最大代数差值，就是水平面内的直线度误差。

4. 在两顶尖上测量偏心距的方法

检验工件的偏心度时，如果偏心距较小，可按图 2-1-19 所示方法进行测量。首先，把被测轴类零件装在两顶尖之间，使指示表的测头接触在偏心部位上（最高点），然后用手转动偏心轴，指示表上指示出的最大数字（最高点）和最小数字（最低点）之差的 1/2 即偏心距的实际尺寸。偏心套的偏心距也可用上述方法来测量，但必须将偏心套装在偏心轴上进行测量。

图 2-1-18　用指示表检验键槽直线度的方法　　图 2-1-19　在两顶尖上测量偏心距的方法

5. 偏心距的间接测量方法

偏心距较大的工件由于受到指示表测量范围的限制，所以不能使用上述方法测量。此时，可采用图 2-1-20 所示的偏心距的间接测量方法。测量时，把 V 形块放在平板上，并把工件放在 V 形块中，转动偏心轴，用指示表测量出偏心轴的最高点，找出最高点后，保持工件固定不动，再将指示表水平移动，测出偏心轴外圆到基准外圆之间的距离 a，然后用下式计算出偏心距 e：

图 2 - 1 - 20　偏心距的间接测量方法

$$\frac{D}{2} = e + \frac{d}{2} + a$$

$$e = \frac{D}{2} - \frac{d}{2} - a$$

式中　e——偏心距（mm）；

　　　D——基准轴外径（mm）；

　　　d——偏心轴直径（mm）；

　　　a——基准轴外圆到偏心轴外圆之间的最小距离（mm）。

用上述方法测量时，必须用指示表测量出基准轴直径和偏心轴直径的正确实际尺寸，否则计算时会产生误差。

6. 指示表使用注意事项

在使用指示表的过程中，要严格防止水、油和灰尘渗入表内，测杆上也不要加油，以免粘有灰尘的油污进入表内，影响表的灵活性。

指示表不使用时，应使测杆处于自由状态，以免使表内的弹簧失效。内径指示表上的指示表不使用时，应拆下来保存。

7. 指示表使用注意事项

（1）指示表应固定在可靠的表架上，测量前必须检查指示表是否夹牢，并多次提拉指示表测杆使测头与工件接触，观察其重复指示值是否相同。

（2）测量时，不准用工件撞击测头，以免影响测量精度或撞坏指示表。为保持一定的起始测量力，测头与工件接触时，测杆应有 0.3～0.5 mm 的压缩量。

（3）测杆上不要加油，以免油污进入表内，影响指示表的灵敏度。

（4）指示表测杆与被测件表面必须垂直，否则会产生误差。

（5）指示表的测杆轴线与被测件表面的夹角愈小，误差就愈小。当由于测量需要，α 角无法调小时（当 $\alpha > 15°$），其测量结果应进行修正，测杆轴线与被测件表面的夹角如图 2 - 1 - 21 所示。

图 2 - 1 - 21　测杆轴线与被测件表面的夹角

（6）使用修正计算公式。当平面上升距离为 a 时，指示表摆动的距离为 b，即指示表的读数为 b，因为 $b>a$，所以指示读数增大。具体修正计算式如下：$a=b\cos\alpha$。

【例】　用百分表测量工件时，测杆轴线与工件表面夹角 α 为 30°，测量读数为 0.048 mm，求正确测量值。

解：
$$a=b\cos\alpha=0.048\ \mathrm{mm}\times\cos30°=0.048\ \mathrm{mm}\times0.866=0.041\ 6\ \mathrm{mm}$$

任务二　AutoCAD 环境下零件图的绘制

任务描述

AutoCAD 三维图或平面图绘制好以后，在调用布局文件打印图纸时，因为 AutoCAD 自带的模板不符合要求的图纸格式，所以无法出图。而使用其他方法出图的图纸边框和绘制的图形又很难达到图纸规定的要求。

（1）是否可以定制固定格式的 AutoCAD 图纸模板？哪些模板可以定制？

（2）AutoCAD 图纸模板（以 A3 模板格式为例）定制的具体步骤是什么？

（3）定制图纸模板过程中需要注意哪些问题？

（4）A3 模板与其他格式模板是否可以转换，转换的具体方法是什么？

根据任务一绘制的轴类零件草图。在 AutoCAD 2021 的工作环境下绘制轴的零件图。

知识链接

AutoCAD 2021 为用户提供了很多自带的样板文件以满足不同行业的使用需要，但是用户有时还需要根据国家标准的规定和企业的特点创建适合自身的样板文件。

一、制作样板文件的注意事项

制作样板文件时，应注意以下问题。

（1）严格遵守国家标准的有关规定设置图幅，绘制图框和标题栏。

（2）使用标准线型。

（3）将图形界限设置适当，以便能够包含最大操作区。

（4）按标准的图纸尺寸打印图形。

二、制作样板文件的操作步骤

制作样板文件的操作步骤具体如下。

任务实施

一、设置 A3 模板

1. 设置图形的精度和单位

在使用 AutoCAD 绘图时，一般需要根据物体的实际尺寸绘制图纸。此时就需要对图形文件进行单位设置。执行"格式"→"单位"命令或在命令行中执行 unit 命令，弹出"图形单位"对话框，如图 2 - 1 - 22 所示。在"图形单位"对话框中对长度单位、角度单位的类型、精度及方向等进行设置。

图 2 - 1 - 22 "图形单位"对话框

2. 设置图幅

工程人员在绘制图形时，首先要设置图纸的大小。国家标准对工程图纸的尺寸做了精确的定义，如 A0（841 mm×1 189 mm）、A3（297 mm×420 mm）等。

操作方式如下。

执行"格式"→"图纸界限"命令，即在命令行中执行 limits 命令。命令行提示如下：

```
命令:_limits
重新设置模型空间界限:
指定左下角点或[开(ON)/关(OFF)]<0.0000,0.0000>:(在屏幕上指定一点)指定右上角点<420.0000,297.0000>:@ 420,297
```

```
命令:_limits
重新设置模型空间界限:
指定左下角点或[开(ON)/关(OFF)] <0.0000,0.0000 >:on(打开图纸界限)
```

3. 设置文字样式

设置文字样式是进行文字注释和尺寸标注的首要任务。在 AutoCAD 中，设计人员可以根据实际需要对字体进行设置，主要包括对字体和字号的设置。对于汉字的字体应采用国家公布推行的简化字，对于其他符号和数字等应遵循机械制图的要求。另外，不同的图纸类型所采用的字号是不一样的，例如，A0、A1、A2 图纸所采用的字体字高多为5 mm，而 A3、A4 图纸所采用的字体字高多为2.5 mm，即默认高度。当然，针对具体的问题，设计人员要灵活掌控，可适当调整字体高度，以使文字和图形和谐统一。

文字样式的设置方法如下。

执行"格式"→"字体"命令或在命令行中执行 style 命令，弹出"文字样式"对话框，按图 2 –1 –23 所示进行设置。

图 2 –1 –23　"文字样式"对话框

4. 设置图层

为了便于区分和管理，一张复杂的工程图通常需要建立多个图层，并且将特性相同或相似的对象绘制在同一个图层中。在机械制图中，图形中主要包括粗实线、细实线、点画线、虚线、文字和尺寸标注等元素，国家标准对它们所采用的线型和线宽作了相应的规定。同时，对于不同图层上的图线，应该在颜色上加以区分，见表 2 –1 –2。

图层的设置方法如下。

执行"格式"→"图层"命令或在命令行中执行 layer 命令，弹出"图层特性管理器"对话框（图 2 –1 –24），按表 2 –1 –2 要求对图层特性进行设置。

表 2 - 1 - 2　图形元素的设置

图形元素	线型	线宽	颜色（参考）	用途
粗实线	Continuous	d	白色/黑色	可见轮廓线
细实线	Continuous	$d/2$	浅蓝色	螺纹、过渡线等
点画线	Center	$d/2$	红色	中心线、轴线等
虚线	Dashed	$d/2$	黄色	不可见轮廓线
文字	Continuous	$d/2$	白色/黑色	注释、标题栏等
尺寸标注	Continuous	$d/2$	绿色	尺寸标注
剖面线	Continuous	$d/2$	紫色	剖面线

图 2 - 1 - 24　"图层特性管理器"对话框

5. 设置尺寸标注样式

在绘制的工程图中创建常用的尺寸标注样式，可避免尺寸变量的反复设置，从而提高绘图效率，而且，在修改时也较为方便。

尺寸标注样式的设置方法如下。

执行"格式"→"标注样式"命令或在命令行中执行 dimstyle 命令，弹出"标注样式管理器"对话框，进行标注样式设置。

（1）建立和修改"圆和圆弧"标注样式的操作步骤如下。

①建立"圆和圆弧"标注样式。执行"格式"→"标注样式"命令，弹出"标注样式"对话框，在"标注样式"对话框中单击"新建"按钮，弹出"创建新标注样式"对话框，在"新样式名"文本框中输入"圆和圆弧"，然后单击"继续"按钮，弹出"新建标注样式：圆和圆弧"对话框，对"圆和圆弧"标注样式进行修改。

②修改"圆和圆弧"标注样式。打开"符号和箭头"选项卡，对符号和箭头的相关参数进行设置。这里只将"箭头大小"的值修改为"3"。打开"文字"选项卡，对文字的相关参数进行设置。注意在"文字对齐"栏中，选中"水平"单选按钮。打开"换算

单位"选项卡，并选中"显示换算单位"复选按钮，在"前缀"文本框中输入"％％c"，然后取消选中"显示换算单位"复选按钮，如图2-1-25所示。

图2-1-25　"显示换算单位"设置

（2）建立和修改"直线"标注样式的操作步骤如下。

①建立"直线"标注样式。执行"格式"→"标注样式"命令，弹出"标注样式"对话框，在"标注样式"对话框中单击"新建"按钮，弹出"创建新标注样式"对话框，在"新样式名"文本框中输入"直线"。注意"基础样式"，默认为上一个标注样式，这里要将其选择为"ISO-25"。然后单击"继续"按钮，弹出"新建标注样式：直线"对话框，在这里对"直线"标注样式进行修改。

②修改"直线"标注样式。工程人员绘制的图纸和实际的事物经常存在一定的比例，如图纸比例为1:4。此时如果直接标注，图形尺寸就会与实际的事物尺寸存在差异。因此要对图纸比例进行调整。可通过"新建标注样式：直线"对话框的"主单位"选项卡中的"比例因子"做适当的调整。打开"主单位"选项卡，在"比例因子"文本框中输入相应的值x（小数），例如，图纸比例为1:4，那么相应的x值为0.25。对于"新建标注样式：直线"对话框中的其他选项，学生可以根据实际情况自行调整。

6. 绘制图框和标题栏

在机械制图中，常用的图幅有A0、A1、A2、A3和A4等，每个图幅有横式和立式之分，对于具体的图纸还有留装订边和不留装订边之分。下面详细介绍图框和标题栏的绘制。

（1）绘制图框。通过"矩形"（rectang）命令绘制A3横版的图框。标准图框尺寸及对应的幅面见表2-1-3。

表2-1-3　标准图框尺寸及对应的幅面

幅面代号	A0	A1	A2	A3	A4
$B \times L$	841 mm×1 189 mm	594 mm×841 mm	420 mm×594 mm	297 mm×420 mm	210 mm×297 mm
a	25					
e	20		10			
c	10			5		

表2-1-3中各项参数的含义如下。

①B、L：图纸的宽度和长度。

②a：装订边所留的宽度。

③c：留有装订边时其他3边的空余宽度。

④e：不留装订边时各边空余宽度。

绘制图框时，图框的内边应采用粗实线，外框采用细实线。有时为方便绘图，可以在图纸的各边中点用粗实线绘制出对中符号。对中符号线从图框外边深入图框内边5 mm，或者到标题栏或明细栏边框为止，图框格式如图2-1-26所示。

图2-1-26　图框格式

（a）Y型图纸；（b）X型图纸

（2）按尺寸绘制标题栏并标注文字。为反映图形的基本信息，每张图纸都应配置标题栏。国家标准对标题栏的内容、样式、尺寸等信息做了详细的规定，如图2-1-27所示。

图2-1-27　标题栏

①绘制标题栏线框。打开标注图形样板文件"tuxingyangban.dwt"。在图形区域采用"直线"（line）"偏移"（offset）和"复制"（copy）命令绘制图2－1－27所示的标题栏线框，标题栏线框分别采用表2－1－2给出的线型。

②标注文字。标题栏的标注文字主要分为两种，一种是固定的文字（不是位于圆括号中的文字部分），一种是可变的文字（位于圆括号中的文字内容，会随图形而发生变化）。现以"批准"为例加以说明。

将"文字"图层设置为当前图层，在"标注"工具栏中的"文字样式"下拉列表框中选择"机械"样式，如图2－1－28所示。

图2－1－28　"文字样式"的选择

执行"绘图"→"文字"→"单行文字"命令，或在命令行中执行dtext命令，弹出"文字样式"对话框，单击"格式"按钮，选择"正中"样式，输入单位名称"批准"，然后单击"确定"按钮。

③定义标题栏块。设计人员在绘图的过程中，经常使用标题栏。因此，有必要将标题栏制作成块以方便每次使用。在制作标题栏时，要注意将标题栏中可变的部分，如单位名称、图样名称等文字定义成属性，然后连同其他部分做成块以提高绘图效率。对于固定的部分可以采用步骤2中的填写方法进行填写，这里主要阐述需要定义为标题栏属性的部分文字的创建，见表2－1－4。

表2－1－4　标题栏属性（部分）

属性标记	属性提示	默认值
材料标记	请输入材料标记	无
单位名称	请输入单位名称	无
图样名称	请输入图样名称	无
图样代号	请输入图样代号	无
质量	请输入质量	无
比例	请输入比例	无

④建立块。下面以设置"单位名称"为例说明属性的创建过程。执行"绘图"→"块"→"定义属性"命令，或在命令行中执行attdef命令，弹出"属性定义"对话框，按图2－1－29所示进行设置。然后，在图纸的标题框中选择合适的位置填入，反复执行相同的命令可完成其他属性定义。

7. 模板的保存与使用

在制作完模板以后，需要将制作的模板进行保存。

图 2-1-29 "属性定义"对话框

（1）模板的保存。

操作方式如下。

执行"文件"→"另存为"命令，弹出"图形另存为"对话框，或在命令行中执行 saveas 命令，如图 2-1-30 所示，在该对话框中进行相应的设置。

图 2-1-30 "图形另存为"对话框

在"图形另存为"对话框的"文件类型"下拉列表框中选择"AutoCAD 图形样板（＊.dwt）"，并在"文件名"文本框中输入相应的名称，如图 2 – 1 – 31 所示。然后单击"保存"按钮，弹出"样板选项"对话框，在该对话框中输入相应的说明，如图 2 – 1 – 32 所示。设置完成后单击"确定"按钮，完成设置。

图 2 – 1 – 31　文件名及文件类型设置　　　　图 2 – 1 – 32　"样板选项"对话框

（2）模板的使用。设计人员在绘制图纸时，可以调用一个已经设置好的模板，这样可以提高绘图的效率。

操作方式如下。

执行"文件"→"新建"命令，弹出"选择样板"对话框，或在命令行中执行 new 命令，在"名称"列表中选择相应的样板，如图 2 – 1 – 33 所示。

图 2 – 1 – 33　"选择样板"对话框

二、绘制轴的零件图

在 AutoCAD 2021 的工作环境下绘制轴的零件图，操作步骤如下。

（1）创建新图形。执行"文件"→"新建"命令，弹出"选择样板"对话框，在"名称"列表中选择 A3 模板并导出，如图 2-1-34 所示。

图 2-1-34　导出 A3 模板

（2）绘制轴的主视图，结果如图 2-1-35 所示。

图 2-1-35　轴的主视图

（3）绘制键槽、平面、螺纹及倒角，结果如图 2-1-36 所示。

图 2-1-36　绘制键槽、平面、螺纹及倒角

（4）绘制移出断面图，结果如图 2-1-37 所示。

图 2-1-37　绘制移出断面图

（5）标注断面位置并填充剖面线，结果如图 2 - 1 - 38 所示。

图 2 - 1 - 38　标注断面位置并填充剖面线

（6）标注尺寸及技术要求，结果如图 2 - 1 - 39 所示。

技术要求

1. 未注倒角C1。
2. 锐边倒钝。

图 2 - 1 - 39　标注尺寸及技术要求

（7）填写标题栏，结果如图 2 - 1 - 40 所示。

				45			单位名称	
标记	处数	更改文件号	签名	日期			轴	
设计	admin	标准化			图样标记	质量	比例	
审核							1：1	A3
工艺		日期	2018/5/31		共　页	第　页		

图 2 - 1 - 40　填写标题栏

轴类零件的最终零件图如图 2 - 1 - 41 所示。

图 2 – 1 – 41　轴类零件的最终零件图

技术要求
1.未注倒角C1。
2.锐边倒钝。

任务评价

请将评价结果填入表 2 – 1 – 5 中。

表 2 – 1 – 5　自评/互评表（八）

任务小组			任务组长			
小组成员			班级			
任务名称			实施时间			
评价类别	评价内容	评价标准	配分	个人自评	小组评价	教师评价
学习准备	资料准备	参与资料收集、整理、自主学习	5			
	计划制订	能初步制订计划	5			
	小组分工	分工合理，协调有序	5			
学习过程	操作技术	见任务评分标准	40			
	问题探究	能在实践中发现问题，并用理论知识解决实践中的问题	10			
	文明生产	服从管理，遵守5S标准	5			

评价类别	评价内容	评价标准	配分	个人自评	小组评价	教师评价
学习拓展	知识迁移	能实现前后知识的迁移	5			
	应变能力	能举一反三，提出改进建议或方案	5			
	创新程度	有创新建议提出	5			
学习态度	主动程度	主动性强	5			
	合作意识	能与同伴团结协作	5			
	严谨细致	认真仔细，不出差错	5			
总计			100			
教师总评 （成绩、不足及注意事项）						
综合评定等级						

拓展知识

一、将 A3 模板拉伸成 A4 图样模板的操作步骤

（1）执行"文件"→"新建"命令，弹出"选择样板"对话框，在"名称"列表中选择 A3 模板（图 2-1-34），导出模板。

（2）单击"修改"工具栏中的"拉伸"按钮，将 A3 图纸的 X 方向和 Y 方向分别拉伸至所需要的尺寸。

（3）执行"文件"→"另存为"命令，弹出的"图形另存为"对话框，在"文件名"文本框中输入"A4"，选择"文件类型"为"AutoCAD 图形样板（*.dwt）"，然后单击"保存"按钮。

二、粗糙度块的创建和使用

（1）绘制粗糙度符号（去除材料加工），如图 2-1-42 所示。

（2）定义属性。执行"绘图"→"块"→"定义属性"命令，在弹出中的"定义属性"对话框中，将图 2-1-43 中的 RA 定义成属性。

（3）创建块。

①创建内部块（只能在本文档中使用）。执行"绘图"→"块"→"创建块"命令，或者单击 按钮来创建内部块。在"创建块"对话框输入"名称"为 RA，指定块的端点作为插入时的基点，如图 2-1-44 所示，选择整个块作为对象。

图 2 − 1 − 42　绘制粗糙度符号　　　图 2 − 1 − 43　将 *RA* 定义成属性　　　图 2 − 1 − 44　基点

②创建外部块（能应用在其他 CAD 图形文件中）。在命令行中输入 wblock，弹出"写块"对话框，如图 2 − 1 − 45 所示。

图 2 − 1 − 45　"写块"对话框

拾取基点，选择对象，选择保存的路径后，单击"确定"按钮，弹出"编辑属性"对话框，如图 2 − 1 − 46 所示，单击"确定"按钮完成外部块的创建。

图 2 − 1 − 46　"编辑属性"对话框

课题二 轮盘类零件的测绘

☑ 学习目标

知识目标

1. 掌握直齿圆柱齿轮零件的尺寸基准的选用。
2. 掌握直齿圆柱齿轮零件结构合理完整的表达。

技能目标

1. 能正确完成直齿圆柱齿轮零件的尺寸标注。
2. 能使用 AutoCAD 绘制直齿圆柱齿轮零件的平面图。

素养目标

1. 通过齿轮参数的处理，培养学生透过现象看本质，正确处理复杂问题的能力。
2. 通过小组分工合作进行齿轮的测绘与造型，培养学生团结互助的精神。

任务一 轮盘类零件的测量与草绘

任务描述

轮盘类零件的基本形状为扁平状，轴向尺寸小而径向尺寸较大，圆盘、方盘、腰圆形盘都可以归结为轮盘类零件。

（1）轮盘类零件的表达方案分析是什么？主要采用哪些视图才能完整地表达出轮盘类零件的结构？

（2）轮盘类零件的尺寸基准如何选用？

（3）在草绘轮盘类零件时，测绘步骤要注意哪些问题？

（4）轮盘类零件的尺寸标注有哪些特点？

知识链接

一、轮盘类零件的作用与结构

轮盘类零件的主体部分一般由处于同一轴线的不同直径的若干回转体组成，这类零件的基本形状是扁平的盘状，且常具有轴孔，其中，往往有一个端面是与其他零件连接时的重要接触面。轮盘类零件与轴套类零件相反，一般轴向尺寸较小，而径向尺寸较大。直径较大的部分称为盘，是轮盘零件的主体，上面有若干个均布的安装孔（光孔或阶梯孔）；另一个直径稍小的圆柱体有圆坑，形成凸缘，可起轴向定位作用。为了更好地与其他零件连接，轮盘类零件上常常设计有光孔、螺孔、止口、凸台等结构。

二、轮盘类零件的视图表达

（1）轮盘类零件常在车床上加工，根据轮盘类零件的结构特点，选择主视图时，应以形状特征和加工位置原则为主，一般将其轴线水平放置。对于不以车床加工为主的零件，可按其形状特征和工作位置确定。轮盘类零件一般需要两个视图，以投影为非圆的视图作为主视图，且常采用轴向剖视图来表达内部结构及相对位置；另一个视图往往选择左视图或右视图。

（2）对于没有表达清楚的部位，如加强筋、越程槽，可选择视图、局部视图、局部剖视图、移出断面图或局部放大图来表达外形，例如，轮辐可用移出断面图或重合断面图表示。

（3）根据轮盘类零件的结构特点，各个视图具有对称平面时，可采用半剖视图，无对称平面时，可采用全剖视图。

（4）轮盘类零件多为铸造或锻造毛坯，零件上常有铸（锻）造圆角和过渡线，应注意圆角和过渡线的表达方法。

三、轮盘类零件的尺寸标注

（1）轮盘类零件常以主要回转轴线作为径向基准，以切削加工的大端面或结合面作为轴向基准。

（2）轮盘类零件的定形尺寸比较明显，容易标注，但应注意圆周均布孔的定位圆是一个典型的定位尺寸，不能标错。零件上各圆柱体的直径及较大的孔径，其尺寸一般标注在非圆的视图上。

（3）轮盘上小孔的定位圆直径尺寸标注在投影为圆的视图上较为清晰。

（4）某些细小结构的尺寸，多集中在断面图或局部放大图上标注。

（5）标注有圆弧过渡部分的尺寸时，应用细实线将轮廓线延长，从其交点处引出尺寸界线。

四、轮盘类零件的技术要求和材料

轮盘类零件的技术要求与轴套类零件的技术要求大致相同。

（1）凡有配合要求的内外圆表面，都应标注尺寸公差，一般轴孔的公差带取 IT7，外圆取 IT8。

（2）有配合要求的孔和轴的表面之间，以及孔的轴线与定位端面之间，应标注相应的几何公差要求。与其他零件相接触的表面，尤其是与运动零件相接触的表面，应有平行度或垂直度要求，有时还应有同轴度或轴向圆跳动要求。

（3）凡有配合要求的表面应标注表面粗糙度要求，一般取 Ra 值为 $1.6 \sim 6.3 \ \mu m$。对于人手经常接触，并要求美观或精度较高的表面可取 $Ra \ 0.8 \ \mu m$。此时甚至要求抛光、研磨或镀层。

（4）轮盘类零件的取材方法、热处理及其他技术要求。轮盘类零件常用的毛坯有铸件和锻件，铸件以灰铸铁居多，一般为 HT100 ~ HT200；也有采用有色金属材料的，常用的有铝合金。对于铸造毛坯，一般应进行时效热处理，以消除内应力，并要求铸件没有气孔、缩孔、裂纹等缺陷；对于锻件，则应进行正火或退火热处理，并不得有锻造缺陷。

任务实施

一、轮盘类零件测绘步骤

下面以泵盖为例介绍轮盘类零件的测绘步骤，泵盖三维图如图 2 - 2 - 1 所示。

图2-2-1 泵盖三维图

1. 了解并分析泵盖的性能及结构

泵盖为齿轮油泵的端盖，其形状特征是上下为2个半圆柱，中间有2个圆柱凸台，凸台内有2个盲孔，用以支承主动轴和从动轴，泵盖四周有6个螺纹孔、2个销孔，并有铸造圆角、倒角等工艺结构。

2. 绘制泵盖零件草图

泵盖属于轮盘类零件，一般按加工位置，即将主要轴线以水平方向放置来选择主视图。一般选择两个基本视图，主视图常采用剖视图来表达内部结构，另外，根据其结构特征再选用一个左视图（或右视图）来表达轮盘零件的外形和安装孔的分布情况。有肋板、轮辐结构的泵盖可采用断面图来表达其断面形状，细小结构可采用局部放大图表达。本例中泵盖的视图表达如图2-2-2所示。

图2-2-2 泵盖的视图表达

3. 测量尺寸

根据零件草图中的尺寸标注要求，分别测量泵盖零件的各部分尺寸并在草图上标注。轮盘类零件在标注尺寸时，通常以重要的端面或定位端面（配合或接触表面）作为轴向尺寸主要基准。以中轴线作为径向尺寸主要基准。本例中，以泵盖的安装端面为基准标注出各轴向尺寸，如图2-2-3所示。

图 2 – 2 – 3　标注各轴尺寸

4. 确定技术要求

（1）尺寸公差的选择。两个直径为 φ15 的孔是支承孔，分别与主动轴和从动轴有间隙配合，孔径尺寸公差等级一般为 IT7～IT9。为便于加工，孔通常采用基孔制，因此两孔的公差带代号取 H8。为保证齿轮的正常啮合，两孔中心距公差带代号取 js8，销孔公差带代号取 H7。

（2）几何公差的选择。轮盘类零件与其他零件接触的表面应有平面度、平行度、垂直度要求，外圆柱面与内孔表面应有同轴度要求，公差等级一般为 IT7～IT9。本例不提几何公差要求。

（3）表面粗糙度的选择。一般情况下，轮盘类零件有相对运动配合的表面粗糙度为 $Ra\,0.8～1.6\ \mu m$，有相对静止配合的表面粗糙度为 $Ra\,3.2～6.3\ \mu m$，非配合表面粗糙度为 $Ra\,6.3～12.5\ \mu m$。非配合表面如果是铸造面，如电机、水泵、减速器的端盖外表面等，一般不需要标注参数值。本例中泵盖的两内孔表面粗糙度取 $Ra\,1.6\ \mu m$，安装面取 $Ra\,3.2\ \mu m$，螺纹孔取 $Ra\,12.5\ \mu m$。

（4）材料与热处理的选择。轮盘类零件可用类比法或检测法确定零件的材料和热处理方法。盘盖类零件坯料多为铸件，材料为 HT150～HT200，一般不需要进行热处理。但重要的、受力较大的锻造件，如一些轮类零件，常用正火、调质、渗碳和表面淬火等热处理方法。

本例中泵盖采用铸件 HT150，不需要进行热处理。经上述步骤测绘的泵盖零件草图如图 2 – 2 – 4 所示。

二、轮盘类零件测量方法说明

（1）轮盘类零件配合孔或轴的尺寸可用游标卡尺或千分尺测量，再查表选用符合国家标准推荐的公称尺寸系列。

（2）一般性的尺寸，如轮盘类零件的厚度、铸造结构尺寸等可直接量度并圆整。

技术要求
未注铸造圆角为R2~R3。

制图		泵盖	材料	HT105
审核			数量	
比例				
图号				

图 2 - 2 - 4　泵盖零件草图

（3）与标准件配合的尺寸，如螺纹、键槽、销孔等测出尺寸后还要查表确定标准尺寸。工艺结构尺寸，如退刀槽和越程槽、油封槽、倒角和圆角等要按照通用方法标注。

任务评价

请将任务评价结果填入表 2 - 2 - 1 中。

表 2 - 2 - 1　自评/互评表（九）

任务小组				任务组长		
小组成员				班级		
任务名称				实施时间		
评价类别	评价内容	评价标准	配分	个人自评	小组评价	教师评价
学习准备	资料准备	参与资料收集、整理、自主学习	5			
	计划制订	能初步制订计划	5			
	小组分工	分工合理，协调有序	5			
学习过程	操作技术	见任务评分标准	40			
	问题探究	能在实践中发现问题，并用理论知识解决实践中的问题	10			
	文明生产	服从管理，遵守5S标准	5			

续表

评价类别	评价内容	评价标准	配分	个人自评	小组评价	教师评价
学习拓展	知识迁移	能实现前后知识的迁移	5			
	应变能力	能举一反三，提出改进建议或方案	5			
	创新程度	有创新建议提出	5			
学习态度	主动程度	主动性强	5			
	合作意识	能与同伴团结协作	5			
	严谨细致	认真仔细，不出差错	5			
总计			100			
教师总评 （成绩、不足及注意事项）						
综合评定等级						

拓展知识

螺纹的测量

螺纹作为一种标准件，在机件连接和传动中具有重要地位，在维修中加工螺纹也较为常见。螺纹的精度对其连接和传动具有直接影响，因此，掌握螺纹检测的方法十分必要。

一、用螺纹环（塞）规及卡板测量

对于一般标准螺纹，均采用螺纹环规或塞规来测量，如图 2 - 2 - 5（a）所示。在测量外螺纹时，如果螺纹环规通端正好旋进，而环规止端旋不进，则说明所加工的螺纹符合要求，反之为不合格。测量内螺纹时，采用螺纹塞规，以相同的方法进行测量。

在使用螺纹环规或塞规时，应注意不能用力过大或用扳手硬旋，在测量一些特殊螺纹时，需自制螺纹环（塞）规，但应保证其精度。对于直径较大的螺纹工件，可采用螺纹牙型卡板来进行测量、检验，如图 2 - 2 - 5（b）所示。

二、用螺纹千分尺测量

螺纹千分尺用以测量螺纹中径，其结构和使用方法大体与外径千分尺相同，如图 2 - 2 - 6 所示。螺纹千分尺有两个和螺纹牙型角相同的测头，一个呈圆锥体状，一个呈凹槽状。并且，螺纹千分尺有一系列的测量测头可供不同的牙型角和螺距选用。

测量时，螺纹千分尺的两个测头正好卡在螺纹的牙型面上，所得的读数即该螺纹中径的实际尺寸。

三、用齿厚游标卡尺测量

齿厚游标卡尺用以测量梯形螺纹中径牙厚和蜗杆分度圆齿厚，齿厚游标卡尺主要由互相垂直的齿高尺和齿厚尺组成，如图 2 - 2 - 7 所示。

（a）

（b）

图 2－2－5

（a）螺纹环（塞）规；（b）螺纹牙型卡板

图 2－2－6 用螺纹千分尺测量

图 2－2－7 用齿厚游标卡尺测量

测量时，将齿高尺读数调整至齿顶高（梯形螺纹等于$0.25 \times$螺距P，蜗杆等于模数），随后使齿厚尺和蜗杆轴线大致相交成一螺纹升角ϕ，并做少量摆动。此时所测量的最小尺寸即蜗杆分度圆法向齿厚s_n。

蜗杆（或梯形螺纹）法向齿厚，可预先用下面的公式计算出来：

$$s_n = \frac{1}{2} p_x \times \cos\gamma$$

式中　s_n——蜗杆（或梯形螺纹）法向齿厚（mm）；

p_x——蜗杆轴向齿距（mm）；

γ——蜗杆导程角（°）。

【例1】　如何用齿厚游标卡尺对模数$m = 6$、蜗杆头数$z_1 = 2$、蜗杆齿顶圆直径$d_{a1} = 80$ mm的蜗杆进行测量？

解：在测量时应先算出以下参数。

蜗杆轴向齿距：

$$p_x = m \times \pi = 6 \times 3.142 \text{ mm} = 18.852 \text{ mm}$$

蜗杆导程：

$$p_z = p_x \times z_1 = 18.825 \text{ mm} \times 2 = 37.704 \text{ mm}$$

蜗杆分度圆直径：

$$d_1 = d_{a1} - 2 \times m = (80 - 2 \times 6) \text{ mm} = 68.00 \text{ mm}$$

蜗杆导程角：

$$\gamma = \arctan \frac{p_z}{d_1 \times \pi} = \arctan \frac{37.704}{68 \times \pi} = \arctan 0.1765 = 10°1'$$

蜗杆法向齿厚：

$$s_n = \frac{1}{2} p_x \times \cos\gamma = \frac{1}{2} \times 18.825 \text{ mm} \times \cos 10°1' = 9.28 \text{ mm}$$

齿厚游标卡尺应在与蜗杆轴线呈$10°1'$的交角位置进行测量，如果测得的蜗杆分度圆处法向齿厚实际尺寸为9.28 mm（因齿厚公差的存在，允许存在偏差），则说明蜗杆齿形正确。

四、三针测量法

用量针测量螺纹中径的方法称为三针测量法。测量时，在螺纹凹槽内放置具有相同直径D的三根量针，如图2-2-8所示，然后用适当的量具（如千分尺等）来测量尺寸M的大小，以验证所加工的螺纹中径是否合格。

螺纹中径的计算公式如下：

$$d_2 = M - D\left(1 + \frac{1}{\sin\frac{\alpha}{2}}\right) + \frac{1}{2}P \times \cot\frac{\alpha}{2}$$

式中　M——千分尺测量的数值（mm）；

D——量针直径（mm）；

$\dfrac{\alpha}{2}$——牙型半角（°）；

P——工件螺距或蜗杆分度圆齿距（mm）。

图 2 - 2 - 8　三针测量法

量针直径 D 的计算公式如下：

$$D = \frac{1}{2}\frac{P}{\cos\dfrac{\alpha}{2}}$$

如果已知螺纹牙型角，也可用表 2 - 2 - 2 中的简化公式计算。

表 2 - 2 - 2　已知螺纹牙型角的量针直径简化公式

螺纹牙型角 α	简化公式
29°	$D = 0.516P$
30°	$D = 0.518P$
40°	$D = 0.533P$
55°	$D = 0.564P$
60°	$D = 0.577P$

【例2】　对 M24×1.5 的螺纹进行三针测量，已知 $M = 24.325$ mm，求需用的量针直径 D 及螺纹中径 d_2。

解：将 $\alpha = 60°$ 代入 $D = 0.577P$ 中，得

$$D = 0.577 \times 1.5 \text{ mm} = 0.865\ 5 \text{ mm}$$

$$d_2 = [24.325 - 0.865\ 5 \times (1 + 1/0.5) + 1.5 \times 1.732/0.5]\text{ mm} = 23.027\ 5 \text{ mm}$$

经测量的螺纹中径与理论值（$d_2 = 23.026$ mm）相差 $\Delta = 23.027\ 5$ mm $- 23.026$ mm $= 0.001\ 5$ mm，可见其差值非常小。

实际上，螺纹的中径尺寸一般都可从螺纹标准中查得或根据零件图上的标注直接获得。因此，只需将上面计算螺纹中径的公式进行移项变换，便可得出计算千分尺应测得的读数 M 的公式：

$$M = d_2 + D\left(1 + \frac{1}{\sin\dfrac{\alpha}{2}}\right) - \frac{1}{2}P \times \cot\frac{\alpha}{2}$$

如果已知螺纹牙型角，也可以用表 2 - 2 - 3 中的简化公式计算。

表2-2-3　已知螺纹牙型角的千分尺应测得读数简化公式

螺纹牙型角 α	简化公式
29°	$M = d_2 + 4.994D - 1.933P$
30°	$M = d_2 + 4.864D - 1.886P$
40°	$M = d_2 + 3.924D - 1.374P$
55°	$M = d_2 + 3.166D - 0.960P$
60°	$M = d_2 + 3D - 0.866P$

【例3】　用三针测量法测量 $M24 \times 1.5$ 的螺纹，已知 $D = 0.866$ mm，$d_2 = 23.026$ mm，求千分尺应测得的读数值。

解：将 $\alpha = 60°$ 代入 $M = d_2 + 3D - 0.866P$ 中，得

$$M = d_2 + 3D - 0.866P = (23.026 + 3 \times 0.866 - 0.866 \times 1.5)\,\text{mm} = 24.325\ \text{mm}$$

五、双针测量法

双针测量法的用途比三针测量法广泛。例如，对于螺纹圈数很少的螺纹以及螺距大的螺纹（螺距大于6.5 mm），都不便用三针测量法测量，而用双针测量法测量则简便可行，如图2-2-9所示。

普通螺纹牙型角 $\alpha = 60°$ 的螺纹中径的计算公式为

$$d_2 = M' - 3D - \frac{P^2}{8(M' - D)} + 0.866P$$

式中　M'——双针测量法的测量尺寸（mm）；

d_2——螺纹中径（mm）；

D——量针直径（mm）；

P——工件螺距或蜗杆分度圆齿距（mm）。

由上式可知，公式右端第一项与第三项中都含有 M' 值，而 M' 值需要在测量之前就计算出来。因此，直接应用上式不便计算理论 M' 值，需对上式化简才能求出，以便在加工时准确控制 M' 尺寸，保证螺纹中径 d_2 尺寸的合格。

图2-2-9　双针测量法

双针测量法测量螺纹中径中 M' 值的计算过程如下。

将上式变形为

$$d_2 = (M' - D) - 2D - \frac{P^2}{8(M' - D)} + 0.866P$$

设 $M' - D = x$，则上式变为

$$d_2 = x - 2D - \frac{P^2}{8x} + 0.866P$$

将上式两边同乘 $8x$，得

$$8x \times d_2 = 8x^2 - 16x \times D - P^2 + 0.866 \times 8x \times P$$

整理后变为

$$x^2 + (0.866P - 2D - d_2)x - \frac{P^2}{8} = 0$$

求解出 x 为

$$x_1 = \frac{1}{2}\left[-(0.866P - 2D - d_2) + \sqrt{(0.866P - 2D - d_2)^2 + \frac{1}{2}P^2}\right]$$

$$x_2 = \frac{1}{2}\left[-(0.866P - 2D - d_2) - \sqrt{(0.866P - 2D - d_2)^2 + \frac{1}{2}P^2}\right]$$

舍去 x_2，保留 x_1 得

$$x = \frac{1}{2}\left[-(0.866P - 2D - d_2) + \sqrt{(0.866P - 2D - d_2)^2 + \frac{1}{2}P^2}\right]$$

将上式代入 $M' - D = x$，进一步求解 M' 得

$$M' = \frac{1}{2}\left[-(0.866P - 2D - d_2) + \sqrt{(0.866P - 2D - d_2)^2 + \frac{1}{2}P^2}\right] + D$$

上式即用双针测量法测量普通螺纹中径的理论 M' 值的计算公式。

【例 4】　用双针测量法测量 M12 – 6h 的螺纹。已知 $D = 1.008$ mm，$d_2 = 10.863$ mm，求用双针测量法测量时测得的读数。

解：由 M12 的粗牙螺纹牙型角 $\alpha = 60°$，螺距 $P = 1.75$ mm 得

$$M' = \frac{1}{2}\left[-(0.866P - 2D - d_2) + \right.$$

$$\left. \sqrt{(0.866P - 2D - d_2)^2 + \frac{1}{2}P^2}\right] + D$$

$$= \left\{\frac{1}{2}\left[-(0.866 \times 1.75 - 2 \times 1.008 - 10.863) + \right.\right.$$

$$\left.\left. \sqrt{(0.866 \times 1.75 - 2 \times 1.008 - 10.863)^2 + \frac{1}{2} \times 1.75^2}\right] + 1.008\right\} \text{mm}$$

$$= 12.405\ 3 \text{ mm}$$

由于螺纹中径本身存在公差，所以测量出来的值允许存在偏差。

任务二　AutoCAD 环境下零件图的绘制

任务描述

使用 AutoCAD 2021，根据任务一绘制的泵盖零件草图绘制零件图。学生应掌握绘图环境的设置，了解基本的输入操作，能够正确设置绘图环境、打开和保存图形。

（1）尺寸标注中有尺寸公差，如何正确标注尺寸公差？

（2）如何建立新的标注样式，以便后续标注？

（3）如何正确填写标题栏？

知识链接

尺寸公差是指在切削加工中零件尺寸允许的变动量。在基本尺寸相同的情况下，尺寸公差越小，则尺寸精度越高。

用 AutoCAD 绘制图形时，可通过执行"格式"→"标注样式"命令，或在命令行中执行 dimstyle 命令，打开"标注样式管理器"对话框，在该对话框中单击"新建"按钮，

新建一个标注样式（参见课题一）。然后单击"继续"按钮，在弹出的"新建标注样式：机械"对话框中选择"公差"选项卡，如图2-2-10所示。在"公差"选项卡中对"公差格式"进行设置。在"方式"下拉列表框中选择公差的格式，在"精度"下拉列表框中选择相应的精度，在"上偏差"和"下偏差"文本框中进行偏差的设置。

图2-2-10 "新建标注样式：机械"对话框

任务实施

泵盖零件图绘制的操作步骤如下。

（1）创建新图形。可直接选取 A4 样板文件创建新图形。

（2）绘制左视图，结果如图2-2-11所示。

（3）绘制主视图，结果如图2-2-12所示。

图2-2-11 绘制左视图　　　　图2-2-12 绘制主视图

（4）填充剖面线，结果如图 2 - 2 - 13 所示。

图 2 - 2 - 13 填充剖面线

（5）参照图 2 - 2 - 4，绘制剖切符号"A"，标注剖视图名称"A—A"，如图 2 - 2 - 14 所示。

图 2 - 2 - 14 绘制剖切符号

（6）参照图 2 - 2 - 4，标注尺寸和填写技术要求，如图 2 - 2 - 15 所示。

技术要求
未注铸造圆角为 R2~R3。

图 2 - 2 - 15 标注尺寸和填写技术要求

（7）填写标题栏。单击"绘图"工具栏上的"多行文字" **A** 按钮，弹出"更改标题栏条目"对话框，在合适的位置把标题栏中的文字内容填写完整，如图 2 - 2 - 16 所示。

图 2 - 2 - 16 填写标题栏

任务评价

请将任务评价结果填入表 2 - 2 - 4 中。

表 2 - 2 - 4 自评/互评表（十）

任务小组				任务组长			
小组成员				班级			
任务名称				实施时间			
评价类别	评价内容	评价标准		配分	个人自评	小组评价	教师评价
学习准备	资料准备	参与资料收集、整理、自主学习		5			
	计划制订	能初步制订计划		5			
	小组分工	分工合理，协调有序		5			
学习过程	操作技术	见任务评分标准		40			
	问题探究	能在实践中发现问题，并用理论知识解决实践中的问题		10			
	文明生产	服从管理，遵守 5S 标准		5			
学习拓展	知识迁移	能实现前后知识的迁移		5			
	应变能力	能举一反三，提出改进建议或方案		5			
	创新程度	有创新建议提出		5			

评价类别	评价内容	评价标准	配分	个人自评	小组评价	教师评价
学习态度	主动程度	主动性强	5			
	合作意识	能与同伴团结协作	5			
	严谨细致	认真仔细，不出差错	5			
总计			100			
教师总评 （成绩、不足及注意事项）						
综合评定等级						

课题三　圆柱齿轮与蜗杆的测绘

✅ 学习目标

知识目标

1. 掌握轮盘类零件的尺寸基准的选用。
2. 掌握轮盘类零件结构合理完整的表达。

技能目标

1. 能正确进行轮盘类零件的尺寸标注。
2. 能使用 AutoCAD 2021 绘制轮盘类零件的平面图。

素养目标

1. 通过对轮盘类零件的特征分析，制订测绘计划并实施，培养认真负责的工作作风。
2. 通过对轮盘类零件测绘的过程，培养学生精益、专注、创新的工匠精神。

任务一　圆柱齿轮与蜗杆的测量与草绘

任务描述

齿轮是广泛用于机器或部件中的一种传动零件，它不仅可以用来传递动力，而且可以用来改变转速和旋转方向。根据两轴的相对位置，齿轮可分为以下 3 类。

（1）圆柱齿轮——用于两平行轴之间的传动；

（2）圆锥齿轮——用于两相交轴之间的传动；

（3）蜗轮蜗杆——用于两垂直交叉轴之间的传动。

本任务主要研究渐开线直齿圆柱齿轮。

（1）测绘渐开线直齿圆柱齿轮草图的一般步骤是什么？

（2）渐开线直齿圆柱齿轮上常见工艺结构的表达方法和尺寸标注方法有哪些？

（3）如何正确地测量渐开线直齿圆柱齿轮和蜗杆各部分的结构？

知识链接

一、渐开线直齿圆柱齿轮的作用与结构

渐开线直齿圆柱齿轮是机器中经常遇到的标准零件之一，主要用于两平行轴之间的传动。在机器中，常见的齿轮根据其结构形状可分为盘类齿轮、套类齿轮、轴类齿轮、扇形齿轮、齿条等，其中，盘类齿轮应用最广。渐开线直齿圆柱齿轮是盘类齿轮中常用的一种。圆柱齿轮分为轮体和齿圈两部分，外形是圆柱形，由轮齿、齿盘、辐板（或辐条）和轮毂等组成。

二、渐开线直齿圆柱齿轮的视图选择

渐开线直齿圆柱齿轮一般采用两个视图，或者用一个基本视图和一个局部视图来表示。

三、渐开线直齿圆柱齿轮的尺寸标注

齿轮测绘是指先用量具对齿轮实物的几何要素进行测量，例如，测量齿顶圆直径 d_a、齿高 h、齿数 z、公法线长度 w_k 等，再经过计算推算出原设计的基本参数，如模数 m、齿数 z、压力角 α、齿顶高系数 h_a^* 和顶隙系数 c^* 等，并据此计算出制造时所需要的尺寸，如分度圆直径 d、齿顶圆直径 d_a 及齿根圆直径 d_f 等，然后根据齿轮设计参数进行精度设计，最终绘制成一张齿轮工作图。在对齿轮零件进行尺寸标注时，需测绘零件的全部尺寸，并根据尺寸标注的原则和要求，标注全部的必需尺寸。渐开线直齿圆柱齿轮具有径向尺寸和轴向尺寸。径向尺寸的基准为轴线，轴向尺寸的基准一般选择重要的定位面或端面。基准的选择是否合理，将直接影响测量精确程度。齿轮中的重要尺寸一定要直接标注出来，标准结构（如压力角、模数、键槽等）的尺寸应根据相应的标准获得，并按规定标注。

渐开线直齿圆柱齿轮的表达及尺寸标注实例如图 2 - 3 - 1 所示。

图 2 - 3 - 1　渐开线直齿圆柱齿轮的表达及尺寸标注实例

四、渐开线直齿圆柱齿轮的材料和技术要求

1. 渐开线直齿圆柱齿轮的毛坯

渐开线直齿圆柱齿轮的毛坯形式主要有棒料、锻件和铸件。棒料用于小尺寸、结构简单、对强度要求低的齿轮；当齿轮要求强度高、耐磨和耐冲击时，多用锻件；直径大于 400 ~ 600 mm 的齿轮，常用铸造毛坯。为了减少机械加工量，对大尺寸、低精度的齿轮，可以直接铸出轮齿；对于小尺寸、形状复杂的齿轮，可用精密铸造、压力铸造、精密锻造、粉

末冶金、热轧和冷挤压等新工艺制造出具有轮齿的齿坯，以提高劳动生产率、节约原材料。

2. 渐开线直齿圆柱齿轮的材料

渐开线直齿圆柱齿轮按工作条件可分为以下 3 类。

（1）轻载齿轮。轻载齿轮的转动速度一般较小，大多采用 45 钢制造，经正火或调质处理。

（2）中载齿轮。中载齿轮一般采用 45 钢制造，经正火或调质处理后，再进行高频表面淬火强化，以提高齿轮的承载能力及耐磨性。对大尺寸齿轮，则需用 40Cr 等合金调质钢制造。一般机床主传动系统及进给系统中的齿轮，大部分属于这一类。

（3）重载齿轮。对于某些工作载荷较大，特别是运转速度高又承受较大冲击载荷的齿轮大多用 20Cr、20CrMnTi 等渗碳钢制造，经渗碳、淬火处理后使用，如变速箱中一些重要的传动齿轮。

3. 渐开线直齿圆柱齿轮技术要求

（1）齿轮精度的确定。在齿轮测绘中，齿轮的基本参数确定后，还应该确定齿轮的精度等级，并在工作图上标注齿轮精度、尺寸公差、几何公差及表面粗糙度要求，使之成为一张完整的零件图，只有这样才能制造出合格的齿轮。

根据齿轮传动要求，齿轮精度包括 4 个方面的要求，即运动精度、平稳性精度、接触精度和齿侧间隙合理性。国家标准通过制定齿轮偏差项目的检验规范，对这些精度要求作出了规定。本例中，齿轮的检验项目同为 8 级精度。

（2）确定齿坯公差。

①齿轮内孔是加工、测量和装配的基准，其公差等级为 IT7，其尺寸代号为 $\phi25H7$。

②齿顶圆因不作为齿厚的测量基准，为非配合尺寸，因此公差等级取 IT11，其尺寸代号为 $\phi90h11$。

③基准端面的圆跳动公差为 0.018 mm。

（3）齿轮主要工作表面的粗糙度分为以下几类。

①齿面粗糙度 $Ra\leqslant5$ μm；

②基准端面粗糙度 $Ra\leqslant5$ μm；

③齿顶圆表面粗糙度 $Ra\leqslant5$ μm。

五、渐开线直齿圆柱齿轮测量原理

渐开线直齿圆柱齿轮的基本参数包括齿数 z、模数 m、齿顶高系数 h_a^*、顶隙系数 c^*、压力角 α 和变位系数 x 等。这些基本参数与齿轮的各部分尺寸密切相关，可通过游标卡尺测得齿轮各部分的尺寸，并计算得出渐开线直齿圆柱齿轮的基本参数。

（1）确定齿轮齿数 z。待测齿轮的齿数 z 可直接数得。

（2）确定齿轮模数 m 和压力角 α。

1. 测量公法线长度 w_k

齿轮的公法线长度是指用公法线千分尺（或游标卡尺）的两个测砧分别与齿轮上两齿廓相切所测得的跨距。具体表现为在基圆柱切平面（公法线平面）上跨 k 个齿（对外齿轮）或跨 k 个齿槽（对内齿轮）之后所测得的一个齿的右齿面和另一个齿的左齿面的两个平行平面之间的距离。

渐开线齿轮的公法线长度测量方法为先跨齿轮的 k 个齿，测得齿廓间公法线长度为 w_k，再跨 $k+1$ 个齿，测得齿廓间公法线长度为 w_{k+1}。为减少测量误差，应分别在齿轮 1 周的 3 个均分部位上测量 w_k 与 w_{k+1} 值，并取其算术平均值。

2. 计算 p_b、s_b、m 及 α

若卡尺跨 k 个齿，则其公法线长度为

$$w_k = (k-1)p_b + s_b$$

若卡尺跨 $k+1$ 个齿，则其公法线长度为

$$w_{k+1} = kp_b + s_b$$

所以

$$p_b = w_{k+1} - w_k$$

又因为

$$p_b = p\cos\alpha = \pi m\cos\alpha$$

所以有

$$m = p_b / \pi\cos\alpha$$

式中　p_b——齿轮基圆齿距，它由测量得到的公法线长度 w_k 和 w_{k+1} 计算得来；

α——可能是 20°，也可能是 15°（不常用），将这两个值代入上式计算出两个模数，最接近表 2-3-1 所列模数标准值的 m 及对应的 α 即所求的模数和压力角。

表 2-3-1　模数

第 I 系列	0.1	0.12	0.15	0.2	0.25	0.3	0.4	0.5	0.6	0.8
	0.2	1	1.25	1.5	2	2.5	3	4	5	6
	8	10	12	16	20	25	32	40		

3. 确定齿轮的齿顶高系数 h_a^* 和顶隙系数 c^*

（1）测量齿顶圆直径 d_a 和齿根圆直径 d_f，其测量方法如下。

①当齿数为偶数时，可用游标卡尺的测量爪卡对称齿的齿顶及齿根直接测得，如图 2-3-2（a）所示。

②当齿数为奇数时，用上述方法不能直接测量得到齿顶圆直径 d_a 和齿根圆直径 d_f，因此只能用间接测量法求得 d_a 和 d_f。使用间接测量法时，先测量出定位轴孔直径 $D_孔$、孔壁到齿根的径向距离 $h_根$、另一侧孔壁到齿顶的径向距离 $h_顶$，如图 2-3-2（b）所示。d_a 和 d_f 可用下式求出：

$$d_a = D_孔 + 2h_顶 ; \quad d_f = D_孔 + 2h_根$$

（2）确定分度圆直径 d 和基圆直径 d_b，其计算公式如下：

$$d = mz ; \quad d_b = d\cos\alpha$$

（3）确定齿顶高 h_a 和齿根高 h_f，其计算公式如下：

$$h_a = (d_a - d)/2 ; \quad h_f = (d - d_f)/2$$

因为 $h_f = m(h_a^* + c^* - x) = (mz - d_f)/2$，所以

$$h_a^* + c^* = x + (mz - d_f)/(2m)$$

由于标准齿制的 h_a^* 和 c^* 均为已知标准值，所以分别将正常齿制的 $h_a^* = 1$，$c^* = 0.25$ 和短齿制的 $h_a^* = 0.8$，$c^* = 0.3$ 两组标准值代入上式，符合上式的一组 h_a^* 和 c^* 即所求的值。

图 2 − 3 − 2　齿轮齿顶圆齿根圆测量法

（a）偶数齿测量方法；（b）奇数齿测量方法

（4）确定变位系数 x。首先确定分度圆齿厚 s。

由 $s_b = s \cdot r_b/r - 2r_b(\mathrm{inv}\alpha_b - \mathrm{inv}\alpha) = s \cdot \cos\alpha + 2r_b \cdot \mathrm{inv}\alpha$ 可得

$$s = s_b/\cos\alpha - 2r \cdot \mathrm{inv}\alpha \quad （\text{式中 } s_b \text{ 已测出}，2r = mz）$$

变位后，分度圆齿厚 $s = m(\pi/2 + 2x \cdot \tan\alpha)$，故

$$x = (s/m - \pi/2)/(2\tan\alpha)$$

任务实施

渐开线直齿圆柱齿轮测绘的操作步骤具体如下。

1. 了解、分析渐开线直齿圆柱齿轮的功能和结构

渐开线直齿圆柱齿轮是盘类齿轮中常用的一种齿轮。渐开线圆柱齿轮分为轮体和齿圈两部分，外形是圆柱形，由轮齿、齿盘、辐板（或辐条）、轮毂等组成。

2. 确定草图视图方案

通过对齿轮进行结构分析和工艺分析，确定该齿轮用一个基本视图和一个局部放大图表示。基本视图的轴线水平放置，齿轮内圈上的键槽深度用移出断面图表示。

3. 绘制渐开线直齿圆柱齿轮零件草图

（1）徒手绘制图框和标题栏，示意如图 2 − 3 − 3 所示。

（2）绘制渐开线直齿圆柱齿轮视图表达草图，如图 2 − 3 − 4 所示。

（3）测量尺寸。根据草图中的尺寸标注要求，分别测量齿轮的各部分尺寸并在草图上进行标注。齿轮径向尺寸的基准为轴线，轴向尺寸的基准一般选择重要的定位面或端面。

测量齿轮零件尺寸的步骤如下。

①几何参数的测量。

a. 确定齿数 z。完整齿轮只需数一数共有多少个齿即可。

图 2 − 3 − 3　图框和标题栏示意

b. 测量齿顶圆直径 d_a 和齿根圆直径 d_f。对于偶数齿齿轮，可用游标卡尺直接测量，

得到 d_a 和 d_f。而对于奇数齿齿轮，由于齿顶对齿槽，所以无法直接测量。带孔齿轮可先测出孔径 $D_孔$ 及孔壁到齿顶的径向距离 $h_顶$，并由 $d_a = D_孔 + 2h_顶$ 计算出齿顶圆直径 d_a；再测出孔壁到齿槽底的径向距离 $h_顶$，由 $d_f = D_孔 + 2h_根$ 计算出齿根圆直径 d_f。

c. 齿高 h 的测量。齿高 h 可采用游标卡尺直接测量，也可采用间接法测量。采用间接法测量时，可测出齿顶圆直径 d_a 和齿根圆直径 d_f，由 $h = (d_a - d_f)/2$ 计算出齿高；或测出内孔壁到齿顶的距离 $h_顶$ 和内孔壁到齿根的距离 $h_根$，由 $h = h_顶 - h_根$ 计算出齿高 h。

图 2 – 3 – 4　渐开线直齿圆柱齿轮视图表达草图

d. 中心距 a 的测量。中心距可通过测量箱体上两孔的内壁距离间接测得。

e. 公法线长度 w_k 的测量。公法线长度 w_k 可用游标卡尺或公法线千分尺测量，如图 2 – 3 – 5 所示。

f. 基圆齿距 p_b 的测量。由图 2 – 3 – 5 可知，公法线长度每增加一个跨距，即增加一个基圆齿距，因此基圆齿距 p_b 可通过公法线长度 w_k 和 w_{k+1} 间接测得，即 $p_b = w_{k+1} - w_k$。

②基本参数的确定。齿轮基本参数包括模数 m、齿数 z、压力角 α、齿顶高系数 h_a^*、顶隙系数 c^* 等。这些基本参数的确定方法如下。

a. 压力角 α。标准直齿圆柱齿轮的压力角不需要测量，根据《通用机械和重型机械用圆柱齿轮　标准基本齿条齿廓》(GB/T 1356—

图 2 – 3 – 5　公法线长度的测量

2001) 的规定，我国采用的标准压力角 α 为 20°。压力角 α 的确定与标准制度有关，可通过了解齿轮生产国家的有关标准，认定该齿轮的标准制度，例如，中国、日本、法国等国生产的齿轮可判断为模数制，压力角 $\alpha = 20°$，齿顶高系数 $h_a^* = 1.0$ 或 $h_a^* = 0.8$；美、英等国生产的齿轮，可能为径节制，压力角 $\alpha = 14.5°$ 或 $\alpha = 20°$，齿顶高系数 $h_a^* = 1.0$ 或 $h_a^* = 0.875$。

b. 确定模数 m。齿轮模数可由齿顶圆直径 d_a 或齿根圆直径 d_f 计算确定，其计算公式为 $m = d_a/(z+2)$ 或 $m = d_f/(z-2.5)$，然后将计算所得值和标准模数值进行比较。若计算值和标准值相符或接近，取标准值；若计算值与标准值相差较大，可考虑变位齿轮。另外，齿轮模数的计算方法还有以下方法。

用测定的齿高计算模数：

$$m = h/2.25$$

用测定的中心距计算模数：

$$m = 2a/(z_1 + z_2)$$

c. 确定齿顶高系数 h_a^* 和顶隙系数 c^*。齿顶高系数 h_a^* 可由测得的齿顶圆直径 d_a 按公

式 $h_a = d_a^*/2m - z/2$ 计算确定。顶隙系数 c^* 可由测定的齿根圆直径 d_f 或齿高 h 按 $c^* = z/2 - d_f/2m - h_a^*$ 或 $c^* = h/m - 2h_a^*$ 计算确定。计算所得值应与标准值接近，否则，应考虑变位齿轮。

d. 计算加工所需参数。在确定齿数、模数、压力角之后，可按下式计算齿顶圆直径 d_a、分度圆直径 d 和齿根圆直径 d_f。

$$d = mz; \quad d_a = m(z + 2h_a^*); \quad d_f = m(z - 2h_a^* - 2c^*)$$

将计算所得 d 与相啮合齿轮两轴的中心距校对，其值应符合下式：

$$a = \frac{d_1 + d_2}{2} = \frac{m(z_1 + z_2)}{2}$$

（4）标注尺寸。

①画出尺寸界线和尺寸线。

②将测得的尺寸与被测项目相对应，按尺寸标注有关规定进行标注，力求做到正确、完整。

③主要尺寸从基准出发直接标注出，先标注各形体之间的定位尺寸，再标注各形体的定形尺寸。

④标注时应注意所标注的尺寸既要便于测量也要便于看图。齿轮完整的尺寸标注如图 2-3-6 所示。

（5）确定技术要求。在齿轮零件图中，除具有一般零件图的内容外，齿顶圆直径、分度圆直径及有关齿轮的基本尺寸也要直接标注出。齿根圆直径一般在加工时由刀具尺寸决定，图上可不标注，其他各项主要参数在图纸右上角列表说明。

渐开线直齿圆柱齿轮的零件图如图 2-3-6 所示。

图 2-3-6 渐开线直齿圆柱齿轮的零件图

任务评价

请将任务评价结果填入表 2 – 3 – 2 中。

表 2 – 3 – 2　自评/互评表（十一）

任务小组			任务组长		
小组成员			班级		
任务名称			实施时间		
评价类别	评价内容	评价标准	配分	个人自评	小组评价	教师评价
学习准备	资料准备	参与资料收集、整理、自主学习	5			
	计划制订	能初步制订计划	5			
	小组分工	分工合理，协调有序	5			
学习过程	操作技术	见任务评分标准	40			
	问题探究	能在实践中发现问题，并用理论知识解释实践中的问题	10			
	文明生产	服从管理，遵守 5S 标准	5			
学习拓展	知识迁移	能实现前后知识的迁移	5			
	应变能力	能举一反三，提出改进建议或方案	5			
	创新程度	有创新建议提出	5			
学习态度	主动程度	主动性强	5			
	合作意识	能与同伴团结协作	5			
	严谨细致	认真仔细，不出差错	5			
总计			100			
教师总评（成绩、不足及注意事项）						
综合评定等级						

拓展知识

普通圆柱蜗杆的测绘

一、几何参数的测量

（1）确定蜗杆头数 z_1（齿数）。蜗杆头数 z_1 可通过目测确定。

（2）测量蜗杆齿顶圆直径 d_{a1} 和齿根圆直径 d。蜗杆齿顶圆直径 d_{a1} 和齿根圆直径 d_{f1} 可用高精度游标卡尺或千分尺直接测量。

（3）测量蜗杆齿高 h_1。蜗杆齿高 h_1 可按下述方法测量。

①用高精度游标卡尺的深度尺或其他深度测量工具直接测量，如图2-3-7所示。

②用游标卡尺测出蜗杆的齿顶圆直径 d_{a1} 和蜗杆齿根圆直径 d_{f1}，并按下式计算：

$$h_1 = \frac{d_{a1} - d_{f1}}{2}$$

（4）测量蜗杆轴向齿距 p_x。蜗杆轴向齿距 p_x 可用直尺或游标卡尺在蜗杆的齿顶圆柱上沿轴向直接测量，如图2-3-8所示。为精确起见，应多跨几个轴向齿距测量，然后将所测得的数除以跨齿数即得蜗杆的轴向齿距。

图2-3-7　蜗杆齿高的测量　　　　图2-3-8　蜗杆轴向齿距的测量

（5）测量蜗杆压力角 α。蜗杆压力角 α 可用角度尺或齿形样板在蜗杆的轴向剖面和法向剖面内测得，将两个剖面的数值都记录下来，作为确定参数时的参考；也可将不同压力角的蜗轮滚刀插入齿部做比较来判断。

（6）测量蜗杆副中心距 a'。蜗杆副中心距的测量对蜗杆传动啮合参数的确定以及对校核所定参数的正确性都十分重要。因此，应仔细测量蜗杆副中心距 a'，力求精确。需要注意的是只有当根据测绘的几何参数所计算出来的蜗杆副中心距 a 与实测的蜗杆副中心距 a' 相一致时，才能保证蜗杆传动的正确啮合。

测量蜗杆副中心距时，可利用设备原有的蜗杆和蜗轮轴，对其清洗重新装配后进行测量。测量时，首先要测量这些轴的自身尺寸（D'_1、D'_2）与几何公差，以便作为修正测量结果的参考。

蜗杆副中心距常用的测量方法如下。

①用高精度游标卡尺或千分尺测出蜗杆蜗轮轴外侧间的距离 L'，如图2-3-9所示，并按下式计算蜗杆副中心距 a'：

$$a' = L' - \frac{D'_1 + D'_2}{2}$$

②用内径千分尺测出蜗杆蜗轮轴内侧间的距离 M'，如图2-3-10所示，并按下式计算蜗杆副中心距 a'：

$$a' = M' + \frac{D'_1 + D'_2}{2}$$

③当蜗杆副中心距较小时，用上述方法测量有困难时，可用量块测量蜗杆蜗轮轴内侧间的距离 K'，如图2-3-11所示，并按下式计算中心距 a'：

图 2 - 3 - 9　测蜗杆蜗轮轴外侧间的距离

图 2 - 3 - 10　测蜗杆蜗轮轴内侧间的距离

$$a' = K' + \frac{D'_1 + D'_2}{2}$$

④先在划线平台上测出 L_1' 及 L_2'，再分别测出蜗杆蜗轮轴径 D_1、D_2，如图 2 - 3 - 12 所示，并按下式计算蜗杆副中心距 a'：

$$a' = L_1' - L_2' - \frac{D'_1}{2} + \frac{D'_2}{2}$$

图 2 - 3 - 11　用量块测量蜗杆蜗轮轴内侧间的距离

图 2 - 3 - 12　在划线平台上测出蜗杆蜗轮轴径

二、基本参数的确定

（1）判断蜗杆齿面齿形。普通圆柱蜗杆根据齿面齿廓曲线的不同分为阿基米德蜗杆（ZA）、法向直廓蜗杆（ZN）、渐开线蜗杆（ZI）和锥面包络蜗杆（ZK）等四种蜗杆。测量时，以直廓样板进行试配。

①当蜗杆轴向齿形是直线齿廓时，该蜗杆为阿基米德蜗杆。

②当蜗杆法向齿形是直线齿廓时，该蜗杆为法向直廓蜗杆。

③当蜗杆在某一基圆柱的切平面上的剖切齿形是直线齿廓时，该蜗杆为渐开线蜗杆。

④当以直廓样板进行试配的过程中，未出现上述三种情况，蜗杆轴向或法向齿廓也不呈中凹，此时就应考虑该蜗杆是否属于锥面包络蜗杆。

在缺乏条件的情况下对蜗杆进行测绘，要准确判断蜗杆齿形十分困难，因此对要求保证传动精度的蜗杆副的更换，建议采用成对更换的方法。

（2）确定蜗杆模数 m。蜗杆模数 m 的确定方法分为以下四种。

①根据测得的蜗杆轴向齿距 p_x 查表 2 - 3 - 3 确定。

表 2 - 3 - 3　蜗杆轴向齿距 p_x 与模数 m 对照表　　　　mm

p_x	m	p_x	m
3.142	1	15.870	5.053
3.175	1.011	15.950	5.080
3.325	1.058	17.460	5.559
3.627	1.155	18.850	6
3.990	1.270	19.050	6.064
4.433	1.411	19.950	6.350
4.712	1.500	20.640	6.569
4.763	1.516	21.990	7
4.987	1.588	22.220	7.074
5.700	1.814	22.800	7.257
6.283	2	23.810	7.580
6.350	2.021	25.130	8
6.650	2.116	25.400	8.085
7.254	2.309	26.500	8.467
7.854	2.500	26.990	8.590
7.938	2.527	28.270	9
7.980	2.540	28.580	9.095
8.856	2.822	29.020	9.236
9.425	3	30.160	9.061
9.525	3.032	31.420	10
9.975	3.175	31.750	10.106
11	3.500	31.920	10.159
11.110	3.537	33.340	10.612
11.400	3.625	34.930	11.117
12.570	4	35.470	11.289
12.700	4.043	36.510	11.622
13.300	4.233	37.700	12
14.140	4.500	38.100	12.127
14.290	4.548	39.900	12.700
15.710	5	41.270	13.138

②根据计算公式 $h_1 = 2.2m$ 确定，则

$$m = h_1 / 2.2$$

用游标卡尺的深度尺或其他测量工具直接量得 h_1，如图 2-3-7 所示，模数 m 即可按上式算出。

③根据计算公式 $d_{a2} = m_t(z_2 + 2)$ 确定，则

$$m = m_t = \frac{d_{a2}}{z_2 + 2}$$

④先用金属直尺测得蜗杆轴向齿距 p_x，如图 2-3-8 所示，再根据计算公式 $p_x = m_a\pi$ 确定，则

$$m = \frac{p_x}{\pi}$$

用上述四种方法求出的 m，均应按标准模数系列选取与其相近的标准模数。

如果计算结果与标准模数不相符，那么与蜗杆啮合的蜗轮可能是变位蜗轮，需要进一步确定变位系数 x_2。

（3）压力角 α。国家标准对普通圆柱蜗杆的压力角规定为阿基米德蜗杆轴向压力角取标准值 $\alpha_x = 20°$，法向直廓蜗杆、渐开线蜗杆、锥面包络蜗杆的法向压力角取标准值 $\alpha_n = 20°$。

（4）蜗杆分度圆直径 d_1。为使蜗轮滚刀标准化，蜗杆直径 d_1 值必须标准化，测绘时应注意这一点。具体系列请参看有关手册。

（5）齿顶高系数 h_a^*、顶隙系数 c^*。在测得齿高 h_1' 和模数 m_e' 后，一般可先试取齿顶高系数 $h_a^* = 1$，顶隙系数 $c^* = 0.2$，按公式 $h_1 = 2h_a^* m + c^* m$ 核算所得数值。如果 $h_1 \neq h_1'$，说明齿顶高系数 h_a^* 和顶隙系数 c^* 取值不正确，应当重新确定。

我国规定 $h_a^* = 1$，导程角 $\gamma > 30°$ 时，为满足高速重载传动的需要，可采用短齿制，取 $h_{a1}^* = 0.8$。对渐开线蜗杆蜗轮可分别取为 $h_{a1}^* = 1$，$h_{a2}^* = 2\cos\gamma - 1$。

为保证蜗轮滚刀的寿命，c^* 值可能大于 0.2，某些特殊传动要求 c^* 值小于 0.2，因此国家标准规定 $c^* = 0.2$，但还可在 0.15~0.35 之间取值。重新选取 h_a^* 和 c^* 后，再用 h_1 的计算公式核算，直至测得的值 h_1' 与计算值 h_1 相符。此时，即可最后确定 h_a^* 和 c^*。

任务二 AutoCAD 环境下零件图的绘制

任务描述

根据任务一绘制的齿轮零件草图在 AutoCAD 的工作环境下绘制零件图，熟悉 AutoCAD 经典的工作环境，掌握绘图环境的设置，了解基本的输入操作，掌握零件图的绘制。

知识链接

1. 模板的调用
2. 常用绘图命令、修改命令、尺寸标注命令的使用
3. 外部块的应用

任务实施

齿轮零件图绘制的操作步骤如下。

1. 创建新图形

执行"文件"→"新建"命令，弹出"选择样板"对话框，选择 A4 模板并导出，如图 2－3－13 所示。

图 2－3－13　导出 A4 模板

2. 绘制主视图

（1）将"中心线"图层设为当前图层。执行"格式"→"线型"命令，设置线型为"细点画线"，然后执行"直线"命令，结果如图 2－3－14 所示。

图 2－3－14　绘制齿轮中心线

（2）将"粗实线"图层设为当前图层。执行"格式"→"线型"命令，设置线型为"粗实线"，然后执行"直线"命令。先在中心线上任意选择一点作为端点，然后将光标垂直上移 45 mm 后右击确认，光标水平向右移动 20 mm 右击确认，垂直向下移动 90 mm 右击确认，水平向左移动 20 mm 右击确认，最后将光标垂直上移至左击图示端点，结果如图 2 – 3 – 15（a）所示。

（3）单击"修改"工具栏中的"偏移"按钮，执行"偏移"命令，将中心线分别上下偏移 40 mm，结果如图 2 – 3 – 15（b）所示；将上下轮廓线分别向上下偏移 11.25 mm、17.5 mm、27.5 mm，左右轮廓线向内偏移 5 mm，结果如图 2 – 3 – 15（c）所示。执行"修剪"命令，参照图 2 – 3 – 6 对图 2 – 3 – 15（e）所示图形进行修剪，结果如图 2 – 3 – 15（d）所示。

再次执行"偏移"命令，将中心线分别上下偏移 12.5 mm，向上偏移 14.5 mm。执行"修改"→"特性匹配"命令，将这三条线修改成粗实线，并执行"修剪"命令，参照图 2 – 3 – 6 对图进行修剪，结果如图 2 – 3 – 15（e）所示。

在"修改"工具栏中单击 ⬜ 按钮，执行"倒角"命令。在命令行中输入距离 d，指定第一个倒角距离为 1.5 mm，第二个倒角距离也为 1.5 mm，并按 Enter 键完成倒角设置。然后，将光标移到目标直线，选择第一条直线。将光标移到第二条直线，选择第二条直线。注意绘制完倒角后要将缺失的轮廓线补齐。执行"直线"命令，绘制出倒角之后的轮廓线，结果如图2 – 3 – 15（f）所示。

（a）　　　　　（b）　　　　　（c）

（e）　　　　　（d）　　　　　（f）

图 2 – 3 – 15　主视图绘制

3. 绘制局部视图

（1）将当前图层设为图层1，执行"绘图"→"圆"→"圆心、半径"命令（或单击"绘图"工具栏中的 ⊘ 按钮，或在命令行中执行 circle 命令），画两个直径为 25 mm、28 mm 的同心圆，结果如图 2 – 3 – 16（a）所示。

（a）   （b）

图 2 – 3 – 16　局部视图绘制

（2）利用对象捕捉及对象捕捉追踪工具快速作图，如图 2 – 3 – 17 所示。单击"绘图"工具栏中的 ✏ 按钮，执行"直线"命令。在主视图上找到需要捕捉追踪的位置后画线。执行"偏移"命令，将局部视图的竖直中心线向左右各偏移 2.5 mm，然后执行"直线""修剪""删除"命令，得到齿轮内圈的局部视图，结果如图 2 – 3 – 16（b）所示。

图 2 – 3 – 17　对象捕捉及对象捕捉追踪

4. 填充剖面线

将"剖面线"图层设为当前图层。执行"绘图"→"图案填充"命令或单击"绘图"工具栏中的 ▨ 按钮，弹出"图案填充和渐变色"对话框，如图 2 – 3 – 18（a）所示。单击"图案"后面的 图案(P)　ANGLE　▾ 按钮，弹出"填充图案选项板"对话框，如图 2 – 3 – 18（b）所示。

在"填充图案选项板"对话框中的 ANSI 选项卡中选择 ANSI31 选项，如图 2 – 3 – 18（c）所示。

单击"确定"按钮后，"图案填充"选项卡中的"图案"选项变为 ANSI31，如图 2 – 3 – 18（d）所示。

（a）

（b）

（c）

（d）

图 2 - 3 - 18　"图案填充和渐变色" 对话框

完成上述设置后，在主视图边界中，选择添加拾取点，在需要填充剖面线的位置选择区域。选中后的区域如图2-3-19（a）所示。选定全部区域后，单击确认返回"图案填充和渐变色"对话框，单击"确认"按钮即可填充剖面线，结果如图2-3-19（b）所示。

（a）　　　　　　　　　　　　　　　　（b）

图2-3-19　填充剖面线

5. 标注尺寸

（1）标注一般线性尺寸。将当前层设为图层4，图层名称设为"绿色"。在"标注"工具栏中单击 按钮，如图2-3-20（a）所示，或执行"标注"→"线性"命令，如图2-3-20（b）所示。

（a）　　　　　　　　　　　　　　　　（b）

图2-3-20　"线性"命令

（2）直径符号或偏差的标注方法见课题二的相关内容，线性尺寸标注结果如图 2 − 3 − 21 所示。

（3）修改标注样式。执行"格式"→"标注样式"命令，如图 2 − 3 − 22 所示。

弹出"标注样式管理器"对话框，如图 2 − 3 − 23（a）所示。选中需要修改的标注（本例中为"ISO − 25"），单击"修改"按钮后弹出"修改标注样式：ISO − 25"对话框，如图 2 − 3 − 23（b）所示。

图 2 − 3 − 21　线性尺寸标注　　　　图 2 − 3 − 22　"标注样式"命令

在"修改标注样式：ISO − 25"对话框中打开"文字"选项卡，在"文字对齐"栏中选中"ISO 标准"单选按钮，如图 2 − 3 − 24 所示。

打开"主单位"选项卡，在"线性标注"栏中选择"单位格式"为"小数"，"精度"为"0"，如图 2 − 3 − 25 所示。

（a）

图 2 − 3 − 23　修改当前标注样式

（b）

图 2 - 3 - 23　修改当前标注样式（续）

图 2 - 3 - 24　"文字"选项卡

图 2 - 3 - 25 "主单位"选项卡

（4）在"标注"工具栏中单击 按钮，进行圆的直径标注，如图 2 - 3 - 26 所示。

图 2 - 3 - 26 圆的直径标注

6. 标注几何公差及绘制基准符号

（1）标注几何公差。执行"标注"→"多重引线"命令或在"标注"工具栏中单击 多重引线(E) 按钮，绘制几何公差框格前的指引线。然后执行"标注"→"公差"命令或在"标注"工具栏中单击 公差(T)... 按钮，弹出"形位公差"对话框。在"形位公差"对话框中的符号栏中选择圆跳动的符号，在"公差1"栏中输入公差0.018，在"基准1"栏中输入A，如图2-3-27（a）所示。单击"确定"按钮后在绘图区出现几何公差框格，将公差框格放在指引线端点后即可完成标注，如图2-3-27（b）所示。

（2）绘制基准符号。按照图2-3-27（c）所示尺寸绘制基准符号。

（a）

（b）

（c）

图2-3-27 标注几何公差

7. 标注粗糙度

执行"绘图"→"块"→"插入块"命令，或在"绘图"工具栏中单击 按钮，弹出"插入"对话框，如图2-3-28（a）所示。

选择已经创建好的内部块或外部块。插入基点、比例，数值、方向等可指定。完整的粗糙度标注如图2-3-28（b）所示。

8. 填写标题栏及参数表

标题栏及参数表格式如图2-3-29、图2-3-30所示。

9. 填写技术要求

执行"绘图"→"多行文字"命令或在"绘图"工具栏中单击 A 按钮，在弹出的"文字"对话框中书写技术要求，如图2-3-31所示。

（a）

（b）

图 2 – 3 – 28　标注粗糙度

						40Cr			（单位名称）
标记	处数	分区	更改文件号	签名	年 月 日				齿轮
设计	（签名）	年月日	标准化	（签名）	年月日	阶段标记	质量	比例	
审核									A3
工艺			工艺			共 1 张　第 1 张			

图 2 – 3 – 29　填写标题栏

模数	m	5
齿数	z_1	16
压力角	a	20°
精度等级		8-FH
卡入齿数		3
卡尺工作长度38 $^{-0.106}_{-0.175}$		
配偶齿轮	件号	8902
	齿数 z_2	30

图 2 – 3 – 30 填写参数表

技术要求：
齿部表面淬火50HRC

图 2 – 3 – 31 填写技术要求

齿轮零件图的最终结果如图 2 – 3 – 6 所示。

任务评价

请将任务评价结果填入表 2 – 3 – 4 中。

表 2 – 3 – 4 自评/互评表（十二）

任务小组				任务组长		
小组成员				班级		
任务名称				实施时间		
评价类别	评价内容	评价标准	配分	个人自评	小组评价	教师评价
学习准备	资料准备	参与资料收集、整理、自主学习	5			
	计划制订	能初步制订计划	5			
	小组分工	分工合理，协调有序	5			
学习过程	操作技术	见任务评分标准	40			
	问题探究	能在实践中发现问题，并用理论知识解释实践中的问题	10			
	文明生产	服从管理，遵守 5S 标准	5			
学习拓展	知识迁移	能实现前后知识的迁移	5			
	应变能力	能举一反三，提出改进建议或方案	5			
	创新程度	有创新建议提出	5			
学习态度	主动程度	主动性强	5			
	合作意识	能与同伴团结协作	5			
	严谨细致	认真仔细，不出差错	5			

总计	100			
教师总评 （成绩、不足及注意事项）				
综合评定等级				

课题四　支架类零件的测绘

☑ 学习目标

知识目标

1. 掌握支架类零件的尺寸基准的选用。
2. 掌握支架类零件结构合理完整的表达。

技能目标

1. 能正确完成支架类零件的尺寸标注。
2. 能使用 AutoCAD 绘制支架类零件的平面图。

素养目标

1. 通过对支架类零件的特征分析，制订测绘计划并实施，培养认真负责的工作作风。
2. 通过对支架类零件视图表达方法的多样性理解，培养创新意识。

任务一　支架类零件的测量与草绘

任务描述

　　支架类零件包括拨叉、摇臂、连杆等，其功能主要是操纵、连接、传递运动或支承，例如，拨叉主要用在机床、内燃机等机器的操纵机构上，起操纵、调速的作用。典型支架类零件如图 2-4-1 所示。

(a)　　　　　　　　　(b)　　　　　　　　　(c)

图 2-4-1　典型支架类零件

（1）支架类零件的结构特点是什么？如何正确测量支架类零件各部分结构尺寸？
（2）支架类零件的测绘要点是什么？
（3）平面度公差的常用测量方法有哪些？如何测量？

知识链接

一、支架类零件的功能和结构特点

　　支架类零件是机器中较为常用的典型零件之一，其主要功能为支承和连接。支架类零件形式多样，结构较为复杂且不规则，甚至难以平稳放置，需经多道工序加工而成。此类零件一般由三部分组成，即支承部分、工作部分和连接部分。

1. 支承部分

支承部分是支承和安装支架类零件自身的部分，一般为平面或孔等，其基本形体为圆柱体，中间带孔（花键孔或光孔）。支承部分主要安装在轴上，或沿着轴向滑动（当孔为花键孔时），或固定在轴（操纵杆）上（当孔为光孔时），由操纵杆支配其运动。

2. 工作部分

工作部分为支承或带动其他零件运动的部分，一般为孔、平面、各种槽面或圆弧面等对其他零件施加作用的部分。其结构形状根据被作用部位的结构而定，例如，拨叉对三联齿轮施加作用，其作用部位为环形沟，此时，工作部分的结构形状应为与齿轮的环形沟相对应的扇形环。

3. 连接部分

连接部分为连接零件自身的工作部分和支承部分的部分，其结构主要是连接板，有时还设有加强肋。其截面形状有矩形、椭圆形、工字形、丁形、十字形等。连接板视支承部分和工作部分的相对位置而异，有对称、倾斜、弯曲等形状。

支架类零件细部结构也较多，如肋、板、杆、圆孔、螺孔、油槽、油孔、凸台、凹口、凸缘、铸（锻）造圆角等。

二、支架类零件的视图选择

支架类零件一般无统一的加工位置，工作位置也不尽相同，由于结构比较复杂，形状奇特、不规则，有些零件甚至无法自然平稳放置，因此零件的视图表达差异较大。

（1）在选择主视图时，将零件按自然位置或工作位置放置，从最能反映零件工作部分和支承部分结构形状和相互位置关系的方向投射，并将此投射方向作为主视方向，画出主视图。

（2）除主视图外，还需用其他视图表达安装板、肋板等结构的宽度及其相对位置。根据零件的结构特点，可再选用1个或2个基本视图或不再选用其他基本视图。

（3）为表达内部结构，常采用局部剖视图、半剖视图或全剖视图等表达方式。

（4）连接部分常采用断面图来表达。

（5）零件的倾斜部分和局部结构，常采用斜视图、斜剖视图、局部视图、局部剖视图等进行补充表达。

三、支架类零件的尺寸标注

（1）支架类零件的长度方向、宽度方向、高度方向的主要尺寸基准一般为孔的中心线（轴线）、支承孔的轴线、对称平面、支承平面或较大的加工平面。

（2）支架类零件尺寸较多，定位尺寸也较多，且常采用角度定位。因此在标注时，定位尺寸除了要求标注完整外，还要注意尺寸的精度。定位尺寸一般要标出孔中心线之间的距离、孔中心线到平面间的距离或平面到平面的距离。一般情况下，内外结构形状要保持一致。

（3）支架类零件的定形尺寸一般按照形体分析法进行标注。

（4）支架类零件的毛坯多为铸件、锻件，这类零件的圆弧连接较多，零件上的铸

（锻）造圆角、斜度、过渡尺寸一般应按铸（锻）件标准取值和标注。

（5）有目的地将尺寸分散标注在各视图、剖视图、断面图上，以防止某个视图上的尺寸标注过度集中。相关联零件的有关结构尺寸标注法应尽量相同，以便读图和减少差错。

四、支架类零件的材料和技术要求

1. 支架类零件的材料

支架类零件的材料多为铸件或锻件。

2. 支架类零件的技术要求

（1）一般用途的支架类零件，其尺寸公差、表面粗糙度、几何公差无特殊要求。但有时对角度或某部分的长度有一定的要求，因此应对其标注出公差。

（2）支架类零件支承部分的平面、孔或轴应给定尺寸公差、形状公差及表面粗糙度。一般情况下，孔的尺寸公差等级取 IT7，轴取 IT6，孔和轴的表面粗糙度取 $Ra1.6 \sim 6.3\ \mu m$，孔和轴可给定圆度或圆柱度公差。支承平面的表面粗糙度一般取 $Ra6.3\ \mu m$，并可给定平面度公差。

平面度公差用以限制平面的形状误差。其公差带是距离为公差大小的两平行平面之间的区域。按照有关规定，理想形状的位置应符合最小条件。常见的平面度误差测量方法包括用指示表测量、用水平仪测量及用自准仪和反射镜测量。

对于用不同方法测得的平面度测值，应进行数据处理，然后按一定的评定准则处理结果。平面度误差的评定方法包括以下 3 种。

①最小包容区域判别法。由两平行平面包容实际被测要素时，实现至少 4 点或 3 点接触，且具有下列形式之一者，即最小包容区域，其平面度误差值最小。最小包容区域判别法包括以下 3 种形式。

a. 两平行平面包容被测表面时，被测表面上有 3 个最低点（或 3 个最高点）及 1 个最高点（或 1 个最低点）分别与两平行包容面接触，并且最高点（或最低点）能投影到 3 个最低点（或 3 个最高点）之间，则这两个平行平面符合平面度最小包容区原则，如图 2 - 4 - 2（a）所示。

（a）   （b）

（c）

图 2 - 4 - 2　平面度误差的最小包容区域判别法

b. 被测表面上有 2 个最高点和 2 个最低点分别与两平行包容面相接触，并且 2 个最高点投影于 2 个最低点连线的两侧，则这两个平行平面符合平面度最小包容区原则，如图 2 – 4 – 2（b）所示。

c. 被测表面的同一截面内有 2 个最高点及 1 个最低点（或相反）分别和两平行包容面相接触，则这两平行平面符合平面度最小包容区原则，如图 2 – 4 – 2（c）所示。

②三角形法。以通过被测表面上相距最远且不在一条直线上的 3 个点建立一个基准平面，各测点对此平面的偏差中最大值与最小值的绝对值之和即平面度误差。实测时，可在被测表面上找到 3 个等高点，并且将通过这 3 个点的平面设为基准平面；然后，在被测表面上按布点测量，与三角形基准平面相距最远的最高点和最低点间的距离即平面度误差值。

③对角线法。通过被测表面的一条对角线作另一条对角线的平行平面，该平面即基准平面。偏离此平面的最大值和最小值的绝对值之和即平面度误差。

对角线法的测量工具有平板、带指示表的测量架等。测量时，将被测件放在平板上，将带指示表的测量架放在平板上，并使指示表的测头垂直指向被测件表面，压表并调整度盘，使指针在零位。如图 2 – 4 – 3 所示，将被测平板沿纵横方向均布画好网格，网格的四周距离边缘 10 mm，其画线的交点即测量的 9 个点；然后同时记录各点的读数值。取得全部被测点的测量值后，按对角线求出平面度误差值。

图 2 – 4 – 3　对角线法测量平面度误差

平面度误差的测量方法如下。

①用直尺测定平面度误差，如图 2 – 4 – 4 所示。首先以不包括自重的方法将测量物支承；然后将直尺放在整个表面（纵、横、对角线方向），用塞尺（数值与平面度相符）测定。要求在所有的地方塞尺应不能通过。

图 2 – 4 – 4　用直尺测定平面度误差

②用指示表测定平面度误差，如图 2 – 4 – 5 所示。将指示表置于测定面，在 A 点调零，一直确认到 B 点，则

$$测定值 = 最大值 - 最小值$$

图 2 - 4 - 5　用指示表测定平面度误差

（3）定位平面应给定表面粗糙度值和几何公差。表面粗糙度一般取 $Ra\,6.3\ \mu m$，几何公差包括对支承平面的垂直度公差或平行度公差，对支承孔或轴的轴线的轴向圆跳动公差或垂直度公差等。

（4）支架类零件工作部分的结构形状比较多样，常见的有孔、圆柱、圆弧、平面等，有些甚至是曲面或奇特形状结构。这类零件的支承孔应按配合要求标注尺寸，工作部分也应按配合要求标注尺寸。为了保证工作部分正常动作，一般情况下，对工作部分的结构尺寸、位置尺寸应给定适当的公差，如孔径公差、孔到基准平面或基准孔的距离尺寸公差，孔或平面与基准面或基准孔之间的夹角公差等。另外，还应给定必要的几何公差及其表面粗糙度值，如圆度、圆柱度、平面度、平行度、垂直度、倾斜度等。

（5）支架类零件常用毛坯为铸件或锻件。铸件一般应进行时效处理，锻件应进行正火或退火热处理。毛坯不应有砂眼、缩孔等缺陷，应按规定标注出铸（锻）造圆角和斜度。另外，应根据使用要求提出必需的最终热处理方法、所要达到的硬度及其他要求。

（6）其他技术要求，如毛坯面涂漆、无损探伤检验等。

五、支架类零件的测绘要点

（1）了解支架类零件的功能、结构、工作原理。了解零件在机器或部件中的安装位置与相关零件及周围零件之间的相对位置。

（2）支架类零件的支承部分和工作部分的结构尺寸和相对位置决定零件的工作性能，应认真测绘，尽可能达到零件的原始设计形状和尺寸。

（3）对于已标准化的支架类零件，如滚动轴承座等，测绘时应与标准对照，尽量取标准化的结构尺寸。

（4）对于连接部分，在不影响强度、刚度和使用性能的前提下，可进行合理修整。

任务实施

下面以支架为例介绍支架类零件的测绘步骤。

（1）徒手绘制图框和标题栏，如图 2 - 4 - 6 所示。

（2）根据前面对支架类零件的结构分析和工艺分析，绘制支架零件的视图表达草图。在图纸上选定各视图的位置，绘制主视图、左视图的对称中心线和作图基准线，如图 2 - 4 - 7 所示。布置视图时，要注意在各视图间保留标注尺寸的位置。

根据工作位置和形状特征原则选择主视图。主视图和左视图均采用局部剖视图反映工作部分和支承部分的内部结构，同时，主视图用旋转剖视图表达凸台内部的孔，并用局部视图表达凸台外形，用移出断面图表达十字形连接板的断面结构，如图 2 - 4 - 8 所示。

图 2 – 4 – 6 绘制图框和标题栏

图 2 – 4 – 7 绘制主视图、左视图的对称中心线和作图基准线

（3）标注尺寸及技术要求。

选定尺寸基准，画出全部尺寸界线、尺寸线和箭头。主要结构各个方向的相互位置尺寸直接标注出，单个结构的定形尺寸在其特征视图上集中标注出，如图 2 – 4 – 9 所示。可用游标卡尺或内、外卡钳测量各部分尺寸，但要从主要尺寸基准开始测量并圆整。

图 2-4-8 支架的视图表达

标注技术要求。凡是与其他表面相配合的部位，均需标注表面粗糙度。未注铸造圆角为 R2，铸件不允许有砂眼、缩孔、裂纹等铸造缺陷。

检查并校核草图，最后画出支架零件图，如图 2-4-9 所示。

图 2-4-9 支架零件图

任务评价

请将任务评价结果填入表 2 – 4 – 1 中。

表 2 – 4 – 1　自评/互评表（十三）

任务小组			任务组长		
小组成员			班级		
任务名称			实施时间		
评价类别	评价内容	评价标准	配分	个人自评	小组评价	教师评价
学习准备	资料准备	参与资料收集、整理、自主学习	5			
	计划制订	能初步制订计划	5			
	小组分工	分工合理，协调有序	5			
学习过程	操作技术	见任务评分标准	40			
	问题探究	能在实践中发现问题，并用理论知识解释实践中的问题	10			
	文明生产	服从管理，遵守 5S 标准	5			
学习拓展	知识迁移	能实现前后知识的迁移	5			
	应变能力	能举一反三，提出改进建议或方案	5			
	创新程度	有创新建议提出	5			
学习态度	主动程度	主动性强	5			
	合作意识	能与同伴团结协作	5			
	严谨细致	认真仔细，不出差错	5			
总计			100			
教师总评（成绩、不足及注意事项）						
综合评定等级						

任务二　AutoCAD 环境下零件图的绘制

任务描述

根据任务一的草图在 AutoCAD 经典环境下绘制支架类零件的零件图。

知识链接

一、零件图中的技术标注

零件图中的技术要求一般包括表面粗糙度、尺寸公差与配合、几何公差、对零件的材料、热处理和表面修饰的说明以及关于特殊加工表面修饰的说明等内容。相关国标中对前 3 项所涉及的所有代号和含义作了详细的规定，标注时应按照有关规定进行标注，其余各项则可在零件图中适当的位置通过"文字"（text 或 mtext）命令进行标注，此处不再叙述。

二、表面粗糙度符号

经过加工后的机器零件，其表面状态比较复杂。若将其截面放大，则可发现零件的表面总是凹凸不平，且由一些微小间距和微小峰谷组成，因此，将这种零件加工表面上具有的微小间距和微小峰谷组成的微观几何形状特征称为表面粗糙度。零件的表面粗糙度受切削过程中刀具和零件表面的摩擦、切屑分裂时工件表面金属的塑性变形以及加工系统的高频振动或锻压、冲压、铸造等系统本身的粗糙度影响。零件表面粗糙度对零件的使用性能和使用寿命影响很大。因此，在保证零件的尺寸、形状和位置精度的同时，不能忽视表面粗糙度的影响，特别是对于转速高、密封性能要求好的零部件，要格外重视。

零件的每个表面都应该有粗糙度要求，并且应在图样上用代（符）号标注出来。表面粗糙度的基本符号如图 2 - 4 - 10 所示。

图 2 - 4 - 10　表面粗糙度基本符号

当文字的高度为 h 时，表面粗糙度符号中 H_1、H_2 的具体尺寸可设置为 $H_2 = 2H_1 = 2.8h$。表面粗糙度符号及其含义见表 2 - 4 - 2。

表 2 - 4 - 2　表面粗糙度符号及其含义

符号	意义及说明
∨	基本符号，表示表面可用任何方法获得。当不标注粗糙度参数值或有关说明（如表面处理、局部热处理状况等）时，仅适用于简化代号标注
∨	基本符号加一短画线，表示表面是用去除材料的方法获得，如车、铣、钻、磨、剪切、抛光、腐蚀、电火花加工、气割等
∨	基本符号加一小圆，表示表面是用不去除材料的方法获得，如铸、锻、冲压成形、热轧、粉末冶金等，或者用于保持原供应状况的表面（包括保持上道工序的状况）
∨ ∨ ∨	在上述三个符号的长边上均可加一横线，用于标注有关参数和说明
∨ ∨ ∨	在上述三个符号上均可加一小圆，表示所有表面具有相同的表面粗糙度要求

任务实施

支架类零件绘制的操作步骤具体如下。

1. 创建新图形

可直接选取 A3 样板文件创建新图形。

2. 绘制主视图

（1）将"中心线"图层设为当前图层，执行"直线"命令，在"中心线"图层中绘制一条长度约为 100 mm 的水平中心线和长度约为 165 mm 的垂直中心线。

（2）将水平中心线向上偏移 55 mm，将垂直中心线分别向左、向右偏移 100 mm。

（3）绘制支架底板。将"粗实线"图层设为当前图层，执行"直线"命令，结果如图 2 – 4 – 11 所示。

（4）绘制孔结构并利用夹点功能将中心线缩短至合适的长度，结果如图 2 – 4 – 12 所示。

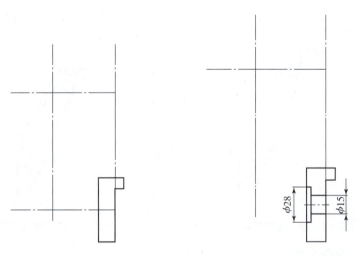

图 2 – 4 – 11　绘制支架底板　　　　图 2 – 4 – 12　绘制孔结构

（5）执行"圆"命令，绘制直径为 26 mm 和 16 mm 的同心圆，结果如图 2 – 4 – 13 所示。

（6）将水平中心线分别向上、向下偏移 1.5 mm，垂直中心线向左偏移 21 mm。

（7）绘制耳板，结果如图 2 – 4 – 14 所示。

（8）修剪和删除多余的线，利用夹点功能将中心线缩短至合适的长度。

（9）执行"旋转"命令，将耳板和圆顺时针旋转 32°。

（10）执行"直线"命令，绘制直线与圆相切，结果如图 2 – 4 – 15 所示。

（11）执行"偏移"命令，将直线偏移并倒角，修剪多余线条。

（12）执行"样条曲线"命令，绘制波浪线，并添加中心线，结果如图 2 – 4 – 16 所示。

图 2 - 4 - 13　绘制圆

图 2 - 4 - 14　绘制耳板

图 2 - 4 - 15　绘制直线与圆相切

图 2 - 4 - 16　绘制波浪线

3. 绘制左视图轮廓

（1）执行"直线"命令，根据视图的投影关系，绘制左视图轮廓，结果如图 2 - 4 - 17 所示。

（2）执行"圆角"命令，绘制半径为 2 mm 圆角并修剪多余线条。

（3）将"中心线"图层设为当前图层，执行"直线"命令，绘制圆孔中心线，结果如图 2 - 4 - 18 所示。

（4）执行"圆"命令，绘制直径为 28 mm 和 15 mm 的同心圆。

图 2 - 4 - 17　绘制左视图轮廓

（5）将"虚线"图层设为当前图层，执行"直线"命令，绘制虚线，结果如图 2 - 4 - 19 所示。

图 2 - 4 - 18　绘制圆孔中心线

图 2 - 4 - 19　绘制虚线

（6）执行"样条曲线"命令，绘制波浪线，如图 2 - 4 - 20 所示。

4. 绘制向视图轮廓

（1）执行"直线"命令，根据视图的投影关系，绘制向视图轮廓，结果如图 2 - 4 - 21 所示。

图 2 - 4 - 20　绘制波浪线

图 2 - 4 - 21　绘制向视图轮廓

（2）执行"样条曲线"命令，绘制波浪线。

（3）执行"旋转"命令，将耳板和圆顺时针旋转 32°，结果如图 2 - 4 - 22 所示。

5. 绘制断面图

（1）将"中心线"图层设为当前图层，执行"直线"命令，利用"对象捕捉"中的"捕捉到垂足"命令绘制两条垂直于肋板轮廓的直线，如图 2 - 4 - 23 所示。

图 2 - 4 - 22　绘制波浪线并旋转

图 2 - 4 - 23　绘制垂线

（2）执行"直线"命令，根据视图的尺寸，绘制移出断面图轮廓。

（3）执行"圆角"命令，绘制半径为2 mm的圆角，结果如图2－4－24所示。

（4）执行"样条曲线"命令，绘制波浪线并修剪多余线条，结果如图2－4－25所示。

图2－4－24 绘制圆角　　　　　　　图2－4－25 绘制波浪线

（5）执行"修改"→"三维操作"→"对齐"命令，把绘制的移出断面图放到合适的位置，结果如图2－4－26所示。

6. 填充剖面线

将"剖面线"图层设为当前图层，执行"图案填充"命令进行填充，如图2－4－26所示。

图2－4－26 合理放置移出断面图

7. 标注尺寸和技术要求

标注尺寸和技术要求如图2－4－9所示。

在标注表面粗糙度时，可通过将其定义为外部块的方式实现快速标注。将表面粗糙度定义为外部块的步骤如下。

①绘制粗糙度符号。按照图2－4－27所示绘制粗糙度符号。

②定义属性。执行"绘图"→"块"→"定义属性"命令，如图2－4－28所示。在弹出的"属性定义"对话框的"标记"文本框中输入"Ra"，如图2－4－29所示，然后，在屏幕上指定RA的位置，如图2－4－30所示。

图2－4－27 绘制
粗糙度符号

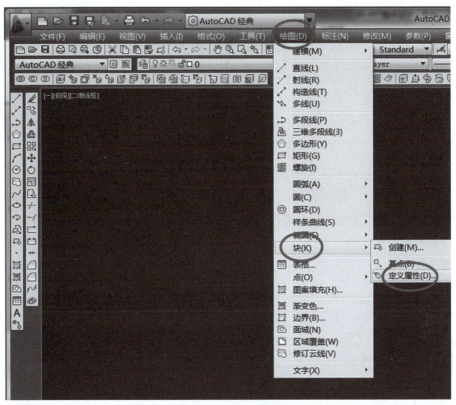

图 2-4-28 执行"定义属性"命令

图 2-4-29 "属性定义"对话框

图2-4-30　指定RA位置

③创建块。在命令行中输入"W"，弹出"写块"对话框，如图2-4-31所示。选中"拾取点"单选按钮后，单击图2-4-31中的粗糙度最下方的点。然后选中"选择对象"单选按钮后，将粗糙度图全选中。最后，单击"文件名和路径"　按钮，如图2-4-32所示。在弹出的"浏览图形文件"对话框中输入"文件名"为"粗糙度"，并把文件保存到所需的位置。

图2-4-31　"写块"对话框

图2-4-32　保存块

④应用块。单击工具栏中的"插入块"按钮，弹出"插入"对话框，单击"浏览"按钮，选择前面所保存的块，参照示意图在相应位置单击并输入粗糙度值，如图2-4-33所示。

8. 填写标题栏

单击"绘图"工具栏中的"多行文字"　**A**　按钮，在合适的位置将标题栏中的文字内容填写完整。

图2-4-33　应用块

任务评价

请将任务评价结果填入表 2 – 4 – 3 中。

表 2 – 4 – 3 自评/互评表（十四）

任务小组			任务组长		
小组成员			班级		
任务名称			实施时间		
评价类别	评价内容	评价标准	配分	个人自评	小组评价	教师评价
学习准备	资料准备	参与资料收集、整理、自主学习	5			
	计划制订	能初步制订计划	5			
	小组分工	分工合理，协调有序	5			
学习过程	操作技术	见任务评分标准	40			
	问题探究	能在实践中发现问题，并用理论知识解释实践中的问题	10			
	文明生产	服从管理，遵守 5S 标准	5			
学习拓展	知识迁移	能实现前后知识的迁移	5			
	应变能力	能举一反三，提出改进建议或方案	5			
	创新程度	有创新建议提出	5			
学习态度	主动程度	主动性强	5			
	合作意识	能与同伴团结协作	5			
	严谨细致	认真仔细，不出差错	5			
总计			100			
教师总评（成绩、不足及注意事项）						
综合评定等级						

课题五　箱体类零件的测绘

☑ 学习目标

知识目标

1. 掌握箱体类零件的尺寸基准的选用。
2. 掌握箱体类零件结构合理完整的表达。

技能目标

1. 能正确完成箱体类零件的尺寸标注。
2. 能使用 AutoCAD 绘制箱体类零件的平面图。

素养目标

1. 通过对箱体类零件的特征分析，制订测绘计划并实施，培养认真负责的工作作风。
2. 通过对箱体类零件图技术要求的理解，加强产品生产精益求精的职业素养。

任务一　箱体类零件的测量与草绘

任务描述

箱体类零件一般是机器的主体，主要起容纳、承托、定位、密封及保护其他零件的作用。箱体类零件的结构形状复杂，一般存在形状各异的空腔，且常带有带安装孔的底板、顶板及其他连接板，上面有凹坑或凸台结构；支承孔处常有加厚凸台或加强肋板。箱体类零件毛坯大多是铸件，有铸造圆角、起模斜度等铸造工艺结构，且具有较多的表面过渡线。

（1）测绘箱体类零件草图的一般步骤是什么？
（2）箱体类零件上有哪些常见工艺结构？
（3）平行度误差的常用测量方法有哪些？如何测量？
（4）垂直度误差的评定方法有哪些？如何测量？

知识链接

一、箱体类零件的作用与结构

箱体类零件一般是机器或部件的主体部分，主要功能是容纳、支承组成机器或部件的各种传动件、操纵杆、控制件等有关零件，并使各零件之间保持正确的相对位置和运动轨迹，是设置油路通道、容纳油液的容器，是保护机器零件的壳体，同时还有定位、密封等作用，因此箱体类零件是机器或部件的基础件，如各种机床床头箱的箱体、减速器箱体、箱盖、油泵泵体、机床的主轴箱、动力箱、机座、车（铣）床尾部的尾架体等。

箱体类零件通常都有一个由薄壁围成的较大的空腔和与其相连接以供安装用的底板，在箱壁上有多个向内或向外延伸的供安装轴承用的圆筒或半圆筒，且在其上、下常有肋板加固。另外，箱体类零件还有许多细小结构，如轴承孔、凸台、凹坑、起模斜度、铸造圆角、肋板、螺孔、销孔、沟槽等结构。根据需要，有时在箱壁上设有油标安装孔、放油螺塞孔等，有的还要设置能安装操纵机构、润滑系统的凸台、孔等有关结构，因此箱体类零件在各种零件中是最为复杂的一类。箱体类零件一般多为铸件（少数采用锻件或焊接件）。

二、箱体类零件的视图选择

箱体类零件多数经过较多工序制造而成（如车、铣、刨、钻、镗、磨等工序），各工序的加工位置不尽相同，因而主视图主要按形状特征和工作位置确定。

（1）箱体类零件一般较为复杂，常需要 3 个以上的视图。对于内部结构形状，常采用各种剖视图表示。

（2）箱体类零件一般按照工作位置放置，并以最能反映各部分形状和相对位置的一面作为主视图。其他视图的选择应围绕主视图进行。

（3）采用单独的局部视图、局部剖视图、斜视图、断面图、局部放大图等进行补充表达。

（4）箱体类零件投影关系复杂，常会出现截交线和相贯线。同时，由于其为铸件毛坯，也经常会遇到过渡线。

三、箱体类零件的尺寸标注

箱体类零件的体积较大，结构较复杂，且非加工面较多，常采用金属直尺、钢卷尺、内（外）卡钳、游标卡尺、深度游标卡尺、高度游标卡尺、内（外）径千分尺、游标万能角度尺、圆角规等量具，并借助检验平板、方箱、直角尺、千斤顶、检验心轴等辅助量具进行测量。

箱体类零件结构复杂，尺寸较多，要充分运用形体分析法进行尺寸标注。在标注尺寸时，除了要贯彻尺寸标注的原则和要求外，还应注意以下尺寸的标注。

（1）尺寸基准。箱体类零件的长度、宽度、高度方向的主要基准一般为孔的中心线、轴线、对称平面和较大的加工平面。

（2）轴孔的定位尺寸。箱体类零件的定位尺寸较多，各孔中心线间的距离一定要直接标注出来。定形尺寸仍用形体分析法标注，且应尽量标注在特征视图上。

（3）重要轴孔对基准的定位尺寸。

（4）与其他零件有装配关系的尺寸。

箱体类零件的表达及尺寸标注实例如图 2 – 5 – 1 所示。

四、箱体类零件的材料和技术要求

1. 箱体类零件的材料

箱体类零件的毛坯一般采用铸件，常用材料为 HT200。只有单件生产或制造某些重型机床时，为了降低成本和缩短毛坯制造周期，可采用锻件和钢板焊接结构。铸铁箱体毛坯在单件小批量生产时，一般采用木模手工造型；大批量生产时，通常采用金属模机械造型。为了节省机械加工时间、节约材料，$\phi 30 \sim 50$ 的孔一般应铸出。

图 2－5－1　箱体类零件的表达及尺寸标注实例

铸件常采用时效热处理，锻件和焊接件常采用退火或正火热处理。

2. 箱体类零件的技术要求

重要的箱体孔和表面，其表面粗糙度参数值较小，目的是保证安装在孔内的轴承和轴的回转精度。另外，重要的箱体孔和表面应标记尺寸公差和几何公差的要求。

（1）公差配合和表面粗糙度。轴承和轴承孔的配合，对一般轴承孔取 JS7、K7（基轴制配合的孔，其粗糙度一般取 $Ra1.6\ \mu m$、$Ra0.8\ \mu m$。对机床主轴孔要求精度更高，其配合应取更高一级的 JS6、K6，粗糙度 Ra 的上限值为 $0.8\ \mu m$、$0.4\ \mu m$。

（2）几何公差。对安装同一轴的两孔，应提出同轴度要求；主要轴孔对安装基面及两相关孔，都应提出平行度要求；重要的箱体孔、重要的中心距和重要的表面，应标注尺寸公差和几何公差要求。

（3）确定其他技术要求。根据需要提出一定条件的技术要求，常见的有如下几点：铸件不得有裂纹、缩孔等缺陷；未注铸造圆角、起模斜度值等；热处理要求，如人工时效、退火等；表面处理要求，如清理及涂漆等；检验方法及要求，如无损检验方法、接触表面涂色检验、接触面积要求等。

3. 箱体类零件测绘的注意事项

（1）润滑油孔、油标位置、油槽通路、放油口等要表达清楚。

（2）由于要考虑有润滑油的箱体类零件的漏油问题，所以测绘时要特别注意螺孔是否为通孔。

（3）由于铸件受内部应力或外力的影响，经常会产生变形，所以测绘时应尽可能对与此铸件有关的零件尺寸也进行测量，以便运用装配尺寸链及传动链尺寸校对箱体尺寸。

五、平行度误差

给定方向的平行度误差是指包容实际要素并平行于基准要素，且距离为最小的两平行平面之间的距离 f。任意方向的平行度误差是指包容实际轴线并平行于基准轴线，且直径为最小的圆柱面的直径 ϕf。

1. 测量面对面的平行度误差

公差要求是测量面相对于基准平面的平行度误差。基准平面用平板体现，如图 2-5-2 所示。

图 2-5-2 面对面平行度误差测量示意

测量时，双手推拉表架在平板上缓慢地做前后滑动，使指示表在被测平面内滑过，找到指示表读数的最大值和最小值。

则被测平面对基准平面的平行度误差的计算公式为

$$f = \left| M_a - M_b \right|$$

2. 测量线对面的平行度误差

公差要求是测量孔的轴线相对于基准平面的平行度误差。需要用心轴模拟被测要素，将心轴装于孔内，形成稳定接触，基准平面用精密平板体现，如图 2-5-3 所示。

图 2-5-3 线对面平行度误差测量示意

测量时，双手推拉表架在平板上缓慢地做前后滑动，当指示表从心轴上素线滑过，找到指示表指针转动的往复点（极限点）后，停止滑动，进行读数。

在被测心轴上确定两个测点 a、b，设两个测点距离为 12 mm，指示表在两个测点的读数分别为 M_a、M_b，若被测要素长度为 11 mm，那么，被测孔对基准平面的平行度误差可按比例折算得到，计算公式为

$$f = \frac{L_1}{L_2} \mid M_a - M_b \mid$$

3. 测量线对线的平行度误差

公差要求是测量孔的轴线相对于基准孔的轴线的平行度误差。需要用心轴模拟被测要素和基准要素，将两根心轴装于基准孔和被测孔内，形成稳定接触，如图 2 – 5 – 4 所示。

图 2 – 5 – 4　线对线平行度误差测量示意

测量前，要先找正基准要素，使基准心轴上素线与平板工作面平行。可用一对等高支承基准心轴，也可用一个固定支承和一个可调支承基准心轴，双手推拉表架在平板上缓慢地做前后滑动，调整可调支承，当指示表在基准心轴上素线左右两端的读数相同时，就认为找正好了。

线对线平行度误差的测量方法与计算公式与线对面平行度误差的测量方法与计算公式相同。

六、垂直度误差

垂直度误差是限制实际要素对基准在垂直方向上变动量的一项指标。其可用平板和带指示表的表架、自准直仪和三坐标测量机等测量。测量方法主要有打表法、间隙法和水平仪光学仪器法。

1. 测量面对面的垂直度误差

（1）将被测零件放置在平板上，用直角尺测量被测表面，如图 2 – 5 – 5 所示。

（2）间隙小时看光隙估读误差值，间隙大时可用塞规片测量误差值。

2. 测量线对线的垂直度误差

（1）基准轴线和被测轴线由心轴模拟，测量时，将零件放置在等高 V 形支承上，如图 2 – 5 – 6 所示。

图 2 – 5 – 5　面对面垂直度误差测量示意

图 2 - 5 - 6　线对线垂直度误差测量示意

（2）在测量距离为 L_2 的两个位置上测得读数值分别为 M_1 和 M_2。

（3）计算垂直度误差，其计算公式为

$$f = \frac{L_1}{L_2} \mid M_1 - M_2 \mid$$

3. 测量面与线的垂直度误差

（1）在平台上，用磁铁支承测量物，如图 2 - 5 - 7 所示。

图 2 - 5 - 7　面与线的垂直度误差测量示意

（2）将指示表接触测量物，在 B 点调零，一直确认到 C 点。

（3）将指示表接触测量物，将其在指示范围内所有地方上下移动，并在 0°与 90°两处进行测定。

（4）将各读数的最大差值按以下公式计算，所得值即垂直度误差（在 0°的读数最大差值为 x；在 90°的读数最大差值为 y）：

$$\text{垂直度误差} = \sqrt{x^2 + y^2}$$

4. 测量线与面的垂直度误差

（1）在 2 个基准孔内插入合适的塞规，并在平台上用磁铁将塞规与平台成直角支承，如图 2 - 5 - 8 所示。

（2）用指示表（或高度规）测定测量面的所有地方，则读数的最大差值即垂直度误差。

图 2 – 5 – 8　线与面的垂直度误差测量示意

任务实施

箱体类零件测绘的操作步骤具体如下。

1. 了解并分析箱体类零件的功能和结构

图 2 – 5 – 9 所示为一送料机构的减速箱箱体三维图，动力由箱体外部的单槽 V 带轮输入，在箱体内，经蜗杆蜗轮、直角圆锥齿轮传动，输出到箱体外部的直齿圆柱齿轮，输出转速为 50～70 r/min。下面以其为例对箱体类零件进行结构和工艺分析。

箱体中空部分容纳蜗杆轴、蜗轮、锥齿轮及传动轴、锥齿轮轴，底部存放润滑油。箱体的重要部位是支承传动轴的轴承孔系，上面的 2 个同轴孔用于支承蜗杆轴，下面的 2 个同轴孔用于支承安装蜗轮、锥齿轮的传动轴，另一个

图 2 – 5 – 9　减速箱箱体三维图

单孔用于支承锥齿轮轴。锥齿轮轴孔内装有轴承套，其他支承孔均直接与圆锥滚子轴承外圈配合。在所有的支承孔壁处均铸有凸缘，用于安装轴承和加工螺孔。箱体底部有底板，底板四角有凸台和安装孔；箱体顶部四角有凸台和螺孔，用于安装箱盖；箱体侧面下部有两个螺孔，上面的油标螺孔用于安装油标，下面的放油螺塞螺孔用于安装放油螺塞。

2. 确定箱体类零件草图视图表达方案

根据步骤 1 对箱体进行的结构和工艺分析确定草图视图表达方案。由于箱体的外形简单，内部结构比较复杂，因此采用 3 个基本视图表达箱体的主体结构，并采用多个其他视图对局部结构进行补充表达，主视图采用剖视图，通过阶梯剖，展示了输入轴（蜗杆）轴孔 $\phi35$、输出轴（圆锥齿轮轴）轴孔 $\phi40$，以及与蜗杆啮合的蜗轮轴孔（图形中部的孔）三者的相对位置及与其他结构的关系。箱体从侧面看，其内部结构较为复杂，外形仅有 2 个相连凸台需要表达。左视图采用局部剖视图，用以表达蜗轮、锥齿轮传动轴支承孔的位置和形状。俯视图用以表达箱框、底板的形状及其相对位置。对于被剖去的箱体左面箱壁上的相连凸台，采用了 C 向局部视图作为补充表达。

3. 绘制箱体类零件草图

（1）徒手绘制图框和标题栏，如图 2 – 5 – 10 所示。

图 2 – 5 – 10 图框和标题栏

（2）根据步骤 1 对箱体进行的结构和工艺分析，绘制箱体类零件视图表达草图，结果如图 2 – 5 – 11 所示。

图 2 – 5 – 11 箱体类零件视图表达草图

（3）测量尺寸。根据草图中的尺寸标注要求，分别测量箱体类零件的各部分尺寸并在草图上进行标注。箱体类零件结构复杂，确定各部分结构的定位尺寸很重要，因此一定要选择好各个方向的尺寸基准。一般是以安装表面、主要支承孔轴线和主要端面作为长度和高度方向的尺寸基准，当各结构的定位尺寸确定后，其定形尺寸才能确定。具有对称结构的部分以对称面作为尺寸基准。

①确定基准。本例中箱体的底面是安装基准面，又是加工的工艺基准面，因此以底面作为箱体高度方向上的设计基准。长度方向上以蜗轮轴线为基准，宽度方向上以前后对称面作为基准。

②轴孔的定位尺寸。传动轴支承孔的位置尺寸直接影响传动件啮合的正确性，因此这些定位尺寸极为重要。

③其他重要尺寸。箱体上与其他零件有配合关系或装配关系的尺寸应一致。

测量箱体类零件尺寸的步骤如下。

①线性尺寸的测量示意如图2-5-12所示。

图2-5-12　线性尺寸测量示意

②回转体内外直径尺寸的测量。直径尺寸包括内径和外径尺寸，可直接用游标卡尺测量，也可用金属直尺配合内卡钳或用专用卡钳测量，如图2-5-13所示。

③曲面测量。对于轮廓形状比较复杂的端面，可采用以下3种测量方法，即拓印法、铅丝法和坐标法。拓印法如图2-5-14（a）所示，首先在白纸上拓印出要测部分的轮廓，然后用几何作图法求出各连接圆弧的尺寸和圆心位置。对于回转面零件的母线曲率半径的测量，可采用铅丝法。首先将铅丝贴合其曲面弯成母线实形，然后将这一实形描绘在纸上，得到母线真实曲线形状后，判定该曲线的圆弧连接情况，定出切点，最后用中垂线法求出各段圆弧的中心及其半径，如图2-5-14（b）所示。另外，一般的曲线和曲面都可用直尺和三角板定出曲面上各点的坐标，在纸上画出曲线，求出曲率半径，如图2-5-14（c）所示。

图 2 - 5 - 13　直径尺寸测量示意

（a）内卡钳与金属直尺配合测内径；（b）内外卡钳与金属直尺配合测内径；

（c）游标卡尺测内外径；（d）外卡钳与金属直尺配合测外径

图 2 - 5 - 14　曲面测量示意

（a）拓印法；（b）铅丝法；（c）坐标法

④测量轴孔中心高。轴孔中心高可用指示表的数显高度卡尺直接测量，也可用高度卡尺配合游标卡尺测量，如图 2 - 5 - 15 所示。

$$H=A+\frac{D}{2}=B+\frac{d}{2}$$

(a)　　　　　　　(b)

图 2－5－15　轴孔中心高测量示意

(a) 箱体类零件一测量；(b) 箱体类零件二测量

⑤测量孔间距。孔间距可用游标卡尺直接测量，然后按图 2－5－16（a）所示公式计算，也可用内外卡钳测量孔的相关尺寸后，按图 2－5－16（b）、图 2－5－16（c）所示公式计算。

$D=L+d$

(a)

$$D=2\times\left(L-\frac{D_0}{2}-\frac{0.85d}{2}\right)$$

(b)

$$D=D_0+K+d$$

(c)

图 2－5－16　孔间距测量示意

测量尺寸时的注意事项如下。

①零件上已标准化的结构，如倒角、键槽、销孔、沉孔、退刀槽和螺纹等，用适当量

具测量后，应查阅相关手册取标准尺寸。这类尺寸可直接标注在图上，也可用尺寸注解的形式标注。

②与标准件（如滚动轴承、螺栓等）相配合的轴孔、螺孔、沉孔等尺寸，测量后必须用与其配合的标准件进行校核。

（4）标注尺寸。

①画出尺寸界线和尺寸线。

②将测得的尺寸与被测项目相对应，按尺寸标注有关规定进行标注，力求做到正确、完整。

③主要尺寸从基准出发直接标注出，先标注各形体之间的定位尺寸，然后标注出各形体的定形尺寸。

④标注时应注意所标注的尺寸要便于测量，也要便于看图，底座下面的凹槽尺寸、螺孔的定位和定形尺寸均集中标注在左视图上，螺孔和底座上的阶梯孔可以用引线进行标注；小于或等于半个圆的圆弧尺寸必须标注在反映实形的视图上，如箱体底座四个角的圆弧尺寸标注在俯视图上，底座下凹槽深度尺寸标注在主视图上。

箱体类零件完整的尺寸标注如图2-5-17所示。

图2-5-17 箱体类零件完整的尺寸标注

（5）确定技术要求。箱体类零件的功能是支承、包容和安装其他零件，为保证机器或部件的性能和精度，对箱体类零件要标注一系列的技术要求。这些技术要求主要包括各支承孔和安装平面的尺寸公差、几何公差、表面粗糙度要求以及热处理、表面处理和有关装配、试验等方面要求。

①尺寸公差的选择。箱体类零件上有配合要求的主轴承孔要标注较高等级的尺寸公差，并按照配合要求选择基本偏差，其公差等级一般为 IT6、IT7。箱体类零件图样中，需要标注公差的尺寸主要有与支承传动轴的孔径公差有啮合传动关系的支承孔间的中心距公差等。

②几何公差的选择。箱体类零件结构形状比较复杂，因此要标注几何公差来控制零件的几何误差。在测绘中可先测出箱体类零件上的形状和位置的误差值，再参照同类型零件的几何公差来确定。本箱体中，对上面用于支承蜗杆轴的两同轴孔，应给定平行度公差，对下面用于支承安装蜗轮、锥齿轮的传动轴的两同轴孔，以及另一个用于支承锥齿轮轴的单孔，应给定垂直度公差。几何公差值及其标注如图 2 – 5 – 17 所示。

③箱体各表面的粗糙度。箱体表面粗糙度可根据实际要求确定，图 2 – 5 – 18 可供参考。

图 2 – 5 – 18　减速箱箱体零件图

④箱体的材料及其对毛坯的技术要求。箱体采用灰铸铁铸造工艺，铸铁牌号选为HT200。铸件采用人工时效热处理。

减速箱箱体零件图的最终结果如图 2 – 5 – 18 所示。

任务评价

请将任务评价结果填入表 2 - 5 - 1 中。

表 2 - 5 - 1 自评/互评表（十五）

评价类别	评价内容	评价标准	配分	个人自评	小组评价	教师评价
任务小组			任务组长			
小组成员			班级			
任务名称			实施时间			
学习准备	资料准备	参与资料收集、整理、自主学习	5			
	计划制订	能初步制订计划	5			
	小组分工	分工合理，协调有序	5			
学习过程	操作技术	见任务评分标准	40			
	问题探究	能在实践中发现问题，并用理论知识解释实践中的问题	10			
	文明生产	服从管理，遵守 5S 标准	5			
学习拓展	知识迁移	能实现前后知识的迁移	5			
	应变能力	能举一反三，提出改进建议或方案	5			
	创新程度	有创新建议提出	5			
学习态度	主动程度	主动性强	5			
	合作意识	能与同伴团结协作	5			
	严谨细致	认真仔细，不出差错	5			
总计			100			
教师总评（成绩、不足及注意事项）						
综合评定等级						

任务二 AutoCAD 环境下零件图的绘制

任务描述

根据任务一绘制的箱体类零件草图，在 AutoCAD 环境下绘制零件图。

知识链接

在实际加工中，对机械零件的某些表面的形状和有关部位的相对位置（如圆、直线、对称等），不可能生成一个绝对准确的形状及相对位置。因此，加工零件的实际形状和位置对理想形状和位置的允许变动量，就是零件的形状和位置公差。形位公差是形状和位置公差的简称。

对于一般零件，它的形状和位置公差可由尺寸公差、加工机床的精度等加以保证。而对于精度较高的零件，则根据设计要求，需在零件图上标注出有关的形状和位置公差，其分类及特征项目符号见表 2 - 5 - 2。

表 2 - 5 - 2　形状和位置公差分类及特征项目符号

公差		特征项目	符号	有或无基准要求	公差		特征项目	符号	有或无基准要求
形状	形状	直线度	—	无	位置	定向	平行度	//	有
		平面度	▱	无			垂直度	⊥	有
		圆度	○	无			倾斜度	∠	有
		圆柱度	⌭	无		定位	位置度	⊕	有或无
							同轴（同心）度	◎	有
形状或位置	轮廓	线轮廓度	⌒	有或无			对称度	⸗	有
		面轮廓度	⌓	有或无		跳动	圆跳动	↗	有
							全跳动	⌮	有

形位公差标注的操作方式如下。

执行"标注"→"公差"命令，或在命令行中执行 tolerance（tol）命令，弹出"形位公差"对话框，如图 2 - 5 - 19 所示。

图 2 - 5 - 19　"形位公差"对话框

选项提示如下。

（1）符号：单击"形位公差"对话框"符号"栏中对应的黑色方框，弹出"特征符号"选项板，可在这里选择相应的形位公差符号，如图2-5-20所示。

图2-5-20 "特征符号"选项板

（2）公差1/公差2：该选项用于设置公差样式，每个选项下面对应有三个方框。第一个黑色方框用于设定是否选用直径符号"φ"，中间空白方框用于输入公差值，第三个方框用于选择"附加符号"，单击第三个方框，弹出"附加符号"选项板，如图2-5-21所示。

图2-5-21 "附加符号"选项板

（3）基准1/基准2/基准3：在该选项的空白方框中可输入几何公差的基准要素代号，黑色方框则用于添加"附加符号"。

（4）高度：该选项用于在创建特征控制框中设置投影公差零值。

（5）延伸公差带：该选项用于在延伸公差带值的后面插入延伸公差带符号。

（6）基准标识符：该选项用于创建由参照字母组成的基准标识符。

依照上述方法创建的形位公差无引线，只是带有形位公差的特征控制框。然而，在多数情况下，创建的形位公差都需要带有引线，因此，设计人员在标注形位公差时经常采用"引线设置"对话框中的"公差"命令。

任务实施

箱体类零件绘制的操作步骤具体如下。

1. 创建新图形

执行"文件"→"新建"命令，弹出"选择样板"对话框，如图2-5-22（a）所示，选择A2模板并导出，如图2-5-22（b）所示。

2. 绘制中心线和主视图

（1）将"中心线"图层设为当前图层。执行"格式"→"线型"命令，设置线型为"点画线"，然后执行"直线"命令，绘制图2-5-23所示的箱体中心线。

（a）

（b）

图 2 - 5 - 22　创建新图形

（a）"选择样板"对话框；（b）导出 A2 模板

（2）将"粗实线"图层设为当前图层。绘制图 2 - 5 - 24 所示的主视图轮廓线。修剪后的主视图轮廓线如图 2 - 5 - 25 所示。

（3）先执行"偏移"命令，再通过"修剪"命令及改变图层操作，绘制箱体主视图内腔线条。然后执行"圆"命令，绘制圆，结果如图 2 - 5 - 25 所示。

3. 绘制左视图

（1）执行"直线"和"偏移"命令，根据视图的投影关系，绘制左视图的轮廓线，结果如图 2 - 5 - 26 所示。

（2）执行"修剪"命令，结果如图 2 - 5 - 27 所示。

（3）绘制左视图箱体内腔的结构和两个直径为 40 mm 的孔结构，结果如图 2 - 5 - 28 所示。

图 2 - 5 - 23 绘制箱体中心线

图 2 - 5 - 24 绘制主视图轮廓线

图 2 - 5 - 25 修剪后的主视图轮廓线

图 2 - 5 - 26 绘制左视图轮廓线

图 2 - 5 - 27　修剪后的左视图轮廓线　　　　图 2 - 5 - 28　绘制左视图箱体内腔及孔结构

（4）根据视图的投影关系，绘制左上方直径为 35 mm 的圆孔结构和台阶，结果如图 2 - 5 - 29 所示。

图 2 - 5 - 29　绘制圆孔结构和台阶

4. 绘制俯视图

（1）执行"直线"和"偏移"命令，根据视图的投影关系，绘制俯视图轮廓线，结果如图 2 - 5 - 30 所示。

（2）执行"修剪"命令，修剪多余线条，结果如图 2 - 5 - 31 所示。

（3）执行"圆角"命令，绘制圆角，结果如图 2 - 5 - 31 所示。

（4）根据视图的投影关系，绘制箱体内腔直径为 35 mm 的台阶孔结构，结果如图 2 - 5 - 31 所示。

（5）执行"样条曲线"命令，绘制波浪线，结果如图 2 - 5 - 32 所示。

5. 绘制向视图

根据投影关系，首先执行"直线"命令绘制中心线，然后执行"圆"命令绘制向视图的投影圆，结果如图 2 - 5 - 33 所示。

6. 补全俯视图线条

根据视图的投影关系，执行"直线"命令，绘制俯视图中直径为 48 mm 的圆孔中心线。

图 2-5-30　绘制俯视图轮廓线

图 2-5-31　绘制圆角及台阶孔结构

图 2-5-32　绘制波浪线

图 2-5-33　绘制向视图的投影圆

7. 标注剖切位置和填充剖面线

（1）执行"多线条"命令，在俯视图中绘制剖切符号，在主视图中绘制表示向视图看图方向的箭头符号，然后在主视图上标注"A—A"，在向视图上标注"C"，结果如图 2-5-34 所示。

（2）将"剖面线"图层设为当前图层，填充剖面线，结果如图 2-5-34 所示。

8. 标注尺寸及技术要求

标注箱体的尺寸及技术要求，结果如图 2-5-18 所示。

9. 填写标题栏

标题栏填写如图 2-5-35 所示。

图 2-5-34 标注剖切位置和填充剖面线

标记	处数	分区	更改文件号	签名	年月日	HT200			学校
设计	(签名)	(年月日)	标准化	(签名)	(年月日)				箱体
						阶段标记	质量	比例	
审核								1:1	A2
工艺			批准			共 张 第 张			

图 2-5-35 填写标题栏

任务评价

请将任务评价结果填入表 2-5-3 中。

表 2-5-3 自评/互评表（十六）

任务小组				任务组长			
小组成员				班级			
任务名称				实施时间			
评价类别	评价内容	评价标准		配分	个人自评	小组评价	教师评价
学习准备	资料准备	参与资料收集、整理、自主学习		5			
	计划制订	能初步制订计划		5			
	小组分工	分工合理，协调有序		5			

续表

评价类别	评价内容	评价标准	配分	个人自评	小组评价	教师评价
学习过程	操作技术	见任务评分标准	40			
	问题探究	能在实践中发现问题，并用理论知识解释实践中的问题	10			
	文明生产	服从管理，遵守 5S 标准	5			
学习拓展	知识迁移	能实现前后知识的迁移	5			
	应变能力	能举一反三，提出改进建议或方案	5			
	创新程度	有创新建议提出	5			
学习态度	主动程度	主动性强	5			
	合作意识	能与同伴团结协作	5			
	严谨细致	认真仔细，不出差错	5			
总计			100			
教师总评（成绩、不足及注意事项）						
综合评定等级						

模块三

机械部件——台虎钳的测绘

☑ 模块描述

通过测绘零部件，检验学生运用所学知识绘制零件图和装配图的初步职业能力（徒手绘图、仪器绘图和计算机绘图能力），以便为后续课程及其机械设计能力奠定基础。

☑ 知识目标

1. 掌握台虎钳的工作原理。
2. 掌握台虎钳的结构。
3. 掌握台虎钳的拆装顺序。

☑ 技能目标

1. 草绘台虎钳零件图和装配图。
2. 能够拆装台虎钳。
3. 能够使用 AutoCAD 绘制台虎钳零件图和装配图。

☑ 素养目标

1. 培养学生综合学习、思维建构、实践创新、交往协作的能力。
2. 培养学生树立服从大局的纪律意识，通过小组合作完成整机测绘，增强学生的团结协作精神。
3. 培养学生养成8S（整理、整顿、清扫、清洁、素养、安全、节约、学习）管理意识。

任务一　台虎钳的测量与草绘

任务描述

了解台虎钳的结构和工作原理，能够正确地使用测量工具，并掌握台虎钳的草绘步骤。

（1）台虎钳是如何实现松夹零件的？

（2）台虎钳由哪些结构组成？

（3）台虎钳的拆装顺序是什么？

任务链接

一、台虎钳的结构及工作原理

台虎钳（见图 3 - 1 - 1）也称虎钳，是机械加工及钳工装配或维修所必备的辅助工具，主要由活动钳口、固定钳口、丝杆和转盘座四部分组成，其中，丝杆起松紧作用。转式台虎钳的钳体可在水平方向做 360°旋转，并能在钳工操作所需位置固定。有些转式台虎钳还可在垂直或水平方向做任意旋转。一般情况下，台虎钳均带有便于锤打用的砧板，其规格用钳口宽度表示，常用规格有 100 mm、125 mm、150 mm 等。

图 3 - 1 - 1　台虎钳

二、台虎钳的装配示意图

图 3 - 1 - 2 所示为台虎钳的轴测装配图和轴测分解图，台虎钳的装配示意图如图 3 - 1 - 3 所示。

（a）　　　　　　　　　　　　　　　　（b）

图 3 - 1 - 2　台虎钳

（a）台虎钳轴测装配图；（b）台虎钳轴测分解图

由图 3 - 1 - 3 可知，该台虎钳共 11 种零件，其中标准件 3 种，非标准件 8 种。台虎钳上有一条装配线，螺杆 8 与圆环 6 之间通过圆柱销 7 连接，且螺杆 8 只能在固定钳身 1 上转动。活动钳身 4 的底面与固定钳身 1 的顶面相接触，螺母 9 的上部装在活动钳身 4 的孔中并通过螺钉 3 与活动钳身 4 固定在一起，螺母 9 的下部则通过螺纹与螺杆 8 连接。当转动螺杆 8 时，通过螺纹带动螺母 9 左右移动，从而带动活动钳身 4 左右移动，达到开闭钳口夹持工件的目的。

图 3－1－3 台虎钳的装配示意图

1—固定钳身；2—钳口板；3，10—螺钉；4—活动钳身；5，11—垫圈；6—圆环；7—圆柱销；8—螺杆；9—螺母

另外，固定钳身 1 与活动钳身 4 上均装有钳口板，它们之间通过螺钉连接。为便于夹紧工件，钳口板 2 上应有滚花结构。

三、台虎钳装配图的画法

1. 台虎钳装配图的表达方案

从部件的装配示意图及拆卸过程可以看出，台虎钳的 11 种零件中共有 6 种零件集中装配在螺杆 8 上，并且该部件为前后对称结构。因此，可通过沿螺杆轴线剖开部件得到全剖的主视图。这样，其中的 10 种零件在主视图上均可表达出来，并且能够将零件之间的装配关系、相互位置以及工作原理清晰地表达出来。左端圆柱销 7 连接处可再采用局部剖视图表达出装配连接关系。

左视图可将螺母轴线及活动钳身 4 放置在固定钳身 1 上安装孔的轴线位置，然后取半剖画出。这样，半个剖视图上便表达了固定钳身 1、活动钳身 4、螺钉 3、螺母 9 之间的装配连接关系，同时表达了台虎钳于一个方向上的外形，因此内外形状均可表达出来。俯视图可取外形图，侧重表达台虎钳的外形，其次，在外形图上取局部视图，表达出钳口板 2 的螺钉连接关系。

另外，主视图和俯视图也应将螺母及活动钳身 4 放置在与左视图相同的位置画出，以保证视图之间的投影对应关系。图 3－1－4 为台虎钳装配图，仅供参考。

2. 台虎钳装配图上的尺寸标注

（1）特性尺寸两钳口板之间的开闭距离用以表示台虎钳的规格，因此应标注出其尺寸，而且应以 "0～xx" 的形式标注出。

（2）装配尺寸。螺杆 8 与固定钳身 1 的左右两端孔配合；活动钳身 4 与固定钳身 1 在宽度方向上有配合；螺母 9 上部与活动钳身 4 的孔之间有配合；圆环 6 与螺杆 8 之间有配合。这些相互配合或者相对位置有要求的部位均应考虑标注出装配尺寸，建议均采用 H8/f7。

（3）外形尺寸。台虎钳总体的长、宽、高尺寸。

（4）安装尺寸。台虎钳是固定在机床上的，因此应标注出安装孔的有关尺寸。

（5）其他重要尺寸。在设计过程中，经计算或选定的重要尺寸，如螺杆轴线到底面的距离等。

图 3 – 1 – 4　台虎钳装配图

11		垫圈（二）	1	Q235A	
10	GB/T 68—2016	螺钉M8×18	4	Q235A	
9		螺母块	1	Q235A	
8		螺杆	1	45	
7	GB/T 119—2000	圆柱销A4×20	1	35	
6		环	1	Q235A	
5		垫圈（一）	1	Q235A	
4		活动钳身	1	HT200	
3		螺钉	1	Q235A	
2		钳口板	2	45	
1		固定钳座	1	HT200	
序号	代号	名称	数量	材料	备注
设计					（单位）
校核			比例		机用虎钳
审核			共 张 第 张		（图号）

3. 台虎钳的技术要求

（1）活动钳身移动应灵活，不得摇晃。

（2）装配后，两钳口板的夹紧表面应相互平行；钳口板上的连接螺钉头部不得伸出其表面。

（3）夹紧工件后不可自行松开工件。

四、台虎钳零件图的画法

关于零件图的画法请参阅模块二的相关内容，这里侧重讲述画图时的有关问题。

1. 固定钳身

固定钳身的表达方案可参考装配图的方案。固定钳身左右两轴孔用以支承螺杆，螺母及活动钳身通过螺杆带动并沿螺杆轴线左右移动。因此，两孔轴线应有同轴度要求，建议选用0.04 mm；并且，两孔均应有尺寸公差的要求，关于两孔尺寸公差的标注可参阅装配图的尺寸标注。为保证螺母的正常移动，固定钳身左右两孔轴线到下方凹槽顶面的尺寸应有尺寸公差要求，建议选用f8。各配合面及接触面均应考虑尺寸公差的要求，可参阅装配图的尺寸标注。

2. 活动钳身

在表达活动钳身时，可将其装钳口板的表面移至后方位置放置。主视图采用半剖，内外形状均可表达；左视图通过左右对称平面取全剖视图，重点表达内部结构形状；俯视图为外形图，并取局部剖视图表达螺钉孔的内部形状。各配合表面均应标注尺寸公差的要求，可参阅装配图的尺寸标注。

3. 螺杆

螺杆为典型的轴类零件，可根据轴类零件的图例确定表达方案。螺杆上的螺纹为矩形螺纹，应用局部放大图表示其牙型并标注全部尺寸；螺杆右端为方榫，应用移出断面图表示其断面形状并标注其尺寸；螺杆左端有圆柱销孔，应用局部剖视图表达并注明"配作"。

有关尺寸公差与几何公差的要求可参阅装配图的尺寸标注及固定钳身的内容。

4. 螺母

螺母的主视图可按工作位置放置，并选用全剖视图，重点表达内部形状；左视图为外形图，重点表达外部形状。螺母与螺杆是旋合的，因此也应用局部放大图表示其牙型，并标注尺寸，如图 3 – 1 – 5 所示。

图 3 – 1 – 5　螺母视图表达及尺寸标注

为保证螺母的正常移动，螺母下部长方形块的上表面与螺孔轴线相互位置应标注尺寸公差的要求，建议选用 H8。

对于以上零件各个表面，均应考虑表面粗糙度要求，对于主要配合面及接触面，其表面粗糙度建议取 $Ra\,1 \sim 1.6\ \mu m$，其他加工面取 $Ra\,3.2\ \mu m$ 或 $Ra\,6.3\ \mu m$，不加工表面为毛坯面。

任务实施

台虎钳测绘的操作步骤具体如下。

一、测绘工具的选择与使用

台虎钳测绘用到的测量器具包括游标卡尺、千分尺、直尺、圆角规等。

二、拆卸台虎钳各个部分

台虎钳的拆卸顺序如下。用弹簧卡钳夹住螺钉 3 顶面的两个小孔，旋出螺钉 3 后，活动钳身 4 即可取下；拔出左端圆柱销 7，卸下圆环 6、垫圈 5，然后旋转螺杆 8，待螺母 9 松开后，从固定钳身 1 的右端抽出螺杆 8，从固定钳身 1 的下面取出螺母，拧开螺钉 10，即可取下钳口板 2。

拆卸时应边拆卸边填写拆卸记录，见表 3 – 1 – 1。如果装配示意图未能在拆卸前完成，还应在拆卸的同时完成装配示意图。

表 3 – 1 – 1　台虎钳拆卸记录

步骤次序	拆卸内容	遇到问题	备注
1	圆柱销 7		
2	圆环 6		
3	垫圈 5		
4	螺杆 8		
5	垫圈 11		
6	螺钉 3		
7	活动钳身 4		
8	螺钉 10		
9	钳口板 2		
10	螺钉 3		
11	螺母 9		
12	螺钉 10		
13	钳口板 2		

拆卸完成后，对所有零件要按一定的顺序编号并填写到装配示意图中，对部件中的标准件应编制标准件明细表，见表 3 – 1 – 2。

表 3 – 1 – 2

序号	名称	标记	材料	数量	备注
1	圆柱销 7	GB/T 19.1　4×20	3	1	
2	螺钉 10	GB/T 68　M8×18	Q235A	4	
3	垫圈 5	GB/T 97.1　14–140HV	Q235A	1	
4	垫圈 11	GB/T 97.1　20–140HV	Q235A	1	

在拆卸过程中，还要注意了解和分析台虎钳中零件间的连接方式和装配关系等，为绘制零件草图和部件装配图做必要的准备。

三、了解和分析零件

（1）了解零件的名称、功用及其在部件中的位置和装配连接关系。
（2）鉴别材料，确定材料名称及牌号。
（3）对零件进行结构分析，凡属标准结构的要素应查表核取标准尺寸。

（4）对零件进行工艺分析，分析其制造方法和加工要求，以便综合设计要求和工艺要求，从而较为合理地确定尺寸公差、几何公差、表面粗糙度和热处理等一系列技术要求。

四、测量并优化台虎钳零件尺寸

测量方面的要求：目测实际零件形状大小，采用大致比例，用铅笔徒手画出图形。画图时，不使用绘图工具，可少量借助绘图工具画底稿，但必须徒手加深；要先画后测注尺寸，切不可边画边测边标注尺寸。

测量数据的处理要求：遵循尺寸圆整原则，即逢4舍，逢6进，遇5保偶数。

五、根据优化数据绘制台虎钳零件草图

（一）绘制台虎钳零件草图

台虎钳中除了4种标准件以外，其他均为专用件，因此要画出这些专用件的零件草图。下面主要讲述台虎钳中螺母、活动钳身、螺杆等零件的测绘过程。

1. 测绘螺母

（1）选择零件视图并确定表达方案。螺母的结构形状为上圆下方，上部圆柱体与活动钳身相配合，并通过螺钉调节松紧度；下部方形体内的螺孔旋入螺杆，将螺杆的旋转运动变为螺母的左右水平移动。底部前后凸出部分的上表面与固定钳身工字形槽的下表面相接触，有相对运动。

根据上述对螺母结构的分析，确定主视图采用全剖视图，表达螺母下部的螺孔（通孔）和上部的螺孔（盲孔），俯视图和左视图主要表达外形，矩形螺纹属非标准螺纹，因此需画出牙型的局部放大图。

（2）测量并标注尺寸。以螺母左右对称中心线为长度方向尺寸主要基准，注出尺寸 $M10 \times 1$；以前后对称中心线为宽度方向尺寸主要基准，注出尺寸44、26、$\phi20$ 等；以底面为高度方向尺寸主要基准，注出尺寸14、46和8，以顶面为辅助基准注出尺寸18、16，再以下部螺孔轴线为辅助基准注出尺寸 $\phi18$、$\phi14$（在矩形螺纹的局部放大图上注出螺纹大径和小径的尺寸及其公差）。

测量尺寸时应注意，除了重要尺寸或配合尺寸以外，如果测得的尺寸数值为小数，应圆整成整数。螺母视图表达及尺寸标注如图 3－1－6 所示。

（3）确定材料和技术要求。螺母、圆环以及垫圈等受力较小的零件选用碳素结构钢 Q235A。为使螺母在钳座上移动自如，其下部凸出部分的上表面有较高的表面粗糙度要求，Ra 值取 1.6 μm。

2. 测绘活动钳身

（1）选择零件视图并确定表达方案。活动钳身的左侧为阶梯形半圆柱体，右侧为长方体，前后向下凸出部分包住固定钳座前后两侧面；中部的阶梯孔与螺母上部圆柱体相配合。

根据上述对活动钳身的结构分析，确定主视图采用全剖视图，表达中间的阶梯孔、左侧阶梯形和右侧向下凸出部分的形状；俯视图主要表达活动钳身的外形，并用局部剖视图表达螺钉孔的位置及其深度；再通过 A 向局部视图补充表达下部凸出部分的形状。

图 3-1-6 螺母视图表达及尺寸标注

（2）测量并标注尺寸。以活动钳身右端面为长度方向尺寸主要基准，注出尺寸 25 和 7，以圆柱孔中心线为辅助基准注出 $\phi 28$、$\phi 20$，以及 $R24$ 和 $R40$，以长度方向尺寸 65 为参考尺寸；以前后对称中心线为宽度尺寸主要基准，注出尺寸 92、40，以螺孔轴线为辅助基准注出 $2 \times M8$，在 A 向视图中注出尺寸 82 和 5；以底面为高度方向尺寸主要基准，注出尺寸 6、16、26，以顶面为辅助基准注出尺寸 8、36，并在 A 向视图上注出螺孔定位尺寸 11 ± 0.3，如图 3-1-7 所示。

图 3-1-7 活动钳身视图表达及尺寸标注

标注零件尺寸时，要特别注意台虎钳中有装配关系的尺寸应彼此协调，不互相矛盾。例如，螺母上部圆柱的外径和同它相配合的活动钳身中的孔径应相同，螺母下部的螺孔尺寸与螺杆要一致，活动钳身前后向下凸出部分与固定钳座前后两侧面相配合的尺寸应一致。

（3）确定材料和技术要求。活动钳身是铸件，一般选用中等强度的灰铸铁 HT200；活动钳身底面的表面粗糙度 Ra 值有较高的要求，取 1.6 μm。对于非工作表面，如活动钳身的外表面，Ra 值可取 6.3 μm。

3. 测绘螺杆

（1）选择零件视图并确定表达方案。螺杆为轴类零件，位于固定钳座左右两圆柱孔内，转动螺杆使螺母带动活动钳身左右移动，可夹紧或松开工件。螺杆主要由 3 部分组成，左部和右部的圆柱部分起定位作用，中间为螺纹，右端用于旋转螺杆。螺杆主要在车床上加工。

根据零件的形状特征，先按加工位置或工作位置选择主视图，再按零件的内外结构特点选用必要的其他视图和剖视图、断面图等表达方法。为表达螺杆的结构特征，按加工位置使轴线水平放置，用一个基本视图表达，并用一个移出断面图、一个局部放大图、一个局部剖视图分别表达方榫、螺纹和销孔。

（2）测量并标注尺寸。以螺杆水平轴线为径向尺寸主要基准，注出各轴段直径；以退刀槽右端面为长度方向尺寸主要基准，注出尺寸 32、174 和 4×φ12，再以两端面为辅助基准注出各部分尺寸。

（3）初定材料和确定技术要求。对于轴、杆、键、销等零件通常选用碳素结构钢，螺杆的材料采用 45 钢；为使螺杆在钳座左右两圆柱孔内转动灵活，螺杆两端轴颈与圆孔采用基孔制间隙配合。螺杆上方工作表面均选择粗糙度 Ra 3.2 μm，其余表面取 Ra 6.3 μm，如图 3-1-8 所示。

图 3-1-8　螺杆草图

4. 测绘固定钳身

（1）选择零件视图并确定表达方案。固定钳身的结构形状为左低右高，下部有一空腔，且有一工字形槽。空腔的作用是放置螺杆和螺母，工字形槽的作用是使螺母带动活动钳身做水平方向左右移动。

固定钳身的主视图按其工作位置选择，按其结构形状再增加俯视图和左视图。为表达内部结构，主视图采用全剖视图，左视图采用半剖视图，俯视图采用局部剖视图。

（2）测量并标注尺寸。固定钳身长、宽、高三个方向的基准选择和标注尺寸的步骤请自行分析。

固定钳身应与活动钳身一致对应，以便两钳口板装上后顶面平齐，也有利于装配后修磨两钳口顶面有装配功能要求的螺孔，光孔孔组的孔距一般设计选用 ±0.3 mm 的极限偏差，如左视图中的 11 ± 0.3 和 40 ± 0.3。

（3）确定材料和技术要求。固定钳身是铸件，一般选用中等强度的灰铸铁 HT200。凡与其他零件有相对运动的表面如工字形槽的上表面、轴孔内表面等表面粗糙度要求较高，取 Ra 值 1.6 μm，其他非工作表面粗糙度 Ra 值取 6.3 μm，标注时可采用多个表面的简化注法，如图 3-1-9 所示。

图 3-1-9 固定钳身草图

（二）绘制台虎钳装配图

零件草图完成后，根据装配示意图和零件草图绘制装配图，如图 3 - 1 - 10 所示。在绘制装配图的过程中，对草图中存在的零件形状和尺寸的不妥之处应做必要的修正。

11	垫圈（二）	1	Q235A	
10	螺钉 M8×18	4	Q235A	GB/T 68—2016
9	螺母块	1	Q235A	
8	螺杆	1	45	
7	圆柱销4×20	1	35	GB/T 68—2000
6	环	1	Q235A	
5	垫圈（一）	1	Q235A	
4	活动钳身	1	HT200	
3	螺钉	1	Q235A	
2	钳口板	2	45	
1	固定钳座	1	HT200	
序号	名称	数量	材料	备注
设计			共 张 第 张	（单位）
校核			质量	机用虎钳
审核			比例	1:2	（图号）

图 3 - 1 - 10　台虎钳装配图

（1）确定台虎钳装配图的表达方式。采用通过主要装配干线进行剖切的剖视图，以表达部件中各零件间的装配关系；左视图采用半剖，补充表达活动钳身和固定钳座的装配关系及螺母结构特点；俯视图补充表达固定钳座的结构特点。

（2）确定图纸幅面和绘图比例。图纸幅面和绘图比例应根据装配体的复杂程度和实际大小选用，应清楚地表达出主要装配关系和主要零件的结构。选用图幅时，还应注意在视图之间留有足够的空隙，以便标注尺寸、编写零件序号、注写明细栏及技术要求等。

（3）装配图的绘图步骤。台虎钳装配图的绘图步骤如图 3 - 1 - 11 所示。先画出各视图的主要轴线、对称中心线及基准线，如图 3 - 1 - 11（a）所示。再画出固定钳身的轮廓线（三个视图要联系起来画），如图 3 - 1 - 11（b）所示。然后画出活动钳身的轮廓线，如图 3 - 1 - 11（c）所示。最后画出完整装配图，如图 3 - 1 - 11（d）所示。最后标注尺寸、注写技术要求，填写标题栏和明细栏，如图 3 - 1 - 4 所示。

（a）

（b）

图 3 - 1 - 11　台虎钳装配图的绘图步骤

（a）画出各视图主要轴线、对称中心线和基准线；（b）画出固定钳身的轮廓线

（c）

（d）

图 3－1－11　台虎钳装配图的绘图步骤（续）

（c）画出活动钳身的轮廓线；（d）画出完整装配图

任务评价

请将任务评价结果填入表 3 – 1 – 3 中。

表 3 – 1 – 3　自评/互评表（十七）

任务小组				任务组长	
小组成员				班级	
任务名称				实施时间	
学习准备	资料准备	参与资料收集、整理、自主学习	5		
	计划制订	能初步制订计划	5		
	小组分工	分工合理，协调有序	5		
学习过程	操作技术	见任务评分标准	40		
	问题探究	能在实践中发现问题，并用理论知识解释实践中的问题	10		
	文明生产	服从管理，遵守 5S 标准	5		
学习拓展	知识迁移	能实现前后知识的迁移	5		
	应变能力	能举一反三，提出改进建议或方案	5		
	创新程度	有创新建议提出	5		
学习态度	主动程度	主动性强	5		
	合作意识	能与同伴团结协作	5		
	严谨细致	认真仔细，不出差错	5		
总计			100		
教师总评（成绩、不足及注意事项）					
综合评定等级					

任务二　AutoCAD 环境下台虎钳装配图的绘制

任务描述

　　任务一中讲述了手工绘制装配图的一般方法与步骤，由于计算机绘图的快速发展与广泛使用，手工画图一般只是帮助构思，实际应用的图样大多是由计算机绘制的。因此，本任务主要学习用 AutoCAD 绘制装配图，主要内容包括采用外部参照进行绘图，涉及的概念及方法均重在理解，不必机械记忆。本任务需重点掌握的内容是采用外部参照进行绘图。

　　（1）用 AutoCAD 绘制装配图的方法有哪些？

　　（2）外部参照的命令是什么？

　　（3）采用多重引线标注零件序号的步骤是什么？

知识链接

一、直接绘制装配图

画装配图时，应选好比例尺，布置好图面，如图 3 - 1 - 12 所示。草图的比例尺应与正式图比例尺相同，并优先采用 1∶1 的比例尺，以便于绘图并传达真实感。

图 3 - 1 - 12　装配图的图面布置

装配图的图面布置好以后，即可根据所给的装配图按绘制零件图的方法进行绘制，最后将绘制好的图形保存。

二、根据已有零件图形绘制装配图

根据已有零件图形绘制装配图时，可采用"外部参照"命令，该命令调用方式如下。

①命令行输入 xattach（xa）。

②在 AutoCAD 经典界面下，执行"插入"→"外部参照"命令，弹出"外部参照"对话框，如图 3 - 1 - 13 所示，然后单击左上角的"附着"按钮，如图 3 - 1 - 14 所示。

图 3 - 1 - 13　"外部参照"对话框

图 3 - 1 - 14　"附着"按钮

③在草图与注释模式下，在功能区单击"插入"→"附着"按钮。

在绘图过程中，设计人员可将一幅图形作为外部参照附加到当前图形中，这是一种重要的共享数据的方法。当一个图形文件被作为外部参照插入当前图形中时，外部参照中每个图形的数据仍然分别保存在各自的源图形文件中，当前图形中所保存的只是外部参照的名称和路径。设计人员可对外部参照进行比例缩放、移动、复制、镜像或旋转等操作，还可以控制外部参照的显示状态，但这些操作均不会影响到源图形文件。AutoCAD 允许在绘制当前图形的同时，显示多达 32 000 个的外部参照，并且可以对外部参照进行嵌套，嵌套的层次可以为任意多层。当打开或打印附着有外部参照的图形文件时，AutoCAD 会自动对每个外部参照图形文件进行重新加载，从而确保每个外部参照图形文件反映的是它们的最新状态。

外部参照与块有相似的地方，它们的主要区别是一旦插入了块，该块就永久性地插入当前图形中，成为当前图形的一部分；而以外部参照方式将图形插入某一图形（称为主图形）后，被插入图形文件的信息并不直接加入主图形，主图形只是记录外部参照的关系，如外部参照图形文件的路径等信息。另外，对主图形进行的操作不会改变外部参照图形文件的内容，当打开具有外部参照的图形文件时，系统会自动把各外部参照图形文件重新调入内存并在当前图形中显示出来。

三、堆叠

堆叠文字是指应用于多行文字对象和多重引线中的字符的分数和公差格式。

（1）使用特殊字符可以指示如何堆叠选定的文字。

①斜杠（/）以垂直方式堆叠文字，由水平线分隔。

②磅字符（#）以对角形式堆叠文字，由对角线分隔。

③插入符号（^）创建公差堆叠（垂直堆叠，且不用直线分隔）。

（2）手动堆叠。要在文字编辑器中手动堆叠字符，首先应选择要进行格式设置的文字（包括特殊的堆叠字符），然后右击，在弹出的快捷菜单中执行"堆叠"命令。

（3）自动堆叠数字字符和公差字符。可以指定自动堆叠斜杠、磅字符或插入符号前后输入的数字字符，例如，如果输入"1#3"并后接非数字字符或空格，默认情况下将弹出"自动堆叠特性"对话框，并且可在"自动堆叠特性"对话框中更改设置以指定首选格式。自动堆叠功能仅应用于堆叠斜杠、磅字符和插入符号前后紧邻的数字字符。对于公差堆叠，+、–和小数点字符也可以自动堆叠。

四、序号标注

（1）"多重引线"命令调用方法如下。

①功能区：执行"默认"→"注释面板"→ 引线·命令。

②菜单栏：执行"标注"→"多重引线"命令。

（2）设置多重引线样式。在图 3 – 1 – 15 所示的"多重引线样式管理器"对话框中可设置多重引线样式。多重引线对象通常包含箭头、水平基线、引线或曲线和多行文字对象或块。多重引线可创建为箭头优先、引线基线优先或内容优先。如果已使用多重引线样式，则可从该指定样式创建多重引线。创建新的多重引线样式后，可在"修改多重引线样式"对话框中对引线格式、结构及内容按要求进行设置，如图 3 – 1 – 16 所示。

图 3 - 1 - 15 "多重引线样式管理器"对话框

图 3 - 1 - 16 "修改多重引线样式"对话框

五、表格

（1）"表格"命令调用方法如下。

①功能区：执行"默认"→"注释"→ 命令。

②菜单栏：执行"绘图"→"表格"命令。

③工具栏：执行"绘图" 命令。

（2）设置表格样式。在图 3 - 1 - 17 所示的"表格样式"对话框中设置表格样式。

在"表格样式"对话框中单击"新建"按钮，新建表格样式，弹出"新建表格样式"对话框，如图 3 - 1 - 18 所示，在此对话框中按要求对表格样式进行修改。

（3）插入表格。在"插入表格"对话框（图 3 - 1 - 19）中按要求创建标题栏和明细栏表格。

图 3 – 1 – 17 "表格样式"对话框

图 3 – 1 – 18 "新建表格样式"对话框

图 3 – 1 – 19 "插入表格"对话框

任务实施

台虎钳装配图绘制的操作步骤具体如下。

根据位于目录"D:\我的文档\台虎钳"中的图形文件"螺母.dwg""圆环.dwg""垫圈（一）.dwg""螺杆.dwg""钳口板.dwg""垫圈（二）.dwg""螺钉（M10）

.dwg""活动钳身.dwg""固定钳身.dwg"，绘制台虎钳装配图。

1. 新建图形文件

打开A2模板后将其另存为"虎钳装配图.dwg"。

2. 插入"固定钳身"

（1）在功能区单击"插入"→"附着" 🔩 按钮，打开"固定钳身"文件，将其插入界面中。

（2）在"外部参照"对话框中右击"固定钳身"文件，将其设置成"绑定"状态。

（3）单击 🔧 按钮分解"固定钳身"。

3. 主视图装配

（1）插入"垫圈（二）"。

①按照步骤2，插入"垫圈（二）"。

②将"垫圈（二）"移动到"固定钳身"主视图的对应位置。

③整理、修剪或删除多余的线。

（2）插入"螺杆"。

①按照步骤2，插入"螺杆"。

②将螺杆的主视图移动到"固定钳身"主视图的对应位置。

③整理、修剪或删除多余的线。

（3）按照上述方法依次插入各零件。

4. 俯视图装配

（1）将"活动钳身"俯视图插入"固定钳身"俯视图的对应位置并进行修剪、整理。

（2）将主视图中的螺杆、垫圈和圆环复制到俯视图中，并进行修剪。

（3）画出螺钉M8×18及螺钉3的俯视图，整理并修剪。

5. 左视图装配

运用画、修剪、复制等方法在"固定钳身"左视图的对应位置画出左视图。

6. 填充剖面线，整理好装配图

7. 标注尺寸与技术要求

（1）标注配合尺寸$\phi12H8/f7$。

①将图层设置成尺寸标注层。

②标注尺寸$\phi12H8/f7$，利用"线性"命令标注出12后输入"m"，按Enter键后输入"％％c12H8/f7"，选中"H8/f7"后右击，在弹出的快捷键中执行"堆叠"命令。

③在屏幕上适当位置单击，完成标注。

（2）按照上述方法依次标注出$\phi18H8/f7$、$\phi82H8/f7$、$\phi20H8/h7$。

（3）利用"线性"命令依次标注出205、60、116、0~70、16、$2×\phi11$、40、80。

（4）标注剖切符号、"A—A"及技术要求。

8. 标注序号

（1）设置多重引线。

①执行"标注"→"多重引线"命令，弹出"多重引线样式管理器"对话框。

②在"多重引线样式管理器"对话框中单击"新建"按钮，新建多重引线样式并命名为"zpt1"，然后按下列要求修改。

　　a. 引线格式：箭头符号改为"无"。

　　b. 引线结构：自动包含基线去除掉。

　　c. 内容：文字高度改为"5"，引线连接：水平。

　　d. 连接位置左右：最后一行加下划线。

③单击"确定"按钮，关闭"多重引线样式管理器"对话框。

（2）用多重引线标注。

①执行 🖋 引线 · 命令。

②按要求在要标注的零件上单击，拉出引线后在平面适当位置单击，输入零件序号。

③按上述方法依次标注每个零件，注意标注时运用"在极轴追踪"功能使序号在同一直线上。

9. 利用"表格"命令制作明细栏

（1）设置表格。

①执行"绘图"→"表格"命令，弹出"表格样式"对话框。

②在"表格样式"对话框中单击"新建"按钮新建表格样式并命名为"mxl"，然后按下列要求修改。

　　a. 表格方向：向上。

　　b. 单元样式：数据。

　　c. 常规特性：正中。

　　d. 文字高度：5。

　　e. 边框：线宽0.7，外边框。

③单击"确定"按钮，关闭"表格样式"对话框。

（2）插入表格。

①单击"附着"按钮，弹出"插入表格"对话框，在此对话框中按下列要求修改。

　　a. 表格样式：mxl。

　　b. 插入方式：指定窗口。

　　c. 列数：6。

　　d. 第一行单元样式：数据。

　　e. 第二行单元样式：数据。

　　f. 所有其他行单元样式：数据。

②单击"确定"按钮后，命令行提示如下。

```
命令：_table
指定第一角点：单击标题栏的左上角
指定第二角点:@140,88  键盘输入
```

③单击表格后拖动改变列宽。

④按要求填写明细栏。

10. 整理后保存。

保存文件"台虎钳 . dwg"，结果如图 3 - 1 - 11（d）所示。

任务评价

请将任务评价结果填入表 3 - 1 - 4 中。

表 3 - 1 - 4　自评/互评表（十八）

任务小组				任务组长		
小组成员				班级		
任务名称				实施时间		
评价类别	评价内容	评价标准	配分	个人自评	小组评价	教师评价
学习准备	资料准备	参与资料收集、整理、自主学习	5			
	计划制订	能初步制订计划	5			
	小组分工	分工合理，协调有序	5			
学习过程	操作技术	见任务评分标准	40			
	问题探究	能在实践中发现问题，并用理论知识解释实践中的问题	10			
	文明生产	服从管理，遵守 5S 标准	5			
学习拓展	知识迁移	能实现前后知识的迁移	5			
	应变能力	能举一反三，提出改进建议或方案	5			
	创新程度	有创新建议提出	5			
学习态度	主动程度	主动性强				
	合作意识	能与同伴团结协作	5			
	严谨细致	认真仔细，不出差错	5			
总计			100			
教师总评 （成绩、不足及注意事项）						
综合评定等级						

任务三　AutoCAD 环境下台虎钳零件图的绘制

任务描述

机器在设计过程中是先画出装配图，再由装配图拆画零件图。机器维修时，如果其中某个零件损坏，也要将该零件拆画出来。在识读装配图的教学过程中，常要求拆画其中的某个零件图以检查学生是否真正读懂了装配图。因此，拆画零件图应该在读懂装配图的基础上进行。

（1）用 AutoCAD 绘制零件图的一般步骤是什么？

（2）表面粗糙度符号的属性如何定义？

（3）几何公差如何标注？

知识链接

一、零件图绘制的一般过程

设计人员在绘制零件图的过程中，必须遵守机械制图国家标准的有关规定。下面主要介绍 AutoCAD 绘制零件图的一般过程及需要注意的一些常见问题。

零件图绘制的操作步骤具体如下。

1. 选择零件图的样本文件模板

在绘制零件图之前，设计人员可根据所要绘制图纸的图幅大小和格式选择合适的样本文件模板。选择样本文件模板主要有两种方法，一种是事先建立各种符合国家机械制图标准的若干通用模板，另一种是可以利用 AutoCAD 系统提供的样本文件模板。

2. 绘制图形

零件图千变万化，要想正确绘制零件图，首先要分析视图，了解组成零件各部分结构的形状、特点以及它们之间的相对位置，看懂零件各部分的结构形状从而确定零件视图的选择。当确定好零件的表达视图后，就要定出基准，基准是绘图的参照，常用的绘图基准包括中心线、端面线和构造线等。

确定了绘图的基准以后，就进入轮廓的绘制阶段，设计人员要利用 AutoCAD 提供的基本绘图、编辑修改和精确绘图工具命令来进行各个零件视图的绘制。

3. 零件图的标注

完成了各个视图的绘制之后，就需要对绘制好的各个视图进行标注。首先进行长度型尺寸标注、圆弧型尺寸标注、角度型尺寸标注等基础简单的标注，然后进行尺寸公差、几何公差和表面粗糙度等标注，尺寸标注的方式应该尽可能完整地表达零件的信息。

4. 完善图形的信息

根据需要标注表面粗糙度符号、剖切基准符号、铸造和焊接符号等，可以通过建立外部块、动态块、外部参照、设计中心、工具选项板等创建专用的符号和图形库，以快速完成图形的绘制。最后填写标题栏，检查、校核、修改、完成零件图并保存图形。

5. 打印输出

二、零件图的绘制方法

如前所述，零件图中应包含一组表达零件形状的视图，因此绘制零件图中的视图是绘制零件图的重要内容。对此的要求是视图应布局匀衬、美观，且符合主视图、俯视图长对正，主视图、左视图高平齐，俯视图、左视图宽相等的投影规律。

（1）坐标定位法。坐标定位法是一种通过给定视图中各点的准确坐标值来绘制零件图的方法。在绘制一些大且复杂的零件图时，为了图面布局及投影关系的需要，经常先采用这种方法绘制出基准线，确定各个视图的位置，然后综合运用其他方法绘制完成图形。

（2）绘图辅助线法。绘图辅助线法是一种利用 AutoCAD 中的绘制构造线（xline）命令等辅助命令绘制出一系列水平、垂直和与水平呈某角度的辅助线，以保证视图之间的投影关系，并结合图形绘制、编辑修改和精确绘图工具来完成零件图的绘制的方法。

（3）对象捕捉跟踪法。对象捕捉跟踪法利用 AutoCAD 中提供的辅助绘图工具中的对象捕捉、自动捕捉、自动追踪、正交等工具来保证视图之间的投影关系，并结合常用的绘图工具来完成零件图的绘制。

任务实践

台虎钳各部分零件图的绘制步骤如下。

（1）绘制活动钳身零件图，如图 3-1-20 所示。

图 3-1-20　活动钳身零件图

（2）绘制固定钳身零件图，如图3-2-21所示。

图 3-1-21　固定钳身零件图

（3）绘制螺钉零件图，如图3-1-22所示。

图 3-1-22　螺钉零件图

（4）绘制垫圈（一）零件图，如图 3 – 1 – 23 所示。

图 3 – 1 – 23 垫圈（一）零件图

（5）绘制垫圈（二）零件图，如图 3 – 1 – 24 所示。

图 3 – 1 – 24 垫圈（二）零件图

（6）绘制圆环零件图，如图 3 - 1 - 25 所示。

图 3 - 1 - 25　圆环零件图

（7）绘制螺杆零件图，如图 3 - 1 - 26 所示。

图 3 - 1 - 26　螺杆零件图

（8）绘制螺母零件图，如图3-1-27所示。

图3-1-27　螺母零件图

（9）绘制钳口板零件图，如图3-1-28所示。

图3-1-28　钳口板零件图

任务评价

请将任务评价结果填入表3-1-5中。

表3-1-5　自评/互评表（十九）

任务小组			任务组长		
小组成员			班级		
任务名称			实施时间		
评价类别	评价内容	评价标准	配分	个人自评	小组评价	教师评价
学习准备	资料准备	参与资料收集、整理、自主学习	5			
	计划制订	能初步制订计划	5			
	小组分工	分工合理，协调有序	5			
学习过程	操作技术	见任务评分标准	40			
	问题探究	能在实践中发现问题，并用理论知识解释实践中的问题	10			
	文明生产	服从管理，遵守5S标准	5			
学习拓展	知识迁移	能实现前后知识的迁移	5			
	应变能力	能举一反三，提出改进建议或方案	5			
	创新程度	有创新建议提出	5			
学习态度	主动程度	主动性强	5			
	合作意识	能与同伴团结协作	5			
	严谨细致	认真仔细，不出差错	5			
总计			100			
教师总评（成绩、不足及注意事项）						
综合评定等级						

液压管道连接件的三坐标精密检测

通过用三坐标测量机对液压管道连接件（见图 4-1-1、图 4-1-2）进行测量，检验并巩固学生所学知识（零件坐标系的建立、自动测量圆、测量程序运行时的参数设置、尺寸误差的评价和测量报告等），为后续课程及学生测量能力的提高奠定基础。

☑ 知识目标

1. 掌握三坐标测量机的工作原理。
2. 掌握三坐标测量步骤。
3. 熟悉液压管道连接件的结构。

☑ 技能目标

1. 草绘液压管道连接件零件图。
2. 能使用 AutoCAD 绘制液压管道连接件零件图。

☑ 素养目标

1. 培养学生谦虚、善于钻研、乐于奉献、务实的工作态度。
2. 培养学生运用知识技术解决问题的能力，增强学生奋斗意识。
3. 培养学生创造性思维，增强学生创新意识，提高学生实践能力。

任务一　三坐标测量过程简析

任务描述

掌握三坐标测量机的工作原理，能够正确地使用三坐标测量机。

（1）三坐标测量机建立坐标的原理是什么？
（2）三坐标测量机测量前准备工作有哪些？
（3）三坐标测量机测头校验有哪些步骤？

图 4－1－1 液压管道连接零件图

图 4 – 1 – 2 液压管道连接件实体

任务链接

一、三坐标测量前的准备工作

（1）分析工件、图纸，设定工件的定位摆放、工件坐标系原点的位置及找正方式，选择各元素所需测头及方位。

（2）清洁工件，保证所测工件上没有纤维、油污、铁屑等影响测量结果的残留物。

（3）装夹工件，保证工件定位可靠，在测量过程中稳定不移位，避免抖动等不可靠的现象发生。

（4）校验测头，保证各方位测头测量结果的计算准确、稳定、可靠。

（5）将光标移至程序最开始的位置，再测试运行程序。

（6）输出结果，判断工件尺寸是否合格。

二、三坐标测量机开关机测试

1. 开机

（1）开机前准备工作。

①检查机器的外观及机器导轨是否有障碍物，电缆及气路是否连接正常。

②对导轨及工作台面进行清洁。

③检查温度、气压、电压、地线等是否符合要求，对前置过滤器、储气罐、除水机进行放水检查。

④以上条件都具备后，接通 UPS、除水机电源，打开气源开关。

（2）三坐标测量机开机操作步骤。

①打开电源（气压高于 0.5 MPa）。

②开启控制柜电源，系统进入自检状态（操作盒所有指示灯全亮），开启计算机电源。

③系统自检完毕（操作盒部分指示灯灭），按 machine start 按钮加电。

④加电后，启动 PC – DMIS 软件，三坐标测量机进行回机器零点过程。

⑤回机器零点完成后，PC – DMIS 软件进入正常工作界面，三坐标测量机进入正常工作状态。

（3）三坐标测量机关机操作步骤。

①首先将测头移动到安全的位置和高度（避免造成意外碰撞）。

②退出 PC – DMIS 软件，关闭控制系统电源和测座控制器电源。

③关闭计算机，关闭电源。

三、三坐标测量机测头校验测试

1. 加载、配置测头

执行"插入"→"硬件定义"→"测头"命令，进入"测头功能"对话框（见图 4 – 1 –3）。

（1）定义测头文件。

（2）定义测头配置。

单击未定义测头的提示语句，在"测头说明"下拉列表框中选择使用的测座标号。

在右侧窗口中会出现该型号的测座图形，依次进行测座、测头、测尖配置，如图 4 – 1 – 3、图 4 – 1 – 4 所示。

图 4 – 1 – 3　"测头功能"对话框

图 4 – 1 – 4　测头与测尖配置

2. 参数设置

单击"测量"按钮，在弹出的"校验测头"对话框中进行参数设置，如图4-1-5所示。

图4-1-5 "校验测头"参数设置

测点数：校验时测量标准球的采点数，默认设置为5点，推荐为9~12点。

逼近/回退距离：测头接触或回退时速度转换点的位置，可以根据情况设置，一般为2~5 mm，实际操作时可根据实际情况选择0.5 mm左右，设置参数与实际检测元素有关，检测狭小空间时需要略小些，检测毛坯时需要大些。

移动速度：检测内容的空运行速度。

接触速度：测头接触标准球的时速度。

控制方式：一般采用DCC方式。

操作类型：选择校验测尖。

校验模式：一般应采用用户定义，在采点数为9~12点时，层数应选择3层。起始角和终止角可以根据情况选择，一般球形和柱形测针采用0.0°~90.0°。对特殊测针（如盘形测针）校验时起始角、终止角要进行必要调整，如-10.0°、+10.0°。

柱测针校验：对柱测针校验时设置的参数，柱测针偏置是指在测量时使用的柱测针的位置。

参数组：用户可以把"校验测头"对话框的设置用文件的方式保存，需要时直接选择调用。

可用工具列表：校验测头时使用的校验用工具的定义。单击"添加工具"按钮，弹出"添加工具"对话框。在工具标识窗口添加"标识"，在支承向量窗口输入标准球的支承向量（指向标准球，如0，0，1），在直径/长度窗口输入标准球检定证书上标注的实际直径值，单击"确定"按钮。

确定参数后，单击"测量"按钮进行校验测头。

3. 校验测头

单击"测量"按钮后（见图 4 – 1 – 5），弹出"标定工具已移动"对话框，如图 4 – 1 – 6 所示，单击"是 – DCC 采点定位工具"按钮，弹出提示对话框，如图 4 – 1 – 7 所示，必须先校验 1 号测针 T1A0B0，使它们相互关联。

使用操纵杆控制测针在标准球与测针正对的最高点处触测一点。

在"校验测头"对话框设置完成后，单击"测量"按钮。

图 4 – 1 – 6　"标定工具已移动"对话框　　　　图 4 – 1 – 7　提示对话框

如果单击"测量"按钮前没有选择要校验的测针，PC – DMIS 会弹出提示窗口，若不是要校验全部测针，则单击"否"按钮，选择要校验的测针后，重复以上步骤。确实要校验全部测针，单击"是 – DCC 采点定位工具"按钮。

PC – DMIS 在操作者选择了要校验的测针后，弹出提示窗口，警告操作者测座将旋转到 A0、B0 角度，这时操作者应检查测头旋转后是否与工件或其他物体相干涉，如果有干涉，须及时采取措施，同时要确认标准球是否被移动。

如果单击"否"按钮，PC – DMIS 会根据最后一次记忆的标准球位置自动进行所有测头位置的校验。

如果单击"是 – DCC 采点定位工具"按钮，PC –DMIS 会弹出另一窗口，提示操作者如果校验的测针与前面校验的测针相关，应该用前面标准球位置校验过的 1 号测针 T1A0B0，使它们互相关联。

单击提示对话框中的"确定"按钮后，操作者要使用操纵杆控制测量机用测针在标准球与测针正对的最高点处触测一点，测量机会自动按照设置进行全部测针的校验。若操作者需要指定测针校验顺序，在测头功能窗口中选中"用户定义的校验顺序"复选框，单击第一个要校验的测针，然后按住 Ctrl 键同时按顺序单击其他测针，在定义的测针前面就会出现顺序编号，系统会自动按照操作者指定的顺序校验测针。

4. 查看结果

校验完成后，查看结果是否符合要求。

四、三坐标测量机 PC – DMIS 测量软件测试

1. 新建程序

双击 PC – DMIS 测量软件的图标后，PC – DMIS 软件启动。

如图 4 – 1 – 8 所示，在建立新零件测量程序时，执行"文件"→"新建"命令，弹出"新建零件程序"对话框，如图 4 – 1 – 9 所示，分别输入"零件名""修订号""序列号"，这是程序和检测报告中进行区别的标识，其中"零件名"是必填项目。如果要调用以前的程序，可以执行"文件"→"打开"命令，或在程序启动时选择相应已存在的文件名，单击"确定"按钮后，程序进入工作状态。

图 4 – 1 – 8 PC – DMIS 测量
软件"新建"命令

图 4 – 1 – 9 测量软件"新建零件程序"对话框

2. 主要窗口介绍

图 4 – 1 – 10 所示为 PC – DMIS 测量软件窗口。

（1）软件版本及当前测量程序路径显示区。

（2）功能区。

（3）软件工作环境设置区域。

A 表示软件当前工作方式。

B 表示当前坐标系选择、显示区。

C 表示当前测头文件选择、显示区。

D 表示当前使用的测头位置选择、显示区。

E 表示当前坐标轴、坐标平面选择、显示区。

F 表示当前工作平面选择、显示区。当使用非坐标平面作为当前投影平面时，在该窗口选择相应平面。该窗口优先级高于坐标轴命令。

图 4 - 1 - 10　PC - DMIS 测量软件窗口

（4）快捷键集合区。

使用快捷键可以提高效率。在该区域右击，可以选择显示的快捷键，拖动可改变位置。可以把自己习惯的快捷键布局设置好，单击"保存"按钮，输入文件名，即可保存快捷键布局。需要时只要按相应布局选择键选择相应布局，即可恢复到自己熟悉的快捷键布局。

（5）编辑窗口。

编辑窗口可以在视图菜单中执行相应命令进行打开或关闭。编辑窗口可以浮动，也可以停靠在窗口的任何位置。

编辑窗口有三种工作模式，可以通过执行"视图"→"概要模式"/"命令模式"/"DMIS 模式"命令进行模式转换。

执行"视图"→"概要模式"命令，进入"概要模式"，如图 4 - 1 - 11 所示，在"概要模式"下可以查看零件测量程序的整个过程，也可以直观地查看各语句、变量、参数的设置，还可以通过直观的接口对程序过程进行排版或编辑。

图 4 - 1 - 11　"概要模式"下的"编辑窗口"

（6）图形或报告窗口。

执行"视图"→"图形显示"命令，窗口将显示导入的 CAD 图形或测量元素的图形轮廓，以及元素的标识、评价的各项误差和公差符号及数值。

（7）按钮功能提示窗口。

按钮功能提示窗口将动态显示当前单击按钮的功能。

（8）测头位置显示区。

测头位置显示区显示的是在当前坐标系下，测针中心的坐标及测量基本元素时的形状误差。

如图 4-1-12 所示，温度实时补偿功能可以显示各传感器的实时温度。执行"插入"→"参数更改"→"温度补偿"命令，在弹出的"温度补偿设置"对话框中进行参数设置。

图 4-1-12 "温度补偿设置"对话框

课后想一想

1. 倾斜孔的测量方法有哪些？

2. 自动测量圆时，为什么会出现角向量平行于中心线向量？

3. 能否用普通的球形测杆测螺纹孔？

4. 在自动测量圆的过程中，总是出现一条提示信息"是否读取新的测头位置"，如何消除？

5. 思考为什么编辑程序时，自动测量圆后，总是"理论值＝实测值"，再次执行后，发现两值不同。

6. 如何将半球测量得更准确，为什么重复性很差？

7. 当特征元素标号用中文"最""销"等汉字时，软件会退出，为什么？

8. 思考为什么自动测量小圆时，测针需要移动到孔外。

9. 打开"自动特征"对话框，用手动方式进行圆的测量，将获得的此圆数据进行自动测量，但发现结果不正确，为什么会出现这种情况？

任务二　116-9868-0901 液压管道连接件的测量

任务描述

在模块三中，学习了台虎钳的测绘，已经基本了解了一个完整测量程序的编制步骤。现在需要通过完成模块四的任务二来学习液压管道连接件自动测量的相关知识，以及形位公差尺寸触测、评价等知识。

任务描述

　　学校产学研组接到一批企业产品订单，数量为 10 件，产品已经加工完成。现企业要求提供三坐标测量机检测的产品出货报告。本次的任务是完成图 4 – 1 – 13 所示液压管道连接件部分尺寸的自动测量工作。

放置面

图 4 – 1 – 13　液压管道连接件

任务链接

一、测量前的准备

　　（1）工件清理后，在三坐标室静置 2 h 以上。
　　（2）工件放置须稳定、可靠。

二、手动特征采集

　　1. 手动特征采集
　　图 4 – 1 – 14 所示为液压管道连接件的坐标，对其进行以下特征采集。
　　（1）点。空间点的特征有 X、Y、Z 坐标值，测头回退的向量。
　　（2）线。直线的特征有线特征点的 X、Y、Z 值和表示线方向的向量，与线测量方向垂直的工作（投影）平面向量。线最少测量 2 个点。
　　（3）圆。圆的特征有圆心点的坐标 X、Y、Z 值，圆的直径和圆的工作（投影）平面向量。圆最少测量 3 个点。
　　（4）平面。面的特征有表示面所在位置的特征点 X、Y、Z 值和与面垂直的法向量。面最少测量 3 个点。
　　（5）圆柱。圆柱的特征有轴在线特征点的 X、Y、Z 值，圆柱直径和圆柱轴线的向量。圆柱最少测量 6 个点。
　　（6）圆锥。圆锥的特征有圆锥轴线特征点（或圆锥顶点）的 X、Y、Z 值，圆锥的锥角和圆锥轴线向量。圆锥最少测量 6 个点。

图 4 - 1 - 14　液压管道连接件的坐标

（7）球。球的特征有球心点的 X、Y、Z 值和球的直径。球最少测量 4 个点。

使用手动方式（或操纵杆方式）测量该连接件时，要注意以下几个方面问题。

①要尽量测量该连接件的最大范围，合理分布测点位置和测量适当的点数。

②测点时的方向要尽量沿着测量点的法向，避免测头"打滑"。

③测点的速度要控制好，测各点时的速度要一致。

④测量时要选择好相应的工作（投影）平面或坐标平面。

要做到以上几点，需要操作人员有良好的手感和一定的经验。

2. 常用特征采集过程简要步骤

（1）手动采集点。

如图 4 - 1 - 15 所示，使用手操盒驱动测头缓慢移动到要采集点的位置上方，尽量保持测点的方向垂直于工件表面。测点数量将在 PC - DMIS 接口右下方工具状态栏显示。按

图 4 - 1 - 15　手动采集点

键盘上 End 键或手操盒上的 Done 键，进入程序。如果操作者想取消此测点重新采集，按手操盒上的 DEL PNT 键（或键盘上 Alt + 减号），而不是 End 键，这将使采点计数器重新置零。如果操作者想对默认的特征数值进行更改，将光标移至编辑窗口对应特征处，按 F9 键，即可更改。

（2）手动采集直线。

如图 4 - 1 - 16 所示，使用手操盒将测头移动到指定位置，驱动测头沿着逼近方向在曲面上采集点，假如采集了坏点，按手操盒上的 DEL PNT 键（或键盘上 Alt + 减号），删除测点重新采集。重复此过程采集第二个点或更多点。如果操作者要在指定方向上创建直线，采点的顺序非常重要，起始点到终止点的联机方向决定了直线的方向。确定直线的最少点数为 2 点，多于 2 点可以计算直线度，为确定直线度方向，应选择直线的投影面。按键盘上的 End 键或手操盒上的 Done 键将创建此特征。（注意矢量方向。）

（3）手动采集平面。

如图 4 - 1 - 17 所示，使用手操盒驱动测头逼近接触平面。测量平面的最少点数为 3 点，多于 3 点可以计算平面度。为使测量的结果真实反映工件的形状和位置，应选取适当的点数和测点位置分布，点数和位置分布对面的形状和位置误差都有影响。所有的测点采集完成后，按键盘上的 End 键或手操盒上的 Done 键，即可计算出所需要的平面。

图 4 - 1 - 16　手动采集直线　　　　　图 4 - 1 - 17　手动采集平面

（4）手动采集圆。

如图 4 - 1 - 18 所示，使用手操盒测量圆时，PC - DMIS 将保存圆上采集的点，因此采集时的精确性及测点均匀间隔非常重要。测量前应指定投影平面（工作平面），以保证测量的准确。测量圆的最少点数为 3 点，多于 3 点可以计算圆度。如果要重新采集测点，按

图 4 - 1 - 18　手动采集圆

手操盒上的 DEL PNT 键（或键盘上 Alt + 减号），删除测点重新采集。所有点数采集完成后，按键盘上的 End 键或手操盒上的 Done 键即可。

表 4 – 1 – 1 给出了几何特征测量策略及推荐测点数。

表 4 – 1 – 1　几何特征测量策略及推荐测点数

几何特征类型	推荐测点数 （尺寸位置）	推荐测点数 （形状）	说明
点（一维和三维）	1 点	1 点	手动点为一维点，矢量点为三维点
直线（二维）	3 点	5 点	最大范围分布测量点（布点法）
平面（三维）	4 点	9 点	最大范围分布测量点（布点法）
圆（二维）	4 点	7 点	最大范围分布测量点（布点法）
圆柱（三维）	8 点/2 层	12 点/4 层	为了得到直线度信息，至少测量 4 层
		15 点/3 层	为了得到圆柱度信息，每层至少测量 5 点
圆锥（三维）	8 点/2 层	12 点/4 层	为了得到直线度信息，至少测量 4 层
		15 点/3 层	为了得到圆度信息，每层至少测量 5 点
球（三维）	9 点/3 层	14 点/4 层	为了得到圆度信息，测点分布为 5 + 5 + 3 + 1

三、工件坐标系确认与找正

1. 工件坐标系确认

分析图纸，根据工件基准，建立工件坐标系，如图 4 – 1 – 19 ~ 图 4 – 1 – 21 所示（全图如图 4 – 1 – 1 所示）。按照此工件坐标系，获取正确的距离。

图 4 – 1 – 19　工件坐标系 1

图 4 – 1 – 20　工件坐标系 2

图 4 – 1 – 21　工件坐标系 3

2. 工件坐标系找正方法及过程

工件坐标系分为 6 个自由度，这 6 个自由度分别为 3 个平动的自由度，即 X_0、Y_0、Z_0；3 个转动的自由度，即 R_X、R_Y、R_Z。只要限制住 6 个自由度，就可以建立一个固定的坐标系。

（1）加载测头文件，如图 4 – 1 – 22 所示。

图 4 – 1 – 22　加载测头文件

（2）执行 "TIP4 = 设置活动测尖" 命令，手动采集 "平面 1"，如图 4 – 1 – 23 所示，操作步骤如下。

图 4 – 1 – 23　执行 "TIP4 = 设置活动测尖" 命令

①按 Ctrl + Alt + A 组合键，弹出坐标系界面对话框，如图 4 – 1 – 24 所示。

②把 "平面 1" 拖动至 A 处。

③选择 "平面 1"，在 B 处选择旋转方向，单击 "找正" 按钮。

图 4 - 1 - 24　B 处选择旋转方向

④选择"X 正"为工作平面，如图 4 - 1 - 25 所示。

图 4 - 1 - 25　工作平面

⑤手动采集"圆 1""圆 2"。

⑥把"平面 1""圆 1""圆 2"拖动至 A 处，完成坐标系 A2 的建立，如图 4 - 1 - 26 所示。

四、自动特征

每一个特征测量的精确度可以通过提高触测点触测精度而提高，自动功能对此有重要影响。

执行"插入"→"特征"→"自动"命令（快捷方式为按 Ctrl + F 组合键），如图 4 - 1 - 27 所示，再执行对应形状命令即可。

图 4 – 1 – 26 手动采集

图 4 – 1 – 27 自动特征功能

如图 4 – 1 – 28 所示，主要自动特征常用参数说明如下。

1. 特征 "点"

（1）点 X/Y/Z：显示点特征位置的 X、Y 和 Z 标称值。

（2）曲面向量 I/J/K：自动测点时的逼近向量。

图 4 - 1 - 28　"自动特征 [点 A1]"对话框

设定好"测量属性"以及"高级测量选项"，然后单击"确定"按钮，生成测量程序。

2. 特征"圆"

（1）角度 I/J/K：定义绕曲面向量的 $0°$ 位置。起始角和终止角将用该向量来进行计算，如果向量不垂直，则将角向量调整为曲面向量。

（2）内/外：用于设定测量的圆是内圆还是外圆。

（3）直径：用于输入测量圆的直径。

（4）起始角/终止角：测量圆的起始角与终止角。

（5）控制测点的方向：逆时针、顺时针。

（6）圆弧移动开关：选中之后，在测量时，测头移动轨迹为圆弧。

（7）圆的计算方法选项。

①最小二乘法——所有用来参与计算圆的点对于所生成圆的影响相等。

②最小间隔——这种方法使所有用来参与计算圆的点到所生成圆的距离最小。

③最大内切——生成的圆是一个在所有点之内的圆中最大的圆。这个选项可以用于检测和一个轴进行配合的圆，结果可以将直径最大的轴配合到测量的孔中。

④最小外接——生成的圆是一个包含所有点的圆中的最小圆。这个选项可以用来检测外圆柱或者和配合孔相配合的轴，生成的圆将是配合轴直径最小的圆。

⑤固定半径——这种方法根据理论半径计算出圆的 X、Y、Z 值，因此任何一点到圆

周的距离是最小的。除直径不允许改变之外，这种方法和"最小间隔"类似。

（8）如图 4-1-29 所示，内圆深度命令用于设置测点、深度、螺距等。对于内圆，深度向下；对于外柱，深度由底部向顶部。

内圆直径　　　　　外圆直径

图 4-1-29　内圆深度命令

（9）螺距：用于更加精确地测量带螺纹的孔和键。如果螺距大于零，PC-DMIS 将沿理论轴错开特征的测点，并使用起始角和终止角使测点在圆周上沿轴线螺旋等距排列。

如果执行"两者"命令，PC-DMIS 可以在测量特征前和测量特征后将测头沿被测量特征向量方向自动移动距离中设定的距离。

如果执行"前"命令，PC-DMIS 可以在测量特征前将测头沿被测量特征向量方向自动移动距离中设定的距离。

如果执行"后"命令，PC-DMIS 可以在测量特征后将测头沿被测量特征向量方向自动移动距离中设定的距离。

如果执行"否"命令，PC-DMIS 将直接进行测量。

如图 4-1-30 所示，设定好参数后，单击"确定"按钮，生成测量程序。

图 4-1-30　特征"圆"参数设置

3. 特征"圆柱"

（1）圆柱的总长度如图 4-1-31 所示。

图4-1-31　圆柱的总长度

（2）深度：相对于圆柱顶部的距离，即测量机在圆柱体上测量的最后一层的位置，其数值是相对于圆柱的理论值沿着圆柱的法向向量的相反方向偏置。

（3）结束偏置：相对于圆柱底部的距离，即测量机在圆柱体上测量的第一层的位置，其数值是相对于圆柱的理论值沿着圆柱的法向向量的方向偏置。

第一层的测量位置：圆柱的长度-测量长度-结束偏置。

最后一层的测量位置：圆柱的长度-深度。

层：在圆柱的深度位置和结束偏置位置之间测量的层数，每层之间的距离是等分的。

每层测点：在每层上测量的点数。

螺距：用于更加精确地测量带螺纹的孔和键。如果螺距大于零，PC-DMIS将沿理论轴错开特征测点，并使用起始角和终止角使测点在圆周上沿轴线螺旋等距排列。

如图4-1-32所示设置好以上参数，其他参数参考特征"圆"参数设置。

图4-1-32　特征"圆柱"参数设置

五、构造特征

有些特征元素无法通过直接测量得到，需使用构造功能，通过对已测元素进行数据计算进而构造出相应特征，如图4-1-33所示。

图 4 – 1 – 33　通过已测元素构造数据

1. 操作步骤：构造平面

执行"插入"→"特征"→"构造"→"平面"命令，弹出"构造平面"对话框，如图 4 – 1 – 34 所示，选择平面上的各点，单击"创建"按钮。

图 4 – 1 – 34　构造平面

2. 各操作步骤注释

表4-1-2~表4-1-5分别是构造点、直线、平面、圆特征的操作步骤注释。

表4-1-2 构造点特征的操作步骤注释

方法	输入特征数	特征1	特征2	特征3	注释
套用	1	任意	—	—	在输入特征的质心构造点
隔角点	3	平面	平面	平面	在三个平面的交叉处构造点
垂射	2	任意	锥体、柱体、直线、槽	—	第一个特征垂射到第二个直线特征上
相交	2	锥体、柱体、直线、槽	锥体、柱体、直线、槽	—	在两个特征的线性属性交叉处构造点
中点	2	任意	任意	—	在输入的质心之间构造中点
矢量距离	2	任意	任意	—	利用任意两个特征质心点构造第三个点。在两个质心点连线方向上，以第二个特征的质心为基准构造点
偏置点	1	任意	—	—	需要对应输入元素 X、Y、和 Z 的坐标值的3个偏置量
原点	0	—	—	—	在坐标系原点处构造点
刺穿	2	锥体、柱体、直线、槽	锥体、柱体、平面、球体、圆、椭圆	—	在特征1刺穿特征2的曲面处构造点。选择顺序很重要。如果第一个特征是直线，则方向很重要
投影	1 或 2	任意	平面	—	输入特征1的质心点射影到特征2或工作平面上

表4-1-3 构造直线特征的操作步骤注释

方法	输入特征数	特征1	特征2	注释
坐标轴	0	—	—	构造通过坐标系原点的直线
最佳拟合	至少需要2个输入特征	—	—	使用输入来构造最佳拟合直线
最佳拟合重新补偿	至少需要2个输入特征（其中1个必须是点）	—	—	在输入特征的质心构造直线
套用	1	任意	—	在输入特征的质心构造直线
相交	2	平面	平面	在两个平面的相交处构造直线

续表

方法	输入特征数	特征 1	特征 2	注释
中分	2	直线、锥体、柱体、槽	直线、锥体、柱体、槽	在输入特征之间构造中线
偏置	至少需要 2 个输入特征	任意	任意	构造一条相对于输入元素具有特定偏移量的直线
平行	2	任意	任意	构造平行于第一个特征，且通过第二个特征的直线
垂直	2	任意	任意	构造垂直于第一个特征，且通过第二个特征的直线
投影	1 或 2	—	平面	使用 1 个输入特征将直线射影到特征 2 或工作平面上
翻转	1	直线	—	利用翻转矢量构造通过输入特征的直线
扫描段	1	扫描	—	由开放路径或闭合路径扫描的一部分构造直线

表 4 - 1 - 4　构造平面特征的操作步骤注释

方法	输入特征数	特征 1	特征 2	特征 3	注释
坐标轴	0	—	—	—	在坐标系原点处构造平面
最佳拟合	至少需要 3 个输入特征（其中 1 个必须是点）	—	—	—	利用输入特征构造最佳拟合平面
最佳拟合重新补偿	至少需要 3 个输入特征（其中 1 个必须是点）	—	—	—	利用输入特征构造最佳拟合平面
套用	1	任意	—	—	在输入特征的质心构造平面
高点	1 个特征组（至少使用 3 个特征）或者 1 个扫描	如果输入为特征组，则使用任意特征；如果输入为扫描，则使用片区扫描	—	—	利用最高可用点构造平面
中分面	2	任意	任意	—	在输入的质心之间构造中平面

方法	输入特征数	特征 1	特征 2	特征 3	注释
偏置	至少需要 3 个输入特征。	任意	任意	任意	构造偏置于每个输入特征的平面
平行	2	任意	任意	—	构造平行于第一个特征，且通过第二个特征的平面
垂直	2	任意	任意	—	构造垂直于第一个特征，且通过第二个特征的平面
翻转	1	任意	—	—	利用翻转矢量构造通过输入特征的平面

表 4 - 1 - 5　构造圆特征的操作步骤注释

方法	输入特征数	特征 1	特征 2	特征 3	注释
最佳拟合	至少 3 个输入特征	任意	任意	任意	利用输入特征构造最佳拟合圆
最佳拟合重新补偿	至少 3 个输入特征（其中 1 个必须为点特征）	任意	任意	任意	利用输入特征构造最佳拟合圆
套用	1	任意	—	—	在输入特征的质心构造圆
圆锥	1	锥	—	—	在锥体指定的直径或高度构造圆
相交	2	圆、球、锥、或柱	面	—	在圆弧特征与平面、锥体或柱体相交处构造圆
		面	圆、球、锥、或柱	—	
		锥	锥或柱	—	
		柱	锥	—	
投影	1 或 2 个输入特征	任意	面	—	输入特征 1 将会向工作平面投影构造圆
翻转	1	圆	—	—	翻转矢量后构造圆
2 条线公切	2	直线	直线	—	构造与两条直线都相切的圆。注意两条直线的矢量方向与构造的圆的位置有关

续表

方法	输入特征数	特征1	特征2	特征3	注释
3 条线公切	3	直线	直线	直线	构造与两条直线都相切的圆
扫描片段	1	扫描特征	—	—	利用开线扫描或闭线扫描的一部分构造圆

六、运动辅助移动点及运动参数设置

1. 运动辅助移动点

在对工件进行测量的过程中，工件结构、测量内容、测量元素等原因需要规避凸台、转移测量面。我们常把在转移过程中移动的安全位置作为程序的一部分，防止测量过程中出现碰撞、干涉等现象。

把测头移至需要的安全位置有 3 种方式。

（1）执行"插入"→"移动"→"移动点"命令。

（2）按 Ctrl + M 组合键。

（3）按手持盒上的 ⏭9 键。

2. 运动参数设置

回退距离、逼近距离这两个参数使用时可以用默认值，程序从最开始一直测到结束。若测量空间狭小，现有测针无法顺利工作时，通常会在某些特殊测量内容上给予设定。

比如，用直径 3 mm 的测针测量直径 8 mm 的小孔时，回退距离、逼近距离这两个参数肯定需要设置在 2 mm 及以下。有两种方式可以进行设置。

（1）执行"插入"→"参数设置"→"测量距离"命令，再执行相应命令，如图 4 – 1 – 35 所示。

（2）按 F10 键，进行相应设置。

七、尺寸评价

测量的目的是要判断被测件是否符合图纸要求，每个特征测量的结果都需要按照公差的要求进行输出。本任务将深入介绍各个菜单的操作步骤及原理。学习本任务需要具备较高的形位公差知识，请提前做好这方面的知识准备，或者与任课老师进行沟通。本任务按中文版面菜单位置和名称介绍，方便读者进行索引阅读。

1. 特征位置

在测量过程中经常要获得元素特征在工件坐标系的实际坐标位置，并通过与理论值的比对判定是否超出公差要求。要在检测报告中输出一些数据，也可以通过特征位置评价中的选项来完成。

图 4 – 1 – 36 所示为"特征位置"菜单的各个子菜单的细节，下面将逐一介绍各个子菜单的含义。

图 4 – 1 – 35　运动参数设置

（1）"坐标轴"子菜单介绍。

"默认"复选框用于更改默认输出的格式。当选中"自动"复选框后，将根据特征类型的默认轴来选择要在尺寸中显示的轴。不过，有些情况下，可能必须更改默认输出。若更改默认输出，请参照以下介绍。

X 表示输出 X 坐标。

Y 表示输出 Y 坐标。

Z 表示输出 Z 坐标。

极径表示输出极坐标的极半径值。

极角表示输出极坐标的极角值。

直径表示输出直径值。

半径表示输出半径值（直径值的一半）。

锥角表示输出角度值（用于锥体）。

长度表示输出长度值（用于柱体和槽）。

高度表示输出高度值（通常是槽的高度，但也可能是锥体、柱体和椭圆的长度）。

矢量表示输出矢量位置。

形状表示随位置尺寸一起输出特征的综合形状尺寸。常见的输出特征如下。

①对于圆或柱体特征，形状为圆度尺寸。

②对于平面特征，形状为平面度尺寸。

③对于直线特征，形状为直线度尺寸。

（2）"薄壁件选项"子菜单。

"薄壁件选项"包含的复选框只有在标注薄壁件特征时才可用。

T 表示输出逼近向量方向的误差（用于曲面上的点）。

S 表示输出曲面向量方向的偏差。

RT 表示输出报告向量方向的偏差。

RS 表示输出曲面报告方向的偏差。

PD 表示输出圆的直径（垂直于销向量）。

图 4 - 1 - 36　特征位置设置

（3）"公差"子菜单。

在图 4 - 1 - 36 中输入上公差、下公差。

（4）"ISO 公差配合"子菜单。

用于设置内圆或者外圆的公差等级，软件（计算机）根据选择的参数自动计算公差的上下限并填到程序窗口中的相应尺寸位置上，如图 4 - 1 - 37（a）所示。

图 4 – 1 – 37 "ISO 公差配合"子菜单和"尺寸信息"子菜单

（5）"尺寸信息"子菜单。

"尺寸信息"子菜单用于编辑在"图形显示"窗口中的尺寸信息，如图 4 – 1 – 37（b）所示，单击"编辑"按钮，弹出如图 4 – 1 – 37（c）所示的对话框，可设置显示的尺寸信息及该尺寸信息的显示次序。

（6）其他子菜单群

图 4 – 1 – 38（a）用来设置尺寸的单位；图 4 – 1 – 38（b）设置尺寸输出设备，分别是统计软件 DataPage、程序的报告窗口、同时输出到两个设备、不向任何外部设备输出；图 4 – 1 – 38（c）为"分析"子菜单，分成"文本"和"图形"，"文本"用于在报告窗口中输出测量元素的每个实测点的偏差状态，"图形"则用于图形窗口中显示每个实测点的偏差示意图及偏差发生位置等信息。

图 4 – 1 – 38 其他子菜单

2. 距离

如图 4 – 1 – 39 所示，测量元素之间的距离是三坐标测量机最为常用的一项功能。测量距离分为 2 维（2D）距离和 3 维（3D）距离。在 2 维距离中可以选择第三个或第二个特征作为计算中所使用的方向。

与其他大多数尺寸计算相比，距离计算不太直观。2 维距离的方向总是平行于工作平面。3 维距离是元素间的空间距离。因此，注意到这一点非常重要，大多数的计算错误都跟参数选择时忽略 2 维、3 维的判断有关。下面将一一介绍它们的含义，首先了解总体步骤。

使用"距离"命令标注距离的步骤如下。

距离

ID: 距离1	公差	关系	创建

图 4-1-39　设置测量距离

（1）执行"插入"→"尺寸"→"距离"命令，弹出"距离"菜单。

（2）在特征列表中选要计算距离的特征元素。

（3）在"上公差"文本框中输入上公差值，在"下公差"文本框中输入下公差值。

（4）选中"2维"或"3维"单选按钮，如图 4-1-40 所示，以指定距离类型。

图 4-1-40　距离类型

（5）选中"英寸"或"毫米"单选按钮，设置单位。

（6）单击"统计""报告""两者"或"无"单选按钮，确定将尺寸信息输出到何处。

（7）选中"按特征""按 X 轴""按 Y 轴"或"按 Z 轴"复选框，以确定用于定义距离的关系。

（8）选中"垂直于"或"平行于"单选按钮确定方向。

（9）如果要在"图形显示"窗口中查看尺寸信息，请选中"尺寸信息"子菜单的"显示"复选框。

（10）在"分析"子菜单中选中"文本"复选框或"图形"复选框，如选中"图形"复选框，在"放大倍率"文本框中输入增益值。

（11）如果需要，选中"尺寸信息"子菜单中的"显示"复选框并单击"编辑"按钮，以选择希望在"图形显示"窗口中显示的尺寸信息格式。

①单击"创建"按钮。

②"距离类型"子菜单。

2 维和 3 维距离尺寸将按照相关特征应用以下规则。

特征的处理如下。

将圆、球体、点和特征组当作点来处理。

将槽、柱体、锥体、直线当作直线来处理。

平面通常当作平面来处理。个例中也当作点来处理，如两个平面求距离，实际上求的是第一个平面的特征点到第二个平面的垂直距离。

其他规则如下。

如果两个元素都是点（如以上定义），PC – DMIS 将提供点之间的最短距离。

如果一个元素是直线（如以上定义）而另一个元素是点，PC – DMIS 将提供直线（或中心线）和点之间的最短距离。

如果两个元素都是直线，PC – DMIS 将提供第一条直线的质心到第二条直线的最短距离。

如果一个元素是平面而另一个元素是直线，PC – DMIS 将提供直线特征点和平面之间的最短距离。

如果一个元素是平面而另一个元素是点，PC – DMIS 将提供点和平面之间的最短距离。

如果两个元素都是平面，PC – DMIS 将提供第一个平面的特征点到第二个平面的最短距离。

③距离的"公差"子菜单。

"公差"子菜单允许操作者沿着正负方向输入正负公差带。其中距离尺寸的理论值并不都是基于 CAD 资料或测量资料。有时数据来自硬拷贝，可以在"理论值"文本框输入理论距离。

④"关系"子菜单。

如图 4 – 1 – 41 所示，"关系"子菜单中的复选框用于指定在两个特征之间测量的距离是垂直于或平行于特定轴，还是垂直于或平行于第二个或者第三个所选特征。

图 4 – 1 – 41　关系设置

选中"按特征"复选框后，可在"方向"子菜单选中"垂直于"或"平行于"单选按钮。

如在列表中仅仅选择了两个特征，PC – DMIS 计算的是特征 1 和特征 2 之间的平行于或垂直于的关系，基准为特征 2。

如在列表中仅仅选择了三个特征，PC – DMIS 计算的是特征 1 和特征 2 之间的平行于或垂直于特征 3 的关系，基准为特征 3。

⑤"方向"子菜单。

当测量两个特征之间的距离时，可以使用图 4 – 1 – 42 所示"方向"子菜单来设置测量距离的方式。

图 4 – 1 – 42　方向设置

测量第一个元素特征平行或垂直于第二个元素特征的距离。

测量第一个元素特征和第二个元素特征之间平行或垂直于特定轴的距离。

⑥"圆选项"子菜单。

如图 4 – 1 – 43 所示，在"圆选项"子菜单中，可以选中"加半径"或"减半径"单选按钮来指示 PC – DMIS 在测得的总距离中加或减测定特征的半径。所加或减的距离始终是在计算距离的相同向量上。一次只能选中一个单选按钮。如果选中"无半径"单选按钮，则不会将特征的半径应用到所测量的距离。

图 4 – 1 – 43　圆选项

3. 夹角

夹角功能用于计算两个元素的夹角，或者一个元素与某个坐标轴之间的夹角，在计算时，PC – DMIS 将利用所选元素的向量计算元素间的夹角，夹角设置如图 4 – 1 – 44 所示。

图 4 - 1 - 44　夹角设置

夹角设置步骤如下。

（1）选择当前的工作平面是 Z 正。

（2）测量图 4 - 1 - 44 所示圆 1、圆 2、圆 3，并构造如图 4 - 1 - 44 中的两条直线"直线 2""直线 3"。

（3）执行"插入"→"尺寸"→"夹角"命令，弹出"夹角"对话框。

（4）在"夹角"对话框的元素列表中选择"直线 2""直线 3"。

（5）在"角类型"子菜单中选中"2 维"单选按钮。

（6）在"关系"子菜单中选中"按特征"单选按钮。

（7）在"公差"子菜单"上公差"文本框中输入"0.01"，在"下公差"文本框中输入"-0.01"。

（8）单击"创建"按钮。

注意：在评价角度时，所选元素的顺序及向量方向决定了计算的角度和正负。

4. 圆度

利用"圆度选项标注"菜单可以计算圆度、球度和锥度。这个尺寸类型可以看作单侧的，即只应用一个正公差值。

在测量时应注意采集足够的点来评价此元素的偏离。如果测量的点数是该元素的最少测点数，误差是 0，因为这样会把此元素计算为理想元素，例如，在评价圆度时，圆的最少点数是 3，球的最少点数是 4 等。

圆度尺寸的评价按如下步骤操作。

（1）执行"尺寸"→"圆度"命令，弹出"圆度　形位公差"对话框，如图 4 - 1 - 45 所示。

（2）从"特征"列表中选择特征尺寸。

（3）在"特征控制框编辑器"中输入正公差值。

图 4 – 1 – 45　圆度设置

（4）在"高级"选项卡的"单位"下拉列表框中选择"毫米"（或"英寸"），如图
4 – 1 – 46 所示。

图 4 – 1 – 46　圆度高级设置

（5）选择输出设备，可以选择"统计""报告""两者""无"选项。

（6）通过"报告文本分析"和"报告图形分析"框，可以选择是否想要分析选项。如果"图形"复选框选中，需要输入"箭头增益"值。

（7）选中"尺寸信息"区域中的"当这个对话框关闭时创建尺寸信息"复选框，然后单击"编辑"按钮，以选择在"图形显示"窗口中显示的尺寸信息格式。

（8）单击"创建"按钮。

注意：在实际的生产中，经常遇到要求"分析出加工偏差在何处产生"的问题，以此来指导生产者进行加工和修正。如果只给出文本报告，就难以满足这方面的要求，这时应用"CAD 图形分析"功能非常必要。"箭头增益"就是 CAD 图形的放大倍数。

5. 平面度

平面度评价选项计算一个平面的平面度，此平面至少应测 4 点或者更多，点数越多越能反映其真实的平面度。公差只给出一个值，此值表示两个包容测量平面的平行平面间的距离值。

（1）执行"插入"→"尺寸"→"平面度"命令，弹出"平面度　形位公差"对话框，如图 4-1-47 所示。

图 4-1-47　平面度设置

（2）在"特征"列表中选择测量过的特征进行评价。注意：在程序中把光标移至程序的最后才可以显示所有测量过的特征，如果选错想要评价的特征，单击"清除"按钮可以删除选择的特征，单击"重置"按钮可以重新选择想要评价的特征。

（3）在"公差"文本框中输入公差值。如果需要在这个测量平面上选择一个小的单元进行评价，选中"特征控制框选项"中的"每个单元"复选框，在"特征控制框编辑器"处会出现一个小的平面范围供选择输入。

（4）在"高级"选项卡的"单位"下拉列表框中选择"英寸"（或"毫米"）。

（5）选择输出设备，可以选择"统计""报告""两者都"或"无"选项。

（6）如果想在"图形显示"窗口中浏览尺寸信息，可以在"尺寸信息"区域选中相应复选框。

（7）选中"文本"复选框或"图形"复选框，以选择所需的分析选项，以便在报告或图形窗口进行分析。如果选中"图形"复选框，请在"放大倍率"文本框中输入增益值。如果需要，选中"尺寸信息"区域中的"显示"复选框，单击"编辑"按钮以选择在"图形显示"窗口中显示的尺寸信息格式。

（8）单击"创建"按钮，可以得到需要的平面度尺寸信息。

6. 基准定义

"基准定义"设置如图 4-1-48 所示。

图 4-1-48　"基准定义"设置

7. 位置度

图 4-1-49 显示了位置度形位公差菜单的各个子菜单的细节，下面将逐一介绍各个子菜单的含义。在 GD&T 对话框，可以创建特征控制框（FCF）尺寸信息并将其插入到零件程序中。当没有选择使用传统尺寸功能表项目时，只要执行"插入"→"尺寸"命令，并选择一个支持特征控制框的尺寸信息，就会弹出"位置度　形位公差"对话框。

图 4-1-49　"位置度　形位公差"设置

该对话框包含两个选项卡，"特征控制框"和"高级"选项卡，每一个页面包含很多控件，可以构造特征控制框和相关联的尺寸信息。

"特征控制框"选项卡可以构造一个特征控制框。此工具可以说明定义基准特征，选择用于特征控制框尺寸的特征，并且可以提供一个编辑器来定义在特征控制框用到的特定符号、公差和基准，还可以预览建立的特征控制框的当前状态。以下清单为此选项卡不同项目的信息。

（1）ID——此文本框显示特征控制框的名称，可以在此进行相应的修改。

（2）特征——此列表显示特定特征控制框类型可用的特征。一些特征在零件程序中存在，但可能不适用于特定的特征控制框，例如，在评价圆度时，面特征就不可用。选择第一个特征后，PC－DMIS 会对列表进行相应更新。这样可以保证在为特征控制框创建一个模式特征时，这些特征具有同样的类型。

（3）基准——列出所有用基准定义指令定义的基准。此列表只会列出编辑窗口中当前光标位置以上的基准特征。

（4）引导线——此列表显示和用户从特征列表选择的同样的特征。每个特征有一个相应的复选框。当选中一个特征的复选框时，PC－DMIS 会在"图形显示"窗口从特征控制框到那个特征之间画一条引导线。默认情况下，PC－DMIS 开始显示所有可能的引导线，也可以取消相应特征控制框的选择，以关闭引导线的默认显示。

（5）特征控制框编辑器——在此区域可以进行特征控制框的修改。可以单击选择字段，或按 Tab 键，然后按 Enter 键将相应字段切换到编辑模式。如果此字段处于可编辑状态，或者显示一个下拉列表框列出可选选项，或者显示一个文本框供用户输入文本。当完成字段的编辑后，按 Enter 键，Tab 键或单击其他字段以结束此字段的编辑状态。按 Shift＋Tab 组合键可以切换回到上一个字段。

当一个字段为空时，会显示一小段用尖括号括起来的描述信息，描述信息如下。

＜MC＞：材料状态。

＜D＞：直径。

＜Dim＞：特征控制框的尺寸信息。

＜PZ＞：投影区域。

＜num＞：特征数量。

＜nom＞：特征尺寸标称值。

＜＋tol＞：正公差。

＜－tol＞：负公差。

＜tol＞：公差。

＜dat＞：基准。

＜sym＞：尺寸信息符号。

＜add notes here＞：备注栏位－第一行。

＜add optional design notes＞：可选设计备注－最后一行。

（6）定义基准——单击"定义基准"按钮即可进入"基准定义"对话框，允许为当前的特征控制框尺寸信息定义基准。

（7）特征控制框选项——此区域包含"复合的"复选框。此复选框是控制是否将主尺寸信息行和副尺寸信息行的尺寸信息符号在一个格内用同样的符号显示。当选中此复选框时，符号按图4－1－50中的格式显示。

如果取消选中此复选框，即使是用相同的符号，主尺寸信息行和副尺寸信息行的尺寸信息符号也会分开显示。

（8）动作和进程——此区域描述了相关的指令和提示以说明建立有效的特征控制框。

4 X Ø 0.375 0.01 / 0.01

⊕ Ø 0.01 Ⓜ A B Ⓜ C

⊕ Ø 0.005 Ⓜ A B Ⓜ

FCF6

图4－1－50　选中"复合的"复选框后的格式

（9）预览——此区域显示当前设置下的特征控制框的预览状态。它不会显示任何空的字段或空的描述，尽管这些字段和描述会在特征控制框编辑器部分显示，如＜dat＞。

"特征控制框编辑器"的注意事项如下。

（1）在"特征控制框编辑器"中，如果某些图标字段不被相应尺寸信息支持，则其不会显示的，例如，如果进行圆度尺寸信息的评价，PC－DMIS显示公差字段，但不会显示任何基准字段或修改器字段。

（2）形状尺寸信息（圆度、圆柱度、平面度）——它们不支持基准或修改器，所以这些字段也不会显示。当轮廓度选择"仅形状"时，也同上述的情况。但当轮廓度选择"形状和位置"时则会显示修改器。

（3）定向尺寸（平行度、垂直度、倾斜度、跳动、同心度、同轴度）——这些会显示基准和修改器。

（4）定位尺寸（位置度、轮廓度－形状和位置）——这些会显示基准和修改器。

（5）其他尺寸（距离和夹角）——这些不会显示基准。对称度有点类似于形状尺寸，不会使用基准。

同样，只有这些尺寸信息在编辑器中占多行。

八、编辑、执行程序以及报告生成

1. 自动移动

自动机不同于手动机的最大地方是在执行程序时，需要注意测头在两个特征点之间怎样移动。有以下两种方法设置移动方式。

（1）插入单个移动点。

移动点用于定义测量过程中的测头运动轨迹。它可以通过使用软件中的指令（按Ctrl＋M组合键）或操纵盒按键（Print）加入程序中。在程序中加入移动点时要小心，保证测头在运动过程中始终处于安全位置，避免碰撞到零件或夹具。切记，测头是沿着移动点间的最短路径即直线运行的。

（2）安全平面的定义。

本质上，安全平面是在零件四周创建了一个区域，测头要经过该区域从一个特征移动到另一个特征。若使用此指令，PC－DMIS将使测头移动到离工件一个预设距离（相对于当前坐标系）。当测完特征上的最后一个测点后，测头将停留在其测量深度处，直至被调用测量下一个特征。使用安全平面可减少需定义的中间移动点，因而能减少程序设计时间。

输入安全平面的值时应注意以下内容。确保安全平面的正负符号无误。

其符号必须与安全平面的法线的正向或负向相对应。例如，要定义顶部安全平面，应输入正值；要定义底部安全平面，应输入负值。

安全平面的定义相对于当前坐标系和零件原点。因此，当定义安全平面时，一定要确保零件周围有足够的空间。

2. 标记程序

默认编辑窗口中的所有程序都是将要执行的语句。如果按照需求，取消执行某些元素或是段落，可使用以下菜单，取消标记。

图 4 – 1 – 51 为菜单和命令控制标记。

全部执行　标记　全部标记　清除标记

图 4 – 1 – 51　菜单和命令控制标记

（1）执行"编辑"→"标记"→"标记"命令，可以标记或是取消已经标记的特征或命令。有多种方法可以标记特征或命令。PC – DMIS 将使用编辑窗口中当前的标记文本颜色表示标记项（执行"编辑"→"参数设置"→"编辑窗口颜色"命令），图形窗口中特征标识中还将显示一个星号（＊）来表示该特征已被标记。标记零件程序项的方法如下。

①在编辑窗口中标记或是取消标记所需的特征。

将光标移动到要标记的特征上，然后选择标记。

②在编辑窗口中标记多个命令。

在编辑窗口选择要标记的命令，然后选择标记。

③在"图形显示"窗口中标记所需的特征。

确保 PC – DMIS 处于平移模式。在按 Shift 键的同时，单击所需的特征。

（2）执行"编辑"→"标记"→"全部标记"命令，可以标记编辑窗口中所有的特征或命令。执行"全部标记"命令时，PC – DMIS 将询问是否还要标记手动建坐标系特征。

如果单击"是"按钮，PC – DMIS 将整个零件程序标记，包括手动建坐标系特征。

如果单击"否"按钮，PC – DMIS 将标记除手动建坐标系特征的程序。

（3）执行"编辑"→"标记"→"全部清除"命令，可以清除（即取消标记）编辑窗口中的所有标记。

3. 执行程序

（1）全部执行。

如果更换了新的被测件，"全部执行"命令将从手动建坐标系开始执行程序。按照提示手动采集点（建立手动坐标系）后，程序将自动执行。

假如没有更换被测件或装夹工件的夹具是固定的，执行"清除标记"命令清除所有已标记特征；执行"标记所有"命令标记程序中所有特征；提示是否要标记手动建坐标系特征时，单击"否"按钮，"全部执行"命令程序将自动执行。或者是选择手动建坐标系特征，执行"标记"命令，即可取消对这些特征的标记，"全部执行"命令程序将自动执行。

（2）部分执行。

①执行特征（按 Ctrl + E 组合键）：执行光标所在处的程序或特征。

②从光标处执行（按 Ctrl + U 组合键）：程序将从当前光标位置开始执行程序，直到程序的末尾。

③执行块（按 Ctrl + L 组合键）：首先选择并标记要执行的区块，然后执行块命令。

4. 标准报告模板

报告模板是对报告的一种描述。模板描述了 PC – DMIS 使用创建报告的方式，以及数据的表现形式。软件带有 6 个标准模板，一个报告模板可用于多个零件程序。

课后想一想

1. 评价两点之间距离时（Z 坐标方向）结果错误，报告值评价结果明显偏离真实值，为什么？

2. 自动测量圆时，结果超差，为什么？

3. 如何求圆锥的锥角？

4. 用三坐标和内径表测量内孔的孔径，为什么三坐标测量的值有所不同？

5. 求 2 维距离时，为什么没有需要的轴向？

6. 为什么做的两个平面之间的距离重复性很不好，反而求 2 维距离比较准确，重复性也好？

7. 求两个平面的距离时，选择顺序不一样，得到的结果不一样吗？

8. 测椭圆时，如何评价长轴和短轴？

9. 如何理解复合位置度？

10. 如何理解轮廓度里的"仅形状"和"形状和位置"两个选项？

11. 在计算位置度时，选择"匹配基准"后，为什么元素坐标与坐标系下的位置度相差很多？

12. 评价位置度报告中"补偿"的含义是什么？

13. 如何求两个圆的对称度？

附　　录

机械制图相关标准

一、螺纹

普通螺纹直径（GB/T 193—2003）、螺距和基本尺寸（GB/T 196—2003）见附表1。

附表1　普通螺纹直径、螺距和基本尺寸（**GB/T 193—2003、GB/T 196—2003**）　mm

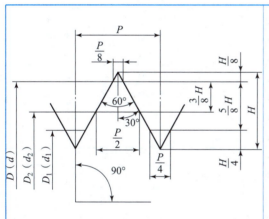

$H = 0.866P$;

$d_2 = d - 0.649\,5P$;

$d_1 = d - 1.082\,5P$;

D，d——内、外螺纹的基本大径（公称直径）;

D_2，d_2——内、外螺纹的基本中径;

D_1，d_1——内、外螺纹的基本中径;

H——原始三角高度;

$P = $ 螺距

标记示例：M24（粗牙普通螺纹，公称直径24 mm，螺距3 mm）；M24×1.5（细牙普通螺纹，公称直径24 mm，螺距1.5 mm）

公称直径 D，d		螺距 P		粗牙中径	粗牙小径
第一系列	第二系列	粗牙	细牙	D_2，d_2	D_1，d_1
3		0.5	0.35	2.675	2.459
	3.5	0.6		3.110	2.850
4		0.7		3.545	3.242
	4.5	0.75	0.5	4.013	3.688
5		0.8		4.480	4.134
6		1	0.75	5.350	4.917
	7	1	0.75	6.350	5.917
8		1.25	1，0.75	7.188	6.647
10		1.5	1.25，1，0.75	9.026	8.376
12		1.75	1.5，1.25，1	10.863	10.106
	14	2	1.5，1.25，1	12.701	11.835
16		2	1.5，1	14.701	13.835

公称直径 D, d		螺距 P		粗牙中径	粗牙小径
第一系列	第二系列	粗牙	细牙	D_2, d_2	D_1, d_1
	18	2.5		16.376	15.294
20		2.5	2, 1.5, 1	18.376	17.294
	22	2.5		20.376	19.294
24		3	2, 1.5, 1	22.051	20.752
	27	3		25.051	23.752
30		3.5	3, 2, 1.5, 1	27.727	26.211
	33	3.5	3, 2, 1.5	30.727	29.211
36		4	3, 2, 1.5	33.402	31.670
	39	4		36.402	34.670
42		4.5	4, 3, 2, 1.5	39.077	37.129
	45	4.5		42.077	40.129
48		5	4, 3, 2, 1.5	44.752	42.587
	52	5		48.752	46.587
56		5.5	4, 3, 2, 1.5	52.428	50.046
	60	5.5		56.428	54.046
64		6		60.103	57.505
	68	6		64.103	61.505

注：（1）公称直径优先选用第一系列，第三系列未列入。

（2）M24×1.25 仅用于火花塞。

二、螺栓

六角头螺栓（GB/T 5782—2016）、六角头螺栓—全螺纹（GB/T 5783—2016）见附表2。

附表2　六角头螺栓（GB/T 5782—2016）、六角头螺栓—全螺纹（GB/T 5783—2016）　mm

续表

标记示例：

螺纹规格 d = M12、公称长度 l = 80 mm、性能等级为8.8级、表面不经处理、产品等级为 A 级的六角头螺栓：

螺栓 GB/T 5782 M12×80

螺纹规格 d = M12、公称长度 l = 80 mm、全螺纹、性能等级为8.8级、表面不经处理、产品等级为 A 级的六角螺栓：

螺栓 GB/T 5783 M12×80

螺纹规格	d	M4	M5	M6	M8	M10	M20	M16	M20	M24	M30	M36	M42	M48
b 参考	$l_{公称}$≤125	14	16	18	22	26	30	38	46	54	66	78	—	—
	125<$l_{公称}$≤200	20	22	24	28	32	36	44	52	60	72	84	96	108
	$l_{公称}$>200	33	35	37	41	45	49	57	65	73	85	97	109	121
c_{max}		0.4	0.5		0.6			0.8					1	
k_{max}（A）		2.925	3.65	4.15	5.45	6.58	7.68	10.18	12.715	15.215	—	—	—	—
d_{smax}		4	5	6	8	10	12	16	20	24	30	36	42	48
s_{max}		7	8	10	13	16	18	24	30	36	46	55	65	75
e_{min}	A	7.66	8.79	11.05	14.05	17.77	20.03	26.75	33.53	39.98	—	—	—	—
	B	7.5	8.63	10.89	14.2	17.59	19.85	26.17	32.95	39.55	50.85	60.79	72.02	82.6
d_{wmin}	A	5.88	6.88	8.88	11.63	14.63	16.63	22.49	28.19	33.61	—	—	—	—
	B	5.74	6.74	8.74	11.47	14.47	16.47	22	27.7	33.25	42.75	51.11	59.95	69.45
l	GB/T 5782	25~40	25~50	30~60	35~80	40~100	45~120	55~160	65~200	80~240	90~300	110~360	130~440	140~480
	GB/T 5783	8~40	10~50	12~60	16~80	20~100	25~120	30~150	40~150	50~150	60~150	70~200	80~200	100~200
l（系列）	GB/T 5782	20~70（5 进位），70~160（10 进位），160~500（20 进位）												
	GB/T 5783	8，10，12，16，18，20~70（5 进位），70~160（10 进位），160~200（20 进位）												

注：(1) P—螺距。末端应倒角，当螺纹规格 d≤M4 时，辗制末端。

(2) 螺纹公差：6g。

(3) 产品等级：A 级用于 d = 1.6~24 mm 和 l≤10d 或 l≤150 mm（按较小值）的螺栓。

B 级用于 d>24 mm 或 l<10d 或 l>150 mm（按较小值）的螺栓。

三、螺柱

双头螺柱 b_m = d（GB/T 897—1988），b_m = 1.25d（GB/T 898—1988），b_m = 1.5d（GB/T 899—1988），b_m = 2d（GB/T 900—1988）见附表3。

附表 3　双头螺柱 $b_m = d$（GB/T 897—1988），$b_m = 1.25d$（GB/T 898—1988），$b_m = 1.5d$（GB/T 899—1988），$b_m = 2d$（GB/T 900—1988）　　　　mm

标记示例：

（1）两端均为粗牙普通螺纹，$d = 10$ mm、$l = 55$ mm、性能等级为 4.8 级、不经表面处理、B 型、$b_m = d$ 的双头螺柱：

　　　　螺柱 GB/T 897　M10×55

（2）旋入机体一端为粗牙普通螺纹，旋螺母一端为螺距 $P = 1$ mm 的细牙普通螺纹，$d = 10$ mm、$l = 55$ mm、性能等级为 4.8 级、不经表面处理、A 型、$b_m = d$ 的双头螺柱：

　　　　螺柱 GB/T 897　AM10—M10×1×55

（3）旋入机体一端为过渡配合螺纹的第一种配合，旋螺母一端为粗牙普通螺纹，$d = 10$ mm、$l = 55$ mm、性能等级为 8.8 级、镀锌钝化、B 型、$b_m = d$ 的双头螺柱：

　　　　螺柱 GB/T 897　GM10—M10×55－8.8－Zn·D

螺纹规格 d	b_m				l/b
	GB/T 897—1988	GB/T 898—1988	GB/T 899—1988	GB/T 900—1988	
M2			3	4	(12~16) /6，(18~25) /10
M2.5			3.5	5	(14~18) /8，(20~30) /11
M3			4.5	6	(16~20) /6，(22~40) /12
M4			6	8	(16~22) /8，(25~40) /14
M5	5	6	8	10	(16~22) /10，(25~50) /16
M6	6	8	10	12	(18~22) /10，(25~30) /14，(32~75) /18
M8	8	10	12	16	(18~22) /12，(25~30) /16，(32~90) /22
M10	10	12	15	20	(25~28) /14，(30~38) /16，(40~120) /30，130/32
M12	12	15	18	24	(25~30) /16，(32~40) /20，(45~120) /30，(130~180) /36
(M14)	14	18	21	28	(30~35) /18，(38~45) /25，(50~120) /34，(130~180) /40
M16	16	20	24	32	(30~38) /20，(40~55) /30，(60~120) /38，(130~200) /44
(M18)	18	22	27	36	(35~40) /22，(45~60) /35，(65~120) /42，(130~200) /48

续表

螺纹规格 d	b_m				l/b
	GB/T 898—1988	GB/T 898—1988	GB/T 899—1988	GB/T 900—1988	
（M20）	20	25	30	40	（35～40）/25，（45～65）/38，（70～120）/46，（130～200）/52
（M22）	22	28	33	44	（40～45）/30，（50～70）/40，（75～120）/50，（130～200）/56
M24	24	30	36	48	（45～50）/30，（55～75）/45，（80～120）/54，（130～200）/60
（M27）	27	35	40	54	（50～60）/35，（65～85）/50，（90～120）/60，（130～200）/66
M30	30	38	45	60	（60～65）/40，（70～90）/50，（95～120）/66，（130～200）/72，（210～250）/85
M36	36	45	54	72	（65～75）/45，（80～110）/60，120/78，（130～200）/84，（210～300）/97
M42	42	52	63	84	（70～80）/50，（85～110）/70，120/90，（130～200）/96，（210～300）/109
M48	48	60	72	96	（80～90）/60，（95～110）/80，120/102，（130～200）/108，（210～300）/121
l（系列）	12，(14)，16，(18) 120，(22)，25，(28) 30，(32)，35，(38)，40，45，50，55，60，65，70，75，80，85，90，95，100，110，120，130，140，150，160，170，180，190，200，210，220，230，240，250，260，280，300				

注：（1）d_s ≈螺纹中径（仅适用于 B 型）。
　　（2）材料为钢的螺柱，性能等级有 4.8、5.8、6.8、8.8、10.9、12.9 级，其中 4.8 级为常用。

四、螺钉

（1）开槽圆柱头螺钉（GB/T 65—2016）、开槽盘头螺钉（GB/T 67—2016）、开槽沉头螺钉（GB/T 68—2016）见附表 4。

附表4　开槽圆柱头螺钉（GB/T 65—2016）、开槽盘头螺钉（GB/T 67—2016）、

开槽沉头螺钉（GB/T 68—2016）　　　　　　　　　mm

标记示例：

螺纹规格 d = M5、公称长度 l = 20 mm、性能等级为4.8级、表面不经处理的 A 级开槽圆柱头螺钉：

螺钉 GB/T 65　M5 × 20

螺纹规格 d		M1.6	M2	M2.5	M3	M4	M5	M6	M8	M10
GB/T 65	d_k	3.0	3.8	4.5	5.5	7	8.5	10	13	16
	k	1.1	1.4	1.8	2.0	2.6	3.3	3.9	5	6
	t	0.45	0.6	0.7	0.85	1.1	1.3	1.6	2	2.4
	r	0.1	0.1	0.1	0.1	0.2	0.2	0.25	0.4	0.4
	l	2~16	3~20	3~25	4~30	5~40	6~50	8~60	10~80	12~80
	全螺纹时最大长度	16	20	25	30	40	40	40	40	40
GB/T 67	d_k	3.2	4	5	5.6	8	9.5	12	16	20
	k	1	1.3	1.5	1.8	2.4	3	3.6	4.8	6
	t	0.35	0.5	0.6	0.7	1	1.2	1.4	1.9	2.4
	r	0.1	0.1	0.1	0.1	0.2	0.2	0.25	0.4	0.4
	l	2~16	2.5~20	3~25	4~30	5~40	6~50	8~60	10~80	12~80
	全螺纹时最大长度	16	20	25	30	40	40	40	40	40
GB/T 68	d_k	3	3.8	4.7	5.5	8.4	9.3	11.3	15.8	18.3
	k	1	1.2	1.5	1.65	2.7	2.7	3.3	4.65	5
	t	0.32	0.4	0.5	0.6	1	1.1	1.2	1.8	2
	r	0.4	0.5	0.6	0.8	1	1.3	1.5	2	2.5
	l	2.5~16	3~20	4~25	5~30	6~40	8~50	8~60	10~80	12~80
	全螺纹时最大长度	16	20	25	30	40	45	45	45	45
n		0.4	0.5	0.6	0.8	1.2	1.2	1.6	2	2.5
b		25				38				
l（系列）		2, 2.5, 3, 4, 5, 6, 8, 10, 12,（14）, 16, 20, 25, 30, 35, 40, 45, 50,（55）, 60,（65）, 70,（75）, 80								

（2）内六角圆柱头螺钉（GB/T 70.1—2008）见附表5。

附表5　内六角圆柱头螺钉（GB/T 70.1—2008）　　mm

标记示例：

螺纹规格 d = M5、公称长度 l = 20 mm、性能等级为8.8级、表面氧化的A级内六角圆柱头螺钉：

螺钉　GB/T 70.1　M5×10

螺纹规格 d		M4	M5	M6	M8	M10	M12	(M14)	M16	M20	M24	M30	M36
螺距 P		0.7	0.8	1	1.25	1.5	1.75	2	2	2.5	3	3.5	4
$b_{参考}$		20	22	24	28	32	36	40	44	52	60	72	84
$d_{k\max}$	光滑头部	7	8.5	10	13	16	18	21	24	30	36	45	54
	滚花头部	7.22	8.72	10.22	13.27	16.27	18.27	21.33	24.33	30.33	36.39	45.39	54.46
$k_{\max}$		4	5	6	8	10	12	14	16	20	24	30	36
$t_{\min}$		2	2.5	3	4	5	6	7	8	10	12	15.5	19
$s_{公称}$		3	4	5	6	8	10	12	14	17	19	22	27
$e_{\min}$		3.44	4.58	5.72	6.86	9.15	11.43	13.72	16	19.44	21.73	25.15	30.35
$d_{s\max}$		4	5	6	8	10	12	14	16	20	24	30	36
$l_{范围}$		6～40	8～50	10～60	12～80	16～100	20～120	25～140	25～160	30～200	40～200	45～200	55～200
全螺纹时最大长度		25	25	30	35	40	45	55	55	65	80	90	100
l 系列		6，8，10，12，14，16，20～70（5进位），70～160（10进位），160～300（20进位）											

注：（1）括号内的规格尽可能不用。末端按 GB/T 2—2016 规定。

　　（2）螺纹公差：机械性能等级12.9级时为5g6g；其他等级时为6g。

　　（3）产品等级A。

（3）开槽锥端紧定螺钉（GB/T 71—2018）、开槽平端紧定螺钉（GB/T 73—2017）、开槽长圆柱端紧定螺钉（GB/T 75—2018）见附表 6。

附表 6　开槽锥端紧定螺钉（GB/T 71—2018）、开槽平端紧定螺钉（GB/T 73—2017）、

开槽长圆柱端紧定螺钉（GB/T 75—2018）　　　　　　　　　mm

标记示例：

螺纹规格为 M5、公称长度 *l* = 12 mm、钢制、硬度等级 14H 级、表面不经处理、产品等级 A 级的开槽平端紧定螺钉：

螺钉　GB/T 73　M5 × 12

螺纹规格 *d*		M1.6	M2	M2.5	M3	M4	M5	M6	M8	M10	M12
螺距 *P*		0.35	0.4	0.45	0.5	0.7	0.8	1	1.25	1.5	1.75
n	公称	0.25	0.25	0.4	0.4	0.6	0.8	1	1.2	1.6	2
t	max	0.74	0.84	0.95	1.05	1.42	1.63	2	2.5	3	3.6
d_t	max	0.16	0.2	0.25	0.3	0.4	0.5	1.5	2	2.5	3
d_p	max	0.8	1	1.5	2	2.5	3.5	4	5.5	7	8.5
z	max	1.05	1.25	1.5	1.75	2.25	2.75	3.25	4.3	5.3	6.3
$l_{公称}$	GB/T 71—2018	2~8	3~10	3~12	4~16	6~20	8~25	8~30	10~40	12~50	14~60
	GB/T 73—2017	2~8	2~10	2.5~12	3~16	4~20	5~25	6~30	8~40	10~50	12~60
	GB/T 75—2018	2.5~8	3~10	4~12	5~16	6~20	8~25	10~30	10~40	12~50	14~60
l（系列）		2, 2.5, 3, 4, 5, 6, 8, 10, 12,（14）, 16, 20, 25, 30, 35, 40, 45, 50, 55, 60									

注：（1）括号内的规格尽可能不采用。

（2）$d_t \approx$ 螺纹小径。

（3）紧定螺钉钢制性能等级有 14H、22H 级，其中 14H 级为常用。

五、螺母

1 型六角螺母（GB/T 6170—2015）见附表 7。

附表7　1 型六角螺母（GB/T 6170—2015）　　　　　　　　　mm

标记示例：

　　螺纹规格 D = M12、性能等级为 8 级、不经表面处理、产品等级为 A 级的 1 型六角螺母：

　　螺母　GB/T 6170　M12

螺纹规格 D		M3	M4	M5	M6	M8	M10	M12	M16	M20	M24	M30	M36
e（min）		6.01	7.66	8.79	11.05	14.38	17.77	20.03	26.75	32.95	39.55	50.85	60.79
s	max	5.5	7	8	10	13	16	18	24	30	36	46	55
	min	5.23	6.78	7.78	9.78	12.73	15.73	17.73	23.67	29.16	35	45	53.8
c（max）		0.4	0.4	0.5	0.5	0.6	0.6	0.6	0.8	0.8	0.8	0.8	0.8
d_w（min）		4.6	5.9	6.9	8.9	11.6	14.6	16.6	22.5	27.7	33.2	42.7	51.1
d_a（max）		3.45	4.6	5.75	6.75	8.75	10.8	13	17.3	21.6	25.9	32.4	38.9
m	max	2.4	3.2	4.7	5.2	6.8	8.4	10.8	14.8	18	21.5	25.6	31
	min	2.15	2.9	4.4	4.9	6.44	8.04	10.37	14.1	16.9	20.2	24.3	29.4

注：标准规定产品等级为 A 级和 B 级 1 型六角螺母。A 级用于 $D \leqslant$ M16 的螺母；B 级用于 $D >$ M16 的螺母。

六、垫圈

（1）平垫圈　A 级（GB/T 97.1—2002）、平垫圈　倒角型　A 级（GB/T 97.2—2002）见附表8。

附表8　平垫圈　A 级（GB/T 97.1—2002）、
平垫圈　倒角型　A 级（GB/T 97.2—2002）　　　　　　　mm

平垫圈 A级（GB/T 97.1—2002）　　　　平垫圈 倒角型 A级（GB/T 97.2—2002）

标记示例：

　　标准系列、公称规格 8 mm、由钢制造的硬度等级为 200 HV 级、不经表面处理、产品等级为 A 级的平垫圈：

垫圈　GB/T 97.1　8

公称规格（螺纹大径 d）	2	2.5	3	4	5	6	8	10	12	16	20	24	30
内径 d_1	2.2	2.7	3.2	4.3	5.3	6.4	8.4	10.5	13	17	21	25	31
内径 d_2	5	6	7	9	10	12	16	20	24	30	37	44	56
厚度 h	0.3	0.5	0.5	0.8	1	1.6	1.6	2	2.5	3	3	4	4

注：平垫圈　倒角型　A 级（GB/T 97.2—2002）用于公称规格（螺纹大径）为 5 ~ 64 mm。

（2）标准型弹簧垫圈（GB/T 93—1987）见附表9。

附表 9　标准型弹簧垫圈（GB/T 93—1987）　　　　　　　　　mm

标记示例：

规格为 16 mm、材料为 65Mn、表面氧化的标准型弹簧垫圈：

垫圈　GB/T 93—1987　16

规格 （螺纹大径）	4	5	6	8	10	12	16	20	24	30	36	42	48
d_{min}	4.1	5.1	6.1	8.1	10.2	12.2	16.2	20.2	24.5	30.5	36.5	42.5	48.5
$S=b_{公称}$	1.1	1.3	1.6	2.1	2.6	3.1	4.1	5	6	7.5	9	10.5	12
$m<$	0.55	0.65	0.8	1.05	1.3	1.55	2.05	2.5	3	3.75	4.5	5.25	6
H_{max}	2.75	3.25	4	5.25	6.5	7.75	10.25	12.5	15	18.75	22.5	26.25	30

注：m 应大于零。

七、键

平键　键槽的剖面尺寸（GB/T 1095—2003）、普通型　平键（GB/T 1096—2003）见附表10。

附表 10　平键　键槽的剖面尺寸（GB/T 1095—2003）、

普通型　平键（GB/T 1096—2003）　　　　　mm

注：在工作图中，轴槽深用 t_1 或（$d-t_1$）标注，轮毂槽深用（$d+t_1$）标注。

标记示例：

普通 A 型平键 $b=16$ mm，$h=10$ mm，$L=100$ mm：GB/T 1096 键 A　$16\times10\times100$

普通 B 型平键 $b=16$ mm，$h=10$ mm，$L=100$ mm：GB/T 1096 键 B　$16\times10\times100$

普通 C 型平键 $b=16$ mm，$h=10$ mm，$L=100$ mm：GB/T 1096 键 C　$16\times10\times100$

键		键槽											
		宽度 b					深度				半径 r		
			极限偏差					轴 t_1		毂 t_2			
键尺寸 $b\times h$	长度 L	基本尺寸	松联结		正常联结		紧密联结						
			轴 H9	毂 D10	轴 N9	毂 JS9	轴和毂 P9	基本尺寸	极限偏差	基本尺寸	极限偏差	min	max
2×2	6~20	2	+0.0250	+0.060 / +0.020	−0.004 / −0.029	±0.0125	−0.006 / −0.031	1.2	+0.10	1	+0.10	0.08	0.16
3×3	6~36	3						1.8		1.4			
4×4	8~45	4	+0.0300	+0.078 / +0.030	0 / −0.030	±0.015	−0.012 / −0.042	2.5		1.8			
5×5	10~56	5						3.0		2.3			
6×6	14~70	6						3.5		2.8			
8×7	18~90	8	+0.0360	+0.098 / +0.040	0 / −0.036	±0.018	−0.015 / −0.051	4.0		3.3		0.16	0.25
10×8	22~110	10						5.0		3.3			
12×8	28~140	12	+0.0430	+0.120 / +0.050	0 / −0.043	±0.0215	−0.018 / −0.061	5.0		3.3			
14×9	36~160	14						5.5		3.8			
16×10	45~180	16						6.0		4.3		0.25	0.40
18×11	50~200	18						7.0	+0.20	4.4	+0.20		
20×12	56~220	20	+0.0520	+0.149 / +0.065	0 / −0.052	±0.026	−0.022 / −0.074	7.5		4.9			
22×14	63~250	22						9.0		5.4			
25×14	70~280	25						9.0		5.4		0.40	0.60
28×16	80~320	28						10.0		6.4			
32×18	80~360	32	+0.0620	+0.180 / +0.080	0 / −0.062	±0.031	−0.026 / −0.088	11.0		7.4			
36×20	100~400	36						12.0		8.4			
40×22	100~400	40						13.0	+0.30	9.4	+0.30	0.70	0.1
45×25	110~450	45						15.0		10.4			

注 (1) $(d-t_1)$ 和 $(d-t_2)$ 两组合尺寸的极限偏差按相应的 t_1 和 t_2 的极限偏差选取，但 $(d-t_1)$ 极限偏差应取负号（−）。

　(2) L 系列：6、8、10、12、14、16、18、20、22、25、28、32、36、40、45、50、56、63、70、80、90、100、110、125、140、160、180……。

八、销

（1）圆柱销　不淬硬钢和奥氏体不锈钢（GB/T 119.1—2000）见附表 11。

附表 11　圆柱销　不淬硬钢和奥氏体不锈钢（GB/T 119.1—2000）　　　mm

$d_{公差}$：h8

注：允许倒圆或凹穴

标记示例：

公称直径 $d=10$ mm、公差为 m6、公称长度 $l=90$ mm、材料为钢、不经淬火、不经表面处理的圆柱销：

销　GB/T 119.1　10 m6×90

公称直径 $d=10$ mm、公差为 m6、公称长度 $l=90$ mm、材料为 A1 组奥氏体不锈钢、表面简单处理的圆柱销：

销　GB/T 119.1　10 m6×90 – A1

$d_{m6/h8}$	2	3	4	5	6	8	10	12	16	20	25
$c\approx$	0.35	0.5	0.63	0.8	1.2	1.6	2.0	2.5	3.0	3.5	4.0
l	6~20	8~30	8~40	10~50	12~60	14~80	18~95	22~140	26~180	35~200	50~200
l（系列）	6、8、10、12、14、16、18、20、22、24、26、28、30、32、35、40、45、50、55、60、65、70、75、80、85、90、95、100、120、140、160、180、200											

注：（1）其他公差由供需双方协议。

（2）公称长度大于 200 mm，按 20 mm 递增。

（2）圆锥销（GB/T 117—2000）见附表 12。

附表 12　圆锥销（GB/T 117—2000）　　　mm

$r_1\approx\dfrac{d}{2}$

$r_2\approx\dfrac{a}{2}+d+\dfrac{(0.021)^2}{8a}$

标记示例：

公称直径 $d=10$ mm、公称长度 $l=60$ mm、材料为 35 钢、热处理硬度 28~38 HRC、表面氧化处理的 A 型圆锥销：

销　GB/T 117　10×60

$h10$	4	5	6	8	10	12	16	20	25	30	40	50
$a\approx$	0.5	0.63	0.8	1	1.2	1.6	2	2.5	3	4	5	6.3
l	14~55	18~60	22~90	22~160	26~160	32~180	40~200	45~200	50~200	55~200	60~200	65~200
l（系列）	14、16、18、20、22、24、26、28、30、32、35、40、45、50、55、60、65、70、75、80、85、90、95、100、120、140、160、180、200										

注：（1）标准规定圆锥销的公称直径 $d=0.6~50$ mm。

（2）有 A 型和 B 型。A 型为磨削，锥面表面粗糙度 $Ra=0.8$ μm；B 型为切削或冷镦，锥面粗糙度 $Ra=3.2$ μm。

（3）开口销（GB/T 91—2000）见附表 13。

附表 13　开口销（GB/T 91—2000）　　　　mm

标记示例：

公称规格为 5 mm、公称长度 $l=50$ mm、材料为 Q215 或 Q235、不经表面处理的开口销：

销　GB/T 91　5×50

公称规格	0.6	0.8	1	1.2	1.6	2	2.5	3.2	4	5	6.3	8	10	12
c	1	1.4	1.8	2	2.8	3.6	4.6	5.8	7.4	9.2	11.8	15	19	24.8
$b\approx$	2	2.4	8	3	3.2	4	5	6.4	8	10	12.6	16	20	26
a	1.6	1.6	2.5	2.5	2.5	2.5	2.5	3.2	4	4	4	4	6.3	6.3
l	4~12	5~16	6~20	8~26	8~32	10~40	12~50	14~65	18~80	22~100	30~120	40~160	45~200	70~200
l（系列）	4、5、6、8、10、12、14、16、18、20、22、24、26、28、30、32、36、40、45、50、55、60、65、70、75、80、85、90、95、100、120、140、160、180、200													

注：公称规格等于开口销孔的直径 d。

九、滚动轴承

深沟球轴承（GB/T 276—2013）、圆锥滚子轴承（GB/T 297—2015）、推力球轴承（GB/T 301—2015）见附表 14。

附表 14　滚动轴承　　　　mm

深沟球轴承 60000 型
（GB/T 276—2013）

标记示例：
滚动轴承　6310 GB/T 276—2013

圆锥滚子轴承 30000 型
（GB/T 297—2015）

标记示例：
滚动轴承　30212 GB/T 297—2015

推力球轴承 51000 型
（GB/T 301—2015）

标记示例：
滚动轴承　51305 GB/T 301—2015

续表

轴承型号	外形尺寸			轴承型号	外形尺寸					轴承型号	外形尺寸				
	d	D	B		d	D	B	C	T		d	D	T	D_{1smin}	d_{1smax}
尺寸系列（0）2				尺寸系列02						尺寸系列12					
6202	15	35	11	30203	17	40	12	11	13.25	51202	15	32	12	17	32
6203	17	40	12	30204	20	47	14	12	15.25	51203	17	35	12	19	35
6204	20	47	14	30205	25	52	15	13	16.25	51204	20	40	14	22	40
6205	25	52	15	30206	30	62	16	14	17.25	51205	25	47	15	27	47
6206	30	62	16	30207	35	72	17	15	18.25	51206	30	52	16	32	52
6207	35	72	17	30208	40	80	18	16	19.75	51207	35	62	18	37	62
6208	40	80	18	30209	45	85	19	16	20.75	51208	40	68	19	42	68
6209	45	85	19	30210	50	90	20	17	21.75	51209	45	73	20	47	73
6210	50	90	20	30211	55	100	21	18	22.75	51210	50	78	22	52	78
6211	55	100	21	30212	60	110	22	19	23.75	51211	55	90	25	57	90
6212	60	110	22	30213	65	120	23	20	24.75	51212	60	95	26	62	95
尺寸系列（0）3				尺寸系列03						尺寸系列13					
6302	15	42	13	30302	15	42	13	11	14.25	51304	20	47	18	22	47
6303	17	47	14	30303	17	47	14	12	15.25	51305	25	52	18	27	52
6304	20	52	15	30304	20	52	15	13	16.25	51306	30	60	21	32	60
6305	25	62	17	30305	25	62	17	15	18.25	51307	35	68	24	37	68
6306	30	72	19	30306	30	72	19	16	20.75	51308	40	78	26	42	78
6307	35	80	21	30307	35	80	21	18	22.75	51309	45	85	28	47	85
6308	40	90	23	30308	40	90	23	20	25.25	51310	50	95	31	52	95
6309	45	100	25	30309	45	100	25	22	27.25	51311	55	105	35	57	105
6310	50	110	27	30310	50	110	27	23	29.25	51312	60	110	35	62	110
6311	55	120	29	30311	55	120	29	25	31.50	51313	65	115	36	67	115
6312	60	130	31	30312	60	130	31	26	33.50	51314	70	125	40	72	125

注：圆括号中的尺寸系列代号在轴承代号中可省略。

十、极限与配合

（1）标准公差数值（GB/T 1800.1—2020）见附表 15。

附表 15　标准公差数值（GB/T 1800.1—2020）

基本尺寸/mm		标准公差等级																	
		IT1	IT2	IT3	IT4	IT5	IT6	IT7	IT8	IT9	IT10	IT11	IT12	IT13	IT14	IT15	IT16	IT17	IT18
大于	至	公差值/μm											公差值/mm						
—	3	0.8	1.2	2	3	4	6	10	14	25	40	60	0.1	0.14	0.25	0.4	0.6	1	1.4
3	6	1	1.5	2.5	4	5	8	12	18	30	48	75	0.12	0.18	0.3	0.45	0.75	1.2	1.8
6	10	1	1.5	2.5	4	6	9	15	22	36	58	90	0.15	0.22	0.36	0.58	0.9	1.5	2.2
10	18	1.2	2	3	5	8	11	18	27	43	70	110	0.18	0.27	0.43	0.7	1.1	1.8	2.7
18	30	1.5	2.5	4	6	9	13	21	33	52	84	130	0.21	0.33	0.52	0.84	1.3	2.1	3.3
30	50	1.5	2.5	4	7	11	16	25	39	62	100	160	0.25	0.39	0.62	1	1.6	2.5	3.9
50	80	2	3	5	8	13	19	30	46	74	120	190	0.3	0.46	0.74	1.2	1.9	3	4.6
80	120	2.5	4	6	10	15	22	35	54	87	140	220	0.35	0.54	0.87	1.4	2.2	3.5	5.4
120	180	3.5	5	8	12	18	25	40	63	100	160	250	0.4	0.63	1	1.6	2.5	4	6.3
180	250	4.5	7	10	14	20	29	46	72	115	185	290	0.46	0.72	1.15	1.85	2.6	4.6	7.2
250	315	6	8	1.2	16	23	32	52	81	130	210	320	0.52	0.81	1.3	2.1	3.2	5.2	8.1
315	400	7	9	13	18	25	36	57	89	140	230	360	0.57	0.89	1.4	2.3	3.6	5.7	8.9
400	500	8	10	15	20	27	40	63	97	155	250	400	0.63	0.97	1.55	2.5	4	6.3	9.7

注：基本尺寸小于 1 mm 无 IT14 至 IT18。

（2）优先配合中轴的极限偏差（GB/T 1800.2—2020）见附表 16。

附表16　优先及常用配合轴的极限偏差表（摘自 GB/T 1800.2—2020）

代号		a	b	c	d	e	f	g	h				
基本尺寸/mm		公差带											
大于	至	11	11	*11	*9	8	*7	*6	5	*6	*7	8	*9
—	3	−270/−330	−140/−200	−60/−120	−20/−45	−14/−28	−6/−16	−2/−8	0/−4	0/−6	0/−10	0/−14	0/−25
3	6	−270/−345	−140/−215	−70/−145	−30/−60	−20/−38	−10/−22	−4/−12	0/−5	0/−8	0/−12	0/−18	0/−30
6	10	−280/−338	−150/−240	−80/−170	−40/−76	−25/−47	−13/−28	−5/−14	0/−6	0/−9	0/−15	0/−22	0/−36
10	14	−290/−400	−150/−260	−95/−205	−50/−93	−32/−59	−16/−34	−6/−17	0/−8	0/−11	0/−18	0/−27	0/−43
14	18	−290/−400	−150/−260	−95/−205	−50/−93	−32/−59	−16/−34	−6/−17	0/−8	0/−11	0/−18	0/−27	0/−43
18	24	−300/−430	−160/−290	−110/−240	−65/−117	−40/−73	−20/−41	−7/−20	0/−9	0/−13	0/−21	0/−33	0/−52
24	30	−300/−430	−160/−290	−110/−240	−65/−117	−40/−73	−20/−41	−7/−20	0/−9	0/−13	0/−21	0/−33	0/−52
30	40	−310/−470	−170/−330	−120/−280	−80/−142	−50/−89	−25/−50	−9/−25	0/−11	0/−16	0/−25	0/−39	0/−62
40	50	−320/−480	−180/−340	−130/−290	−80/−142	−50/−89	−25/−50	−9/−25	0/−11	0/−16	0/−25	0/−39	0/−62
50	65	−340/−530	−190/−380	−140/−330	−100/−174	−60/−106	−30/−60	−10/−29	0/−13	0/−19	0/−30	0/−46	0/−74
65	80	−360/−550	−200/−390	−150/−340	−100/−174	−60/−106	−30/−60	−10/−29	0/−13	0/−19	0/−30	0/−46	0/−74
80	100	−380/−600	−220/−440	−170/−390	−120/−207	−72/−126	−36/−71	−12/−34	0/−15	0/−22	0/−35	0/−54	0/−87
100	120	−410/−630	−240/−460	−180/−400	−120/−207	−72/−126	−36/−71	−12/−34	0/−15	0/−22	0/−35	0/−54	0/−87
120	140	−460/−710	−260/−510	−200/−450	−145/−245	−85/−148	−43/−83	−14/−39	0/−18	0/−25	0/−40	0/−63	0/−100
140	160	−520/−770	−280/−530	−210/−460	−145/−245	−85/−148	−43/−83	−14/−39	0/−18	0/−25	0/−40	0/−63	0/−100
160	180	−580/−830	−310/−560	−230/−480	−145/−245	−85/−148	−43/−83	−14/−39	0/−18	0/−25	0/−40	0/−63	0/−100
180	200	−660/−950	−340/−630	−240/−530	−170/−285	−100/−172	−50/−96	−15/−44	0/−20	0/−29	0/−46	0/−72	0/−115
200	225	−740/−1030	−380/−670	−260/−550	−170/−285	−100/−172	−50/−96	−15/−44	0/−20	0/−29	0/−46	0/−72	0/−115
225	250	−820/−1110	−420/−710	−280/−570	−170/−285	−100/−172	−50/−96	−15/−44	0/−20	0/−29	0/−46	0/−72	0/−115

续表

代号		a	b	c	d	e	f	g	h				
基本尺寸/mm		公差带											
大于	至	11	11	*11	*9	8	*7	*6	5	*6	*7	8	*9
250	280	−920 −1240	−480 −800	−300 −620	−190 −320	−110 −191	−56 −108	−17 −49	0 −23	0 −32	0 −52	0 −81	0 −130
280	315	−1050 −1370	−540 −860	−330 −650	−190 −320	−110 −191	−56 −108	−17 −49	0 −23	0 −32	0 −52	0 −81	0 −130
315	355	−1200 −1560	−600 −960	−360 −720	−210 −350	−125 −214	−62 −119	−18 −54	0 −25	0 −36	0 −57	0 −89	0 −140
355	400	−1350 −1710	−680 −1040	−400 −760	−210 −350	−125 −214	−62 −119	−18 −54	0 −25	0 −36	0 −57	0 −89	0 −140
400	450	−1500 −1900	−760 −1160	−440 −840	−230 −385	−135 −232	−68 −131	−20 −60	0 −27	0 −40	0 −63	0 −97	0 −155
450	500	−1650 −2050	−840 −1240	−480 −880	−230 −385	−135 −232	−68 −131	−20 −60	0 −27	0 −40	0 −63	0 −97	0 −155

注：带"*"者为优先选用的，其他为常用的。

			js	k	m	n	p	r	s	t	u	v	x	y	z
公差带															
10	*11	12		6	*6	6	*6	*6	6	*6	6	*6	6	6	6
0 −40	0 −60	0 −100	±3	+6 0	+8 +2	+10 +4	+12 +6	+16 +10	+20 +14	—	+24 +18	—	+26 +20	—	+32 +26
0 −48	0 −75	0 −120	±4	+9 +1	+12 +4	+16 +8	+20 +12	+23 +15	+27 +19	—	+31 +23	—	+36 +28	—	+43 +35
0 −58	0 −90	0 −150	±4.5	+10 +1	+15 +6	+19 +10	+24 +15	+28 +19	+32 +23	—	+37 +28	—	+43 +34	—	+51 +42
0 −70	0 −110	0 −180	±5.5	+12 +1	+18 +7	+23 +12	+29 +18	+34 +23	+39 +28	—	+44 +33	—	+51 +40	—	+61 +50
												+50 +39	+56 +45	—	+71 +60
0 −84	0 −130	0 −210	±6.5	+15 +2	+21 +8	+28 +15	+35 +22	+41 +28	+48 +35	—	+54 +41	+60 +47	+67 +54	+76 +63	+86 +73
										+54 +41	+61 +48	+68 +55	+77 +64	+88 +75	+101 +88
0 −100	0 −160	0 −250	±8	+18 +2	+25 +9	+33 +17	+42 +26	+50 +34	+59 +43	+64 +48	+76 +60	+84 +68	+96 +80	+110 +94	+128 +112
										+70 +54	+86 +70	+97 +81	+113 +97	+130 +114	+152 +136

续表

			js	k	m	n	p	r	s	t	u	v	x	y	z
							公差带								
10	*11	12	6	*6	6	*6	*6	6	*6	6	*6	6	6	6	6
0	0	0	±9.5	+21	+30	+39	51	+60	+72	+85	+106	+121	+141	+163	+191
−120	−190	−300		+2	+11	20	32	+41	+53	+66	+87	+102	+122	+144	+171
								+62	+78	+94	+121	+139	+165	+193	+229
								43	59	+75	+102	+120	146	+174	+210
0	0	0	±11	+25	+35	45	+59	+73	+93	+113	+146	+168	+200	+236	+280
−140	−220	−350		+3	+13	+23	+37	+51	+71	+91	+126	+146	+178	+214	+258
								+76	+101	+126	+166	+194	+232	+276	+332
								+54	+79	+124	+144	+172	+210	+254	+310
0	0	0	±12.5	+28	+40	+52	+68	+88	+117	+147	+195	+227	+273	+325	+390
−160	−250	−400		+3	+15	+27	+43	+63	+92	+122	+170	+202	+248	+300	+365
								+90	+125	+159	+215	+253	+305	+365	+440
								+65	+100	+134	+190	+228	+208	+340	+415
0	0	0	±14.5	+33	46	+60	+79	+93	+133	+1714	+235	+277	+335	+405	+490
−185	−290	−460		4	+17	+31	+50	+68	+108	+146	+210	+252	+310	+308	+465
								+106	+151	195	265	+313	+379	454	549
								+77	+122	+166	+236	+284	+350	+425	+520
								+109	+159	+209	+287	+339	+414	+499	+604
								+80	+130	+180	258	+310	+385	+470	+575
								+113	+169	+225	+313	+369	+454	+549	669
								+84	+140	+196	+284	+340	+425	+520	+640
0	0	0	±16	+36	+52	+66	88	+126	+190	+250	+347	+417	+507	+612	+742
−210	−320	−520		+4	20	+34	+56	+94	+158	+218	+315	+385	+475	+580	+710
								+130	+202	+272	+282	+457	+557	+682	+822
								+98	+170	+240	350	+425	525	+650	+790
0	0	0	±18	+40	+57	+73	+98	+144	+226	+304	+426	+511	+626	+766	+936
−230	−360	−570		+4	+21	+37	+62	+108	+190	+268	+390	+475	+590	+730	+900
								+150	+224	+330	+471	+566	+696	+856	+1036
								+114	+208	+294	+435	+530	+660	+820	+1000
0	0	0	±20	+45	+63	+80	+108	+166	272	+370	+530	+635	+780	+960	+1140
−250	−400	−630		+5	+23	+40	+68	+126	+232	+330	+490	+595	+740	+920	+1100
								+172	+292	+400	+580	+700	+860	+1040	+1290
								+132	+252	+360	+540	+660	+820	+1000	+1250

（3）优先配合孔的极限偏差（GB/T 1800.2—2020）如附表17所示。

附表17　优先配合孔的极限偏差（GB/T 1800.2—2020）

代号		A	B	C	D	E	F	G	H				
基本尺寸 mm		公差等级											
大于	至	11	11	*11	*9	8	*8	*7	6	*7	*8	*9	*10
—	3	+330	+200	+120	+45	+28	+20	+12	+6	+10	+14	+25	+40
		+270	+140	+60	+20	+14	+6	+2	0	0	0	0	0

续表

代号		A	B	C	D	E	F	G	H				
基本尺寸/mm		公差等级											
大于	至	11	11	*11	*9	8	*8	*7	6	*7	*8	*9	*10
3	6	+345 / +270	+215 / +140	+145 / +70	+60 / +30	+38 / +20	+28 / +10	+16 / +4	+8 / 0	+12 / 0	+18 / 0	+30 / 0	+48 / 0
6	10	+370 / +280	+240 / +150	+170 / +80	+76 / +40	+47 / +25	+35 / +13	+20 / +5	+9 / 0	+15 / 0	+22 / 0	+36 / 0	+58 / 0
10	14	400 / +290	260 / +150	+205 / +95	+93 / +50	+59 / +32	+43 / +16	+24 / +6	+11 / 0	+18 / 0	+27 / 0	+43 / 0	+70 / 0
14	18	400 / +290	260 / +150	+205 / +95	+93 / +50	+59 / +32	+43 / +16	+24 / +6	+11 / 0	+18 / 0	+27 / 0	+43 / 0	+70 / 0
18	24	+430 / +300	+290 / +160	+240 / +110	+117 / +65	+73 / +40	+53 / +20	+28 / +7	+13 / 0	+21 / 0	+33 / 0	52 / 0	+84 / 0
23	30	+430 / +300	+290 / +160	+240 / +110	+117 / +65	+73 / +40	+53 / +20	+28 / +7	+13 / 0	+21 / 0	+33 / 0	52 / 0	+84 / 0
30	40	+470 / +310	+330 / +170	+280 / +120	+142 / +80	+89 / +50	+64 / +25	+34 / +9	+16 / 0	+25 / 0	+39 / 0	+620 / 0	+100 / 0
40	50	+480 / +320	+340 / +180	+290 / +130	+142 / +80	+89 / +50	+64 / +25	+34 / +9	+16 / 0	+25 / 0	+39 / 0	+620 / 0	+100 / 0
50	65	+530 / +340	+380 / +190	+330 / +140	+170 / +100	+106 / +10	+76 / +30	+40 / +10	+19 / 0	+30 / 0	+46 / 0	+74 / 0	+120 / 0
65	80	+550 / +360	+390 / +200	+340 / +150	+170 / +100	+106 / +10	+76 / +30	+40 / +10	+19 / 0	+30 / 0	+46 / 0	+74 / 0	+120 / 0
80	100	+600 / +380	+440 / +220	+390 / +170	+207 / +120	+126 / +72	+90 / +36	+47 / +12	+22 / 0	+35 / 0	+54 / 0	+87 / + 0	+140 / 0
100	120	+630 / +410	+460 / +240	+400 / +180	+207 / +120	+126 / +72	+90 / +36	+47 / +12	+22 / 0	+35 / 0	+54 / 0	+87 / + 0	+140 / 0
120	140	+710 / +460	+510 / +260	+450 / +200	+245 / 145	+148 / +85	+106 / +43	+54 / +14	+25 / 0	+40 / 0	+63 / 0	+100 / 0	+160 / 0
140	160	+770 / +520	+530 / +280	+460 / +210	+245 / 145	+148 / +85	+106 / +43	+54 / +14	+25 / 0	+40 / 0	+63 / 0	+100 / 0	+160 / 0
160	180	+830 / +580	+560 / +310	+480 / +230	+245 / 145	+148 / +85	+106 / +43	+54 / +14	+25 / 0	+40 / 0	+63 / 0	+100 / 0	+160 / 0
180	200	+950 / +660	+630 / +340	+530 / +240	+285 / +170	+172 / +100	+122 / +50	+61 / +15	+29 / 0	+46 / 0	+72 / 0	+155 / 0	+185 / 0
200	225	+1030 / +740	+670 / +380	+550 / +260	+285 / +170	+172 / +100	+122 / +50	+61 / +15	+29 / 0	+46 / 0	+72 / 0	+155 / 0	+185 / 0
225	250	+1110 / +820	+710 / +420	+570 / +280	+285 / +170	+172 / +100	+122 / +50	+61 / +15	+29 / 0	+46 / 0	+72 / 0	+155 / 0	+185 / 0
250	280	+1240 / +920	+800 / +480	+620 / +300	+320 / +190	+191 / +110	+137 / +56	+69 / +17	+32 / 0	+520 / 0	+81 / 0	+130 / 0	+210 / 0
280	315	+1370 / +1050	+860 / +540	+650 / +330	+320 / +190	+191 / +110	+137 / +56	+69 / +17	+32 / 0	+520 / 0	+81 / 0	+130 / 0	+210 / 0
315	355	+1560 / +1200	+960 / +600	+720 / +360	+350 / +210	+214 / +125	+151 / +62	+75 / +18	+36 / 0	+57 / 0	+89 / 0	+140 / 0	230 / 0
355	400	+1710 / +1350	+1040 / +680	+760 / +400	+350 / +210	+214 / +125	+151 / +62	+75 / +18	+36 / 0	+57 / 0	+89 / 0	+140 / 0	230 / 0
400	450	+1900 / +1500	+1160 / +760	+840 / +440	+385 / +230	+232 / +135	+165 / +68	+83 / +20	+40 / 0	+63 / 0	+97 / 0	+155 / 0	250 / 0
450	500	+2050 / +1650	+1240 / +840	+880 / +480	+385 / +230	+232 / +135	+165 / +68	+83 / +20	+40 / 0	+63 / 0	+97 / 0	+155 / 0	250 / 0

µm

		JS		K			M	N		P		R	S	T	U
		公差等级													
*11	12	6	7	6	*7	8	7	6	*7	6	*7	7	*7	7	*7
+60 / 0	+100 / 0	±3	±5	0 / −6	0 / −10	0 / −14	−2 / −12	−4 / −10	−4 / −14	−6 / −12	−6 / −16	−10 / −20	−14 / −24	—	−18 / −28
+75 / 0	+120 / 0	±4	±6	+2 / −6	+3 / −9	+5 / −13	0 / −12	−5 / −13	−4 / −16	−9 / −17	−8 / −20	−11 / −23	−15 / −27	—	−19 / −31
+90 / 0	+150 / 0	±4.5	±7	+2 / −7	+5 / −10	+6 / −16	0 / −15	−7 / −16	−4 / −19	−12 / −21	−9 / −24	−13 / −28	−17 / −32	—	−22 / −37
+110 / 0	+180 / 0	±5.5	±9	+2 / −9	+6 / −12	+8 / −19	0 / −18	−9 / −20	−5 / −23	−15 / −26	−11 / 29	−16 / −34	−21 / −39	—	−26 / −44
+130 / 0	+210 / 0	±6.5	±10	+2 / −11	+6 / −15	+10 / −23	0 / −21	−11 / −24	−7 / −28	−18 / −31	−14 / −35	−20 / −41	−27 / 48	—	−33 / −54
														−33 / −54	−40 / −61
+160 / 0	+250 / 0	±8	±12	+3 / −13	+7 / −18	+12 / 27	0 / −25	−12 / −28	−8 / −33	−21 / −37	−17 / −42	−25 / −50	−34 / −59	−39 / −64	−51 / −76
														−45 / −70	−61 / −86
+190 / 0	+300 / 0	±9.5	±15	+4 / +15	+9 / −21	+14 / −32	0 / −30	−14 / −33	−9 / −39	−26 / −45	−21 / −51	−30 / −60	−42 / −72	−55 / −85	−76 / −106
												−32 / −62	−48 / −78	−64 / −94	−91 / −121
+220 / 0	+350 / 0	±11	±17	+4 / −18	+10 / −25	+16 / −38	0 / −35	−16 / −38	−10 / −45	−30 / −52	−24 / −59	−38 / −73	−58 / −93	−78 / −113	−111 / −146
												−41 / −76	−66 / −101	−91 / −126	−131 / −166
+250 / 0	+400 / 0	±12.5	±20	+4 / −21	+12 / −28	+20 / −43	0 / −40	−20 / −45	−12 / −52	−36 / −61	−28 / −68	−48 / −88	−77 / −177	−170 / −147	−155 / −195
												−50 / −90	−85 / −125	−119 / −159	−175 / −215
												−53 / −93	−93 / −133	−131 / −171	−195 / −235
+290 / 0	+460 / 0	±14.5	±23	+5 / −24	+13 / −33	+22 / −50	0 / −46	−22 / −51	−14 / −60	−41 / −70	−33 / −79	−60 / −106	−105 / −151	−149 / −195	−219 / −265
												−63 / −109	−113 / −159	−163 / −209	−241 / −287
												−67 / −113	−123 / −169	−179 / −225	−267 / −313
+320 / 0	+520 / 0	±16	±26	+5 / −27	+16 / −36	+25 / −56	0 / −52	−25 / −57	−14 / −66	−47 / −79	−36 / −88	−74 / −126	−138 / −190	−198 / −250	−295 / −347
												−78 / −130	−150 / −202	−220 / −272	−330 / −382

续表

JS				K			M	N		P		R	S	T	U
*11	12	6	7	6	*7	8	7	6	*7	6	*7	7	*7	7	*7
公差等级															
+360 0	+570 0	±18	±28	+7 −29	+17 −40	+28 −61	0 −57	−26 −62	−16 −73	−51 −87	−41 −98	−87 −144	−169 −226	−247 −304	−369 −426
												−93 −150	−187 −224	−273 −330	−414 −471
+400 0	+630 0	±20	±31	+8 −32	+18 −45	+29 −68	−63	−27 −67	−17 −80	−55 −95	−45 −108	−103 −166	−209 −272	−307 −370	−467 −530
												−109 −172	−229 −292	−337 −400	−517 −580

（4）基孔制优先、常用配合（GB/T 1800.1—2020），基轴制优先、常用配合（GB/T 1800.2—2020）分别见附表18、附表19。

附表18　基孔制优先、常用配合（GB/T 1800.1—2020）

基准孔	轴																				
	a	b	c	d	e	f	g	h	js	k	m	n	p	r	s	t	u	v	x	y	z
	间隙配合								过渡配合			过渡配合									
H6						$\frac{H6}{f5}$	$\frac{H6}{g5}$	$\frac{H6}{h5}$	$\frac{H6}{js5}$	$\frac{H6}{k5}$	$\frac{H6}{m5}$	$\frac{H6}{n5}$	$\frac{H6}{p5}$	$\frac{H6}{r5}$	$\frac{H6}{s5}$	$\frac{H6}{t5}$					
H7						$\frac{H7}{f6}$	$\frac{H7}{g6}$	$\frac{H7}{h6}$	$\frac{H7}{js6}$	$\frac{H7}{k6}$	$\frac{H7}{m6}$	$\frac{H7}{n6}$	$\frac{H7}{p6}$	$\frac{H7}{r6}$	$\frac{H7}{s6}$	$\frac{H7}{t6}$	$\frac{H7}{u6}$	$\frac{H7}{v6}$	$\frac{H7}{x6}$	$\frac{H7}{y6}$	$\frac{H7}{z6}$
H8					$\frac{H8}{e7}$	$\frac{H8}{f7}$	$\frac{H8}{g7}$	$\frac{H8}{h7}$	$\frac{H8}{js7}$	$\frac{H8}{k7}$	$\frac{H8}{m7}$	$\frac{H8}{n7}$	$\frac{H8}{p7}$	$\frac{H8}{r7}$	$\frac{H8}{s7}$	$\frac{H8}{t7}$	$\frac{H8}{u7}$				
				$\frac{H8}{d8}$	$\frac{H8}{e8}$	$\frac{H8}{f8}$		$\frac{H8}{h8}$													
H9			$\frac{H9}{c9}$	$\frac{H9}{d9}$	$\frac{H9}{e9}$	$\frac{H9}{f9}$		$\frac{H9}{h9}$													
H10			$\frac{H10}{c10}$	$\frac{H10}{d10}$	$\frac{H10}{e10}$																
H11	$\frac{H11}{a11}$	$\frac{H11}{b11}$	$\frac{H11}{c11}$	$\frac{H11}{d11}$				$\frac{H11}{h11}$													
H12		$\frac{H12}{b12}$						$\frac{H12}{h12}$													

注：（1）$\frac{H6}{n5}$、$\frac{H7}{p6}$ 在公称尺寸小于或等于 3 mm 和 $\frac{H8}{r7}$ 在小于或等于 100 mm 时，为过渡配合。

　　　（2）标注 ◢ 的配合为优先配合。

附表 19　基轴制优先、常用配合（GB/T 1800.2—2020）

基准轴	孔																				
	A	B	C	D	E	F	G	H	JS	K	M	N	P	R	S	T	U	V	X	Y	Z
	间隙配合								过渡配合				过盈配合								
h5						F6/h5	G6/h5	H6/h5	JS6/h5	K6/h5	M6/h5	N6/h5	P6/h5	R6/h5	S6/h5	T6/h5					
h7						F7/h6	▲G7/h6	▲H7/h6	JS7/h6	K7/h6	M7/h6	▲N7/h6	▲P7/h6	R7/h6	▲S7/h6	T7/h6	▲U7/h6				
h7				E8/h7		▲F8/h7		▲H8/h7	JS8/h7	K8/h7	M8/h7	N8/h7									
h8				D8/h8	E8/h8	F8/h8		H8/h8													
h8				▲D9/h9	E9/h9	F9/h9		▲H9/h9													
h10				D10/h10				H10/h10													
h11	A11/h11	B11/h11	▲C11/h11	D11/h11				H11/h11													
h12		B12/h12						H12/h12													

注：标注 ▲ 的配合为优先配合。

十一、常用标准结构

（1）中心孔（GB/T 145—2001）、机械制图中心孔表示法（GB/T 4459.5—1999）见附表 20、附表 21。

附表 20　中心孔（GB/T 145—2001）　　　　mm

A型　　　　B型　　　　C型

续表

中心孔尺寸													
A、B 型						C 型					选择中心孔参考数据（非标准内容）		
A 型			B 型							l_1	原料端部最小直径 D_0	轴状原料最大直径 D_c	工件最大质量/kg
d	D	l_2	t 参考尺寸	D_2	l_2	t 参考尺寸	d	D_1	D_3	l	参考尺寸			
2.00	4.25	1.95	1.8	6.30	2.54	1.8						8	>10~18	120
2.50	5.30	2.42	2.2	8.00	3.20	2.2						10	>18~30	200
3.15	6.70	3.07	2.8	10.00	4.03	2.8	M3	3.2	5.8	2.6	1.8	12	>30~50	500
4.00	8.50	3.90	3.5	12.50	5.05	3.5	M4	4.3	7.4	3.2	2.1	15	>50~80	800
(5.00)	10.60	4.85	4.4	16.00	6.41	4.4	M5	5.3	8.8	4.0	2.4	20	>80~120	1 000
6.30	13.20	5.98	5.5	18.00	7.36	5.5	M6	6.4	10.5	5.0	2.8	25	>120~180	1 500
(8.00)	17.00	7.79	7.0	22.40	9.36	7.0	M8	8.4	13.2	6.0	3.3	30	>180~220	2 000
10.00	21.20	9.70	8.7	28.00	11.66	8.7	M10	10.5	16.3	7.5	3.8	42	>220~260	3 000

注：（1）尺寸 l_1 取决于中心钻的长度，此值不应小于 t 值（对 A 型、B 型）。

（2）括号内的尺寸尽量不采用。

（3）R 型中心孔未列入。

附表 21　机械制图中心孔表示法（GB/T 4459.2—1999）

中心孔表示法			
要求	符号	表示法示例	说明
在完工的零件上要求保留中心孔		B2.5/8	采用 B 型中心孔，$D = 2.5$ mm、$D_1 = 8$ mm；在完工的零件上要求保留
在完工的零件上可以保留中心孔		A4/8.5	采用 A 型中心孔，$D = 4$ mm、$D_1 = 8.5$ mm；在完工的零件上是否保留都可以
在完工的零件上不允许保留中心孔		A1.6/3.35	采用 A 型中心孔，$D = 1.6$ mm、$D_1 = 3.35$ mm；在完工的零件上不允许保留

（2）紧固件—螺栓和螺钉通孔（GB/T 5277—1985）及紧固件沉头座尺寸（GB/T 152.2—2014、GB/T 152.3—1988、GB/T 152.4—1988）见附表22。

附表22　紧固件—螺栓和螺钉（GB/T 5277—1985）紧固件沉头座尺寸
（GB/T 152.2—2014、GB/T 152.3—1988、GB/T 152.4—1988）　　　　mm

螺纹规格 d		M3	M4	M5	M6	M8	M10	M12	M14	M16	M18	M20	M22	M24	M27	M30	M36
通孔直径 GB/T5277—1985	精装配	3.2	4.3	5.3	6.4	8.4	10.5	13	15	17	19	21	23	25	28	31	37
	中等装配	3.4	4.5	5.5	6.6	9	11	13.5	15.5	17.5	20	22	24	26	30	33	39
	粗装配	3.6	4.8	5.8	7	10	12	14.4	16.5	18.5	21	24	26	28	32	35	42
六角头螺栓和六角螺母用沉孔 GB/T 152.4—1988	d_2	9	10	11	13	18	22	26	30	33	36	40	43	48	53	61	71
	d_3	—	—	—	—	—	16	18	20	22	24	26	28	33	36	42
	d_1	3.4	4.5	5.5	6.6	9.0	11.0	13.5	15.5	17.5	20.0	22.0	24	26	30	33	39
沉头螺钉用沉孔 GB/T 152.2—2014	D_c	6.3	9.4	10.4	12.6	17.3	20	—	—	—	—	—	—	—	—	—	—
	$t \approx$	1.55	2.55	2.58	3.13	4.28	4.65	—	—	—	—	—	—	—	—	—	—
	d_h	3.4	4.5	5.5	6.6	9	11	—	—	—	—	—	—	—	—	—	—
圆柱头用沉孔	适用于内六角圆柱头螺钉 d_2	6.0	8.0	10.0	11.0	15.0	18.0	20.0	24.0	26.0	—	33.0	—	40.0	—	48.0	57
	适用于内六角圆柱头螺钉 t	3.4	4.6	5.7	6.8	9.0	11.0	13.0	15.0	17.5	—	21.5	—	25.5	—	32.0	38
	适用于内六角圆柱头螺钉 d_3	—	—	—	—	—	—	16	18	20	—	24	—	28	—	36	42
	适用于内六角圆柱头螺钉 d_1	3.4	4.5	5.5	6.6	9.0	11.0	13.5	15.5	17.5	—	22.0	—	26.0	—	33.0	39
	适用于开槽圆柱头螺钉 d_2	—	8	10	11.7	15	18	20	24	26	—	33	—	—	—	—	—
	适用于开槽圆柱头螺钉 t	—	3.2	4.0	4.7	6.0	7.0	8.0	9.0	10.5	—	12.5	—	—	—	—	—
	适用于开槽圆柱头螺钉 d_3	—	—	—	—	—	—	16	18	20	—	24	—	—	—	—	—
	适用于开槽圆柱头螺钉 d_1	—	4.5	5.5	6.6	9.0	11.0	13.5	15.5	17.5	—	22.0	—	—	—	—	—

注：六角头螺栓和六角螺母用沉孔的尺寸 t，只要能制出与通孔轴线垂直的圆平面即可，即刮平圆面为止，常称锪平。

（3）普通螺纹倒角和退刀槽（GB/T 3—1997）、紧固件—外螺纹零件末端（GB/T 2—2016）见附表23。

附表23 普通螺纹倒角和退刀槽（GB/T 3—1997）、紧固件—外螺纹零件末端（GB/T 2—2016） mm

					退刀槽					
螺距 P	外螺纹			内螺纹	螺距	外螺纹			内螺纹	
	g_{2max}	g_{1min}	d_g	G_1	D_g		g_{2max}	g_{1min}	d_g	G_1	D_g
0.5	1.5	0.8	$d-0.8$	2		1.75	5.25	3	$d-2.6$	7	
0.7	2.1	1.1	$d-1.1$	2.8	$D+0.3$	2	6	3.4	$d-3$	8	
0.8	2.4	1.3	$d-1.3$	3.2		2.5	7.5	4.4	$d-3.6$	10	$D+0.5$
1	3	1.6	$d-1.6$	4		3	9	5.2	$d-4.4$	12	
1.25	3.75	2	$d-2$	5	$D+0.5$	3.5	10.5	6.2	$d-5$	14	
1.5	4.5	2.5	$d-2.3$	6		4	12	7	$d-5.7$	16	

（4）砂轮越程槽（GB/T 6403.5—2008）见附表24。

附表24 砂轮越程槽（GB/T 6403.5—2008） mm

	b_1	0.6	1.0	1.6	2.0	3.0	4.0	5.0	8.0	10
	b_2	2.0	3.0		4.0		5.0		8.0	10
	h	0.1	0.2		0.3		0.4	0.6	0.8	1.2
	r	0.2	0.5		0.8		1.0	1.6	2.0	3.0
	d		-10			$>10\sim50$		$>50\sim100$		>100

注：（1）越程槽内与直线相交处，不允许产生尖角。

（2）越程槽深度 h 与圆弧半径 r，要满足 $r\leqslant 3h$。

（3）磨削具有数个直径的工作时，可使用同一规格的越程槽。

（4）直径 d 值大的零件，允许选择小规格的砂轮越程槽。

（5）砂轮越程槽的尺寸公差和表面粗糙度根据该零件的结构、性能确定。

（5）零件倒圆与倒角（GB/T 6403.4—2008）见附表25。

附表25　零件倒圆与倒角（GB/T 6403.4—2008）　　　　　　　　mm

倒圆倒角型式		R、C 尺寸系列：0.1，0.2，0.3，0.4，0.5，0.6，0.8，1.0，1.2，1.6，2.0，2.5，3.0，4.0，5.0，6.0，8.0，10，12，16，20，25，32，40，50
装配型式	 $C_1>R$　　$R_1>R$　　$C<0.58R_1$　　$C_1>C$	尺寸规定：（1）R_1、C_1 的偏差为正，R、C 的偏差为负；（2）左起第三种装配方式，C 的最大值 C_{max} 与 R_1 关系如下

R_1	0.1	0.2	0.3	0.4	0.5	0.6	0.8	1.0	1.2	1.6	2.0	2.5	3.0	4.0	5.0	6.0	8.0	10	12	16	20	25
C_{max}	—	0.1	0.1	0.2	0.2	0.3	0.4	0.5	0.6	0.8	1.0	1.2	1.6	2.0	2.5	3.0	4.0	5.0	6.0	8.0	10	12

十二、常用金属材料

常用金属材料有关规定及说明如见表26。

附表26　常用金属材料有关规定及说明

标准	名称	牌号	应用举例	说明
GB/T 9439—2023	灰铸铁	HT150	用于小负荷和对耐磨性无特殊要求的零件，如端盖、外罩、手轮、一般机床底座、床身及其复杂零件，滑台、工作台和低压管件等	"HT"为灰铸铁的汉语拼音的首位字母，后面的数字表示抗拉强度。如HT200表示抗拉强度为 200 N/mm^2 的灰铸铁
		HT200	用于中等负荷和对耐磨性有一定要求的零件，如机床床身、立柱、飞轮、气缸、泵体、轴承座、活塞、齿轮箱、阀体等	
		HT250	用于中等负荷和对耐磨性有一定要求的零件，如阀壳、液压缸、气缸、联轴器、机体、齿轮、齿轮箱外壳、飞轮、衬套、凸轮、轴承座、活塞等	
		HT300	用于受力大的齿轮、床身导轨、车床卡盘、剪床床身、压力机的床身、凸轮、高压液压缸、液压泵和滑阀壳体、冲模模体等	

续表

标准	名称	牌号		应用举例	说明
GB/T 700—2006	碳素结构钢	Q215	A 级	金属结构件、拉杆、套圈、铆钉、螺栓、短轴、心轴、凸轮（载荷不大的）、垫圈、渗碳零件及焊接件	"Q" 为钢材屈服强度 "屈" 字的汉语拼音首位字母，后面数字表示屈服强度数值。如 Q235 表示碳素结构钢屈服强度为 235 N/mm²。 新旧牌号对照： Q215—A2 Q235—A3 Q275—A5
			B 级		
		Q235	A 级	金属结构件，心部强度要求不高的渗碳或碳氮共渗零件、吊钩、拉杆、套圈、气缸、齿轮、螺栓、螺母、连杆、轮轴、楔、盖及焊接件	
			B 级		
			C 级		
			D 级		
		Q275		轴、轴销、刹车杆、螺母、螺栓、垫圈、连杆、齿轮以及其他强度较高的零件	
GB/T 699—2015	优质碳素结构钢	10F 10		用作拉杆、卡头、垫圈、铆钉及焊接零件	牌号的两位数字表示平均碳的质量分数，45 钢即表示碳的质量分数为 0.45%。 碳的质量分数≤0.25% 的碳钢属低碳钢（渗碳钢）；碳的质量分数在 0.25%~0.6% 之间的碳钢属中碳钢（调质钢）；碳的质量分数大于 0.6% 的碳钢属高碳钢。 沸腾钢在牌号后加符号 "F"。锰的质量分数较高的钢，需加注化学元素符号 "Mn"
		15F 15		用于受力不大和韧性较高的零件、渗碳零件及紧固件（如螺栓、螺钉）、法兰盘和化工贮器	
		35		用于制造曲轴、转轴、轴销、杠杆连杆、螺栓、螺母、垫圈、飞轮（多在正火、调质下使用）	
		45		用作要求综合机械性能高的各种零件，通常经正火或调质处理后使用。用于制造轴、齿轮、齿条、链轮、螺栓、螺母、销、钉、键、拉杆等	
		65		用于制造弹簧、弹簧垫圈、凸轮、轧辊等	
		15Mn		制作心部机械性能要求较高且须渗碳的零件	
		65Mn		用作要求耐磨性高的圆盘、衬板、齿轮、花键轴、弹簧等	
GB/T 3077—2015	合金结构钢	30Mn2		用于起重机行车轴、变速箱齿轮、冷镦螺栓及较大截面的调质零件	钢中加入一定量的合金元素，提高了钢的力学性能和耐磨性，也提高了钢的淬透性，保证金属在较大截面上获得高的力学性能
		20Cr		用于要求心部强度较高、承受磨损、尺寸较大的渗碳零件，如齿轮、齿轮轴、蜗杆、凸轮、活塞、销等，也用于速度较大、中等冲击的调质零件	
		40Cr		用于受变载、中速、中载、强烈磨损而无很大冲击的重要零件，如重要的齿轮、轴、曲轴、连杆、螺栓、螺母等	

续表

标准	名称	牌号	应用举例	说明
GB/T 3077—2015	合金结构钢	35SiMn	可代替40Cr用于中小型轴类、齿轮等零件及430 ℃以下的重要紧固件等	钢中加入一定量的合金元素，提高了钢的力学性能和耐磨性，也提高了钢的淬透性，保证金属在较大截面上获得高的力学性能
		20G - MnTi	强度和韧性均高，可代替镍铬钢用于承受高速、中等或重负荷以及冲击、磨损等的重要零件，如渗碳齿轮、凸轮等	
GB/T 5676—1985	一般工程用铸造碳钢	ZG230 - 450	用于轧机机架、铁道车辆摇枕、侧梁、铁锌台、机座、箱体、锤轮、450°以下的管路附件等	"ZG"为铸钢汉语拼音的首位字母，后面数字表示屈服强度和抗拉强度。如 ZG230 - 450 表示屈服强度 230 N/mm²、抗拉强度 450 N/mm²
		ZG310 - 570	用于联轴器、齿轮、气缸、轴、机架、齿圈等	
GB/T 1176—2013	铸造锡青铜	ZCuSn5Pb5Zn5	耐磨性和耐蚀性均好，易加工，铸造性和气密性较好。用于较高负荷，中等滑动速度下工作的耐磨、耐腐蚀零件，如轴瓦、衬套、缸套、油塞、离合器、蜗轮等	"Z"为铸造汉语拼音的首位字母，各化学元素后面的数字表示该元素含量的百分数，如ZCuAl10Fe3表示 Al 含量为 8.5%~11%，Fe 含量为 2%~4%，其余为 Cu 的铸造铝青铜
	铸造铝青铜	ZCuAl10Fe3	力学性能高，耐磨性、耐蚀性、抗氧化性好，焊接性好，不易钎焊，大型铸件自 700 ℃ 空冷可防止变脆。可用于制造强度高、耐磨、耐蚀的零件，如蜗轮、轴承、衬套、管嘴、耐热管配件等	
	铸造铝黄铜	ZCuZn25Al6Fe3Mn3	有很高的力学性能，铸造性良好、耐蚀性较好、有应力腐蚀开裂倾向，可以焊接。适用于高强耐磨零件，如桥梁支承板、螺母、螺杆、耐磨板、滑块和蜗轮等	
	铸造锰黄铜	ZCu58Mn2Ph2	有较高的力学性能和耐蚀性，耐磨性较好，切削性良好。可用于一般用途的构件，船舶仪表等使用的外形简单的铸件，如套筒、衬套、轴瓦、滑块等	

续表

标准	名称	牌号	应用举例	说明
GB/T 1173—2013	铸造铝合金	ZL102 ZL202	耐磨性中上等，用于制造负荷不大的薄壁零件	ZL102 表示硅的质量分数为 10%~13%、其余为铝的铝硅合金；ZL202 表示铜的质量分数为 9%~11%、其余为铝的铝铜合金
GB/T 3190—2020	硬铝	ZA12（LY12）	焊接性能好，适于制作中等强度的零件	LY12 表示铜的质量分数为 3.8%~4.9%、镁的质量分数为 1.2%~1.8%、锰的质量分数为 0.3%~0.9%、其余为铝的硬铝
	工业纯铝	1060（L2）	适于制作贮槽、塔、热交换器、防止污染及深冷设备等	L2 表示杂质的质量分数≤0.4%的工业纯铝

十三、常用非金属材料

常用非金属材料有关规定及说明见附表27。

附表 27　常用非金属材料有关规定及说明

标准	名称	牌号	说明	应用举例
GB/T 539—2008	耐油石棉橡胶板	HNY300	有厚度 0.4~3.0 mm 的十种规格	用于供航空发动机用的燃油、润滑油及冷气系统结合处的密封垫材料
GB/T 5574—2008	耐酸碱橡胶板	2707 2807 2709	较高硬度 中等硬度	具有耐酸碱性能，在温度 −30~60 ℃的20%浓度的酸碱液体中工作，用作冲制密封性能较好的垫圈
	耐油橡胶板	3707 3807 3709 3809	较高硬度	可在一定温度的机油、变压器油、汽油等介质中工作，适用冲制各种形状的垫圈
	耐热橡胶板	4708 4808 4710	较高硬度 中等硬度	可在 −30~100 ℃且压力不大的条件下，在热空气、蒸汽介质中工作，用作冲制各种垫圈和隔热垫板

十四、常用的热处理名词

常用的热处理名词及解释见附表28。

附表 28　常用的热处理名词及解释

名词	代号及标注示例	说明	应用
退火	511 - I	将钢件加热至临界温度以上。保温一段时间，然后缓慢冷却（一般在炉中冷却）	用来消除铸、锻、焊零件的内应力，降低硬度，便于切削加工，细化金属晶粒，改善组织，增加韧性
正火	512 - I	将钢件加热至临界温度以上 30 ~ 50 ℃，保温一段时间，然后在空气中冷却，冷却速度比退火快	用以处理低碳和中碳结构钢及渗碳零件，使其组织细化，增加强度与韧性，减少内应力，改善切削性能
淬火	513 - I（淬火回火 45 ~ 50 HRC）	将钢件加热至临界温度以上某一温度，保温一段时间，然后在水、盐水或油中（个别材料在空气中）急速冷却，使其得到高硬度	用以提高钢的硬度和强度极限。但淬火会引起内应力使钢变脆，因此淬火后必须回火
回火	514 - I	回火是将淬硬的钢件加热至临界点以下的某一温度民，保温一段时间，然后冷却至室温	用以消除淬火后的脆性和内应力，提高钢的塑性和冲击韧性
调质	515 - I（调质至 200 ~ 250 HBS）	淬火后在 450 ~ 650 ℃进行高温回火，称为调质	用以使钢获得高的韧性和足够的强度。重要的齿轮、轴及丝杠等零件必须调质处理
表面淬火	5213（火焰淬火后回火至 52 ~ 58 HRC） 5212（高频淬火后回火至 50 ~ 55 HRC）	用火焰或高频电流将零件表面迅速加热至临界温度以上，急速冷却	使零件表面获得高硬度，而心部保持一定的韧性，使零件既耐磨又能承受冲击。表面淬火常用以处理齿轮等
渗碳淬火	5310（渗碳层深 0.5，淬火硬度 56 ~ 62 HRC）	渗碳剂中将钢件加热到 900 ~ 950 ℃，保温一定时间，将碳渗入钢表面，深度为 0.5 ~ 2 mm，再淬火后回火	增加钢件的耐磨性能、表面强度、抗拉强度及疲劳极限，适用于低碳、中碳（$w_c < 0.40\%$）结构钢的中小型零件
渗氮	5330（渗氮深度 0.3，硬度大于 850 HV）	渗氮是在 500 ~ 600 ℃通入氨的炉子内加热，向钢的表面渗入氮原子的过程。渗氮层为 0.025 ~ 0.8 mm，渗氮时间需 40 ~ 50 h	增加钢件的耐磨性能、表面硬度、疲劳极限和抗蚀能力，适用于合金钢、碳钢、铸铁件，如机床主轴、丝杠以及在潮湿碱水和燃烧气体介质的环境中工作的零件
时效	时效处理	低温回火后，精加工之前，加热至 100 ~ 160 ℃，保持 10 ~ 40 h。对铸件也可用天然时效（露天放置 1 年以上）	使工件消除内应力和稳定形状，用于量具、精密丝杆、床身导轨、床身等
发蓝、发黑	发蓝或发黑处理	将金属零件放在很浓的碱和氧化剂溶液中加热氧化，使金属表面形成一层由氧化铁所组成的保护性薄膜	防腐蚀、美观。用于一般连接的标准件和其他电子类零件

名词	代号及标注示例	说明	应用
硬度	HB（布氏硬度）	材料抵抗硬的物体压入其表面的能力称为"硬度"。根据测定的方法不同，可分布氏硬度、洛氏硬度和维氏硬度。 　　硬度的测定是检验材料经热处理后的力学性能—硬度	用于退火、正火、调质的零件及铸件的硬度检验
	HRC（洛氏硬度）		用于经淬火、回火及表面渗碳、渗氮等处理的零件硬度检验
	HV（维氏硬度）		用于薄层硬化零件的硬度检验

参 考 文 献

[1] 王征. AutoCAD 2017 实用教程（中文版）[M]. 北京：清华大学出版社，2016.

[2] 叶玉驹，焦永和，张彤. 机械制图手册 [M]. 5 版. 北京：机械工业出版社，2012.

[3] 卢志珍，何时剑. 机械测量技术 [M]. 北京：机械工业出版社，2011.

[4] 郑雪梅，黄小良. 机械零部件的测绘造型 [M]. 北京：清华大学出版社，2010.

[5] 王旭东，周岭. 机械制图零部件测绘 [M]. 广州：暨南大学出版社，2010.

[6] 李茗. 机械零部件测绘 [M]. 北京：中国电力出版社，2011.

[7] 陈桂芳. 机械零部件测绘 [M]. 北京：机械工业出版社，2010.

[8] 陈东梅，石榴，温树彬. 精密零件的三坐标检测 [M]. 北京：电子工业出版社，2019.

[9] 王爱兵，胡仁喜. AutoCAD 2021 中文版从入门到精通 [M]. 北京：人民邮电出版社，2020.